W0259932

ALLE ZEIT WACH
1842

Fachberichte Simulation

Herausgegeben von D. Möller und B. Schmidt
Band 13

T. Frauenstein, U. Pape
O. Wagner

Objektorientierte Sprachkonzepte und Diskrete Simulation

Klassifikation, Vergleich und Bewertung von Konzepten der Programmiersprachen Simula-67, Modula-2, Pascal, Smalltalk-80 und Beta aus objektorientierter Sicht vor dem Hintergrund des Anwendungsgebietes der diskreten Simulation

Springer-Verlag Berlin Heidelberg New York
London Paris Tokyo Hong Kong Barcelona

Herausgeber der Reihe

Dr. D. Möller
Physiologisches Institut
Universität Mainz
Saarstraße 21
6500 Mainz

Prof. Dr. B. Schmidt
Lehrstuhl für Operations Research
und Systemtheorie
Universität Passau
Postfach 2540
8390 Passau

Autoren

Dipl.-Inform. T. Frauenstein
Prof. Dr. rer. nat. U. Pape
Dipl.-Inform. O. Wagner
Institut für Angewandte Informatik
TU Berlin
Franklinstraße 28-29
1000 Berlin 10

ISBN-13: 978-3-540-53288-0 e-ISBN-13: 978-3-642-95637-9
DOI: 10.1007/978-3-642-95637-9

2160/3020-543210 – Gedruckt auf säurefreiem Papier

Inhalt

Anhänge

1 Einleitung

Formale Sprachen werden in der Informatik zur Programmierung von Maschinen eingesetzt. Die Verwendung formaler Sprachen von Menschen beinhaltet das Sehen und Benutzen von Strukturen dieser Sprachen, die wesentlich der Abstraktion dienen. Diese Strukturen bezeichnen wir allgemein als **Sprachkonzepte**. In dieser Arbeit soll ein Vergleich, eine Einordnung und Bewertung von Programmiersprachen auf konzeptioneller Ebene versucht werden. Im Vordergrund der Betrachtung stehen also nicht die konkreten lexikalischen und syntaktischen Strukturen von Programmiersprachen, sondern die dahinterliegenden, den Entwurf bestimmenden oder auch nur nachträglich hineininterpretierten Strukturen, Konzepte und Begriffe.

Eine Einordnung und Bewertung erfordert vor allem auch die Diskussion der Pragmatik dieser Konzepte, so daß der Blick notwendigerweise zunächst auf den gesamten Vorgang der Programmierung (bei dem Programmiersprachen als Werkzeuge und Hilfsmittel eingesetzt werden) gerichtet werden muß. Es wird eine **systemorientierte Sichtweise** von Programmierung vorgestellt werden, die es gestattet, viele andere Sichtweisen, Aspekte und Eigenarten zu vereinheitlichen.

Der Terminus **diskrete Simulation** wird für zwei verschiedene Begriffe verwendet. Zum einen werden wir darunter die 'klassische' diskrete Simulation, speziell in ihrer ereignisgesteuerten und prozeßorientierten Variante verstehen. Zum anderen werden wir einen sehr weiten Begriff von Simulation entwickeln, der sich problemlos in die systemorientierte Sichtweise einfügt, in der Programmierung als die Modellierung und Simulation von Systemen verstanden wird. Wir sehen einen sehr direkten Zusammenhang zwischen Programmierung und (diskreter) Simulation nicht nur im Anwendungsgebiet der prozeßorientierten Simulation als Analysehilfsmittel.

Methodisch gehen wir in diesem Buch deduktiv vor: Ausgehend von einer bestimmten pragmatischen Sichtweise der Programmierung (dem Informatikkernbereich der Simulation) verfeinern wir diese Sichtweise zu einer systemorientierten Sichtweise, die uns als Grundlage zur Definition eines **objektorientierten Programmiermodells** (Klasse der physischen Modelle) dient. Vor diesem Hintergrund erfolgt eine Bestimmung und Klassifikation einiger in diesem Zusammenhang grundlegender Begriffe der Informatik (Maschine, Verarbeitungsmodell, Programmiersprache, Semantik). Im anschließenden Schritt versuchen wir eine genaue Festlegung und Einordnung bekannter Programmiermethoden, -techniken und Sprachkonzepte in dieses Paradigma. Die Ergebnisse dieser Untersuchung dienen als Grundlage der folgenden Darstellung und Bewertung einer Reihe konkreter Programmiersprachen.

Die **Auswahl der untersuchten Sprachen** erfolgte nach bestimmten konzeptionellen Gesichtspunkten, nicht etwa nach Verbreitung, Häufigkeit des praktischen Einsatzes usw. Daher stellen wir auch weder Simscript noch GPSS vor, sondern wählen die Sprache Simula-67 als Ausgangspunkt unserer Betrachtungen. Simula-67 ist die erste Sprache, die alle zur Unterstützung einer systemorientierten Sicht benötigten Sprachkonzepte zur Abstraktion in ausreichend durchdachter Form enthält. Ausgehend von Simula-67, die

Algol-60 als eine Untermenge enthält, verfolgen wir die Entwicklung von Programmiersprachen in zwei verschiedene Richtungen. Zum einen betrachten wir eine Entwicklung aus rein imperativer Sicht über Pascal hin zu Modula-2, zum anderen die Einführung und Ausprägung einer objektorientierten Sichtweise, für die wir stellvertretend die Sprachen Smalltalk-80 und Beta untersuchen.

Pascal enthält als wesentliche Neuerung eine Realisierung des von C.A.R. Hoare entwickelten Typkonzepts. Außerdem ist Pascal die erste Sprache, für die eine axiomatische Semantik vorgelegt wurde. Modula-2 wurde als ein Vertreter moderner imperativer Programmiersprachen ausgewählt. Sie verfügt als einzige hier vorgestellte Sprache über ein Modulkonzept und stellt eine echte Datenabstraktionsmöglichkeit zur Verfügung. Smalltalk-80 wurde als das erste einsatzfähige, integrierte objektorientierte System gewählt, das durch seine einheitliche, einfache Sichtweise und Orthogonalität besticht. Beta schließlich ist eine moderne systemorientierte Programmiersprache, die speziell zur Implementierung physischer Modelle entwickelt wurde und eine systemorientierte Sichtweise ausgezeichnet untersützt. In ihr wurden die Erfahrungen mit Simula-67 und Smalltalk-80 ausgewertet, ihre Konzepte bereinigt, vereinfacht und erweitert.

Nach der Darstellung und dem Vergleich der konkreten Programmiersprachen auf der Ebene ihrer Sprachkonzepte vor dem pragmatischen Hintergrund unserer systemorientierten Sichtweise der Programmierung konkretisieren wir unseren Betrachtungsstandpunkt auf die prozeßorientierte diskrete Simulation und führen einen Vergleich der konkreten Simulationsumgebungen der einzelnen Sprachen durch. Diese Untersuchung geht über eine Beschreibung und Bewertung der Simulatoren bis hinunter auf die Formalisierung eines abstrakten Simulationsmodells in den Sätzen der einzelnen Programmiersprachen. Die Ergebnisse dieser Gegenüberstellung auf mehreren Ebenen finden schließlich nach einer Angabe der Methodik der Bewertung von Programmiersprachen in einer konkreten Bewertung der einzelnen Sprachen und Simulatoren ihren Abschluß.

Aufbau der Arbeit

In der Einführung, dem zweiten Kapitel, werden eine systemorientierte Sichtweise der Programmierung vorgestellt, eine Synthese mit einer technologischen und pragmatischen Sicht von Programmierung versucht, sowie die Begriffe Modellbildung, physisches Modell und diskrete Simulation erläutert. In diesem Kapitel erfolgt auch die Klärung allgemeinerer Begriffe der Informatik und die anschließende Einordnung des von uns favorisierten system-/objektorientierten Paradigmas.

Im dritten Kapitel wird eine Reihe von Sprachkonzepten unabhängig von konkreten Sprachen definiert und beschrieben. Dabei versuchen wir im besonderen eine Vereinheitlichung und Darstellung der Semantik und Pragmatik dieser abstrakten Sprachkonzepte vor dem Hintergrund unserer systemorientierten Sichtweise der Programmierung.

Daran anschließend entwickeln wir im vierten Kapitel Anforderungen an Sprachen und Sprachkonzepte, die sich aus der systemorientierten Sichtweise und dem Anwendungsgebiet der diskreten Simulation ergeben.
Damit sind die theoretischen Grundlagen für das Verständnis der einzelnen Sprachen im fünften Kapitel geschaffen. Die Möglichkeiten ihres Einsatzes für die diskrete prozeßorientierte Simulation, d.h. ihre Simulatoren, werden im sechsten Kapitel zunächst recht allgemein dargestellt.

Im siebten Kapitel skizzieren wir eine Methodik der Bewertung von Programmiersprachen und fassen die Ergebnisse einer vergleichenden Bewertung der einzelnen Sprachen zusammen. Abschließende Bemerkungen zu den einzelnen Sprachen sind im achten Kapitel enthalten. Ein kurzes Resümee und ein Ausblick auf zukünftige Entwicklungen schließen die Arbeit ab.

In Anhängen sind Erklärungen wichtiger Begriffe, das Literaturverzeichnis, Beschreibungen der konkreten Simulatoren und Beispielimplementierungen eines kleinen Simulationsmodells in den untersuchten Sprachen zu finden.

Berlin, im Juli 1990

Thomas Frauenstein Uwe Pape Olaf Wagner

2 Einführung

2.1 Was ist Programmierung

Um Konzepte von Programmiersprachen sinnvoll vergleichen und bewerten zu können, muß man sich zunächst über Intention und Verwendung dieser Sprachen klar werden. Dazu muß der Blick auf den Vorgang der Programmierung als Ganzes gelenkt werden, um darin die Funktion und Stellung der Sprachen und der ihnen zugrundeliegenden Konzepte zu erkennen.

In diesen ersten Kapiteln soll daher eine mögliche Sichtweise von Programmierung vorgestellt werden, die von einer bestimmten Weise der Betrachtung der Wirklichkeit ausgeht und eine bestimmte Klasse von Modellen bei ihrer Abbildung benutzt. Die hier vorgeschlagene Sichtweise ist natürlich nicht zwingend*, sie erscheint uns aber als Grundlage einer Erklärung wichtiger Aspekte der Programmierung als ausreichend und vorteilhaft; außerdem ist sie gerade im Hinblick auf die Konstruktion von Simulationsmodellen sicherlich angemessen und naheliegend, da die Systemsicht der diskreten Simulation auf der Verwendung physischer Modelle beruht und diese als Grundlage des vorgeschlagenen Programmiermodells dienen.

Programmierung läßt sich allgemein als der Vorgang der **Automatisierung von Arbeitsprozessen** (zum Begriff der Arbeit siehe Anhang C1) definieren, die Informatik kann als die Wissenschaft von der Automatisierung menschlicher Arbeit angesehen werden (<Eggers/Zimmermann84>). Die Theorien der Informatik beschreiben die Logik der Arbeitprozesse. Produkte der Programmierung sind abstrakte und konkrete **Algorithmen als teilweise Formalisierung der Theorien.** Vom pragmatischen Standpunkt dieser Definition der Programmierung aus sind Algorithmen formalisierte Verhaltensmuster zur automatischen Lösung von Problemen; technologisch sind Algorithmen abstrakte Automaten. Maschinen allgemein sind implementierte, d.h. für den Gebrauch vergegen-

---

*Die von uns vorgeschlagene und im Detail ausgeführte Sichtweise fällt vollständig in den Bereich dessen, was z.B. Fernando Flores und Terry Winograd in <Winograd/Flores86> als "rationalistische Tradition" charakterisieren. Ihre grundlegende theoretische Kritik am Ideologiecharakter dieser Tradition und der von ihr hervorgebrachten "Blindheit" trifft insofern auch die Wurzeln unserer Arbeit. Unsere Absicht unterscheidet sich jedoch radikal von der ihren: Uns geht es nicht darum, die in der "rationalistischen Tradition" begründeten Beschränkungen und ihre "Blindheit" in Bezug auf wissenschaftliche, psychologische, gesellschaftliche und wirtschaftliche Kontexte und Realitäten bewußt zu machen, um so einen Beitrag zu ihrer Überwindung zu leisten und eine neue Orientierung für den Entwurf und Einsatz von Rechnern und Programmsystemen zu geben, sondern die von dieser Tradition erarbeiteten Begriffe und Konzepte zu ordnen und aus der Perspektive eines bestimmten Anwendungsgebiets auf ihre Eignung und Verwendungsfähigkeit zu überprüfen. Wissenschaftliche Begriffe und Konzepte als Teil einer gesellschaftlichen Realität sind stets *da* und *werden verwendet,* ihre Bedeutung und Verwendung können nicht Gegenstand einer beliebigen, abstrakt gedachten Neu- oder Umdefinition sein. Die von uns vertretene Sichtweise schließt sich nahtlos an 'klassische' Begriffe und Konzepte an. Unser Ansatz ist nicht geeignet, den *vernünftigen* Einsatz der Informatik und Gebrauch ihrer Techniken innerhalb einer Gesellschaft zu untersuchen, wohl aber den *verstandesmäßig* zweckmäßigen und klugen Einsatz ihrer Hilfsmittel und Methoden in einem *bestehenden* Anwendungsgebiet. Wir formulieren das *Vorverständnis* (oder *Vorurteil* im hermeneutischen Sinne), das einem konkreten Anwendungsgebiet der Informatik zugrundeliegt. Wir wenden den begrifflichen Rahmen dieses Vorverständnisses auf die innere Struktur der Programmierung als Simulation an; eine Kritik dieses Vorverständnisses, das ein bestimmtes erkenntnistheoretisches Modell beinhaltet, bleibt anderen vorbehalten.

ständlichte Theorien <Eggers/Zimmermann84> (siehe auch <Weizenbaum76>). Maschinen ersetzen die automatisierbaren Teilfunktionen menschlicher Arbeit <Eggers /Zimmermann82> (siehe wieder Anhang C1). An dieser Stelle interessieren nicht die ökonomischen, gesellschaftlichen, psychologischen etc. Funktionen der Elimination menschlicher Arbeit, sondern die interne Struktur des Prozesses der Programmierung. Wir wollen versuchen, eine präzise theoretische Vorstellung der intellektuellen Vorgänge bei der Programmierung zu formulieren, ohne dabei freilich zunächst eine sehr abstrakte Beschreibungsebene verlassen zu können. Programmierung als Verstandesleistung eines Menschen wird daher in diesem Kapitel einer formellen, im darauffolgenden Kapitel einer inhaltlichen Analyse unterzogen.

Den (realen oder imaginären) Ausschnitt der Wirklichkeit, den der Programmierer als konstituierend für die Lösung seines Problems der Automatisierung betrachtet, nennen wir ein **System**. Als Definition soll hier zunächst genügen, daß ein System aus einer begrenzten Menge von (abstrakten oder konkreten) Komponenten besteht, zwischen denen beliebige Relationen bestehen können. Sowohl Komponenten als auch Relationen können wieder Teilsysteme sein. Systeme können also auf verschiedenen Verfeinerungsstufen betrachtet werden. Diese Definition eines Systems impliziert, daß kein Teil der Wirklichkeit von sich aus ein System ist, sondern erst durch die willentliche Abgrenzung eines Menschen zu einem System wird.

Bei der Programmierung wird üblicherweise ein **Modell** des betrachteten Systems erstellt, das die für die Lösung des Problems der Automatisierung relevanten Aspekte des Systems in adäquater Weise widerspiegeln muß. Dieses Modell kann in einer geeigneten Sprache formuliert und auf einem Rechner ausgeführt werden. Als Beschreibungsformalismus gibt es spezielle **Systembeschreibungssprachen**, die wesentlich der Beschreibung der Struktur von Systemen dienen. Von diesen unterscheiden wir **algorithmische Sprachen** und **Programmiersprachen**, die der Formulierung bzw. Kodierung von Algorithmen dienen, eine Systemstruktur evtl. aber nur implizit enthalten. Da algorithmische oder Programmiersprachen abstrakte oder konkrete Maschinen definieren, können solcherart beschriebene Modelle ausgeführt werden. Die **Ausführung des Modells** ist eine **Simulation** des betrachteten Systems, wobei Simulation hier in einem engen Sinne verstanden wird. In einem erweiterten Sinne des Begriffs kann der **ganze Vorgang der Programmierung** als **Simulation eines Wirklichkeitsausschnitts** verstanden werden.

Ein **Programm** ist aus pragmatischer Sicht ein vollständig formalisiertes Problemlösungsschema (<Eggers/Zimmermann84>), aus technologischer Sicht ein Satz einer Programmiersprache und damit eine abstrakte Maschine (implementierte Theorie), aus systemorientierter Sicht die Beschreibung eines Systems und seiner zeitlichen Entwicklung durch ein Modell. Die **Ausführung eines Programms** ist pragmatisch gesehen die automatische Lösung des Problems, die durch den zugrundeliegenden Algorithmus beschrieben wird, aus technologischer Sicht die Transformation von Anfangszuständen (Eingabedaten) in Endzustände (Ausgabedaten), aus systemorientierter Sicht die Ausführung eines Modells, das einen realen oder imaginären Ausschnitt der Wirklichkeit simuliert <Madsen/Moller-Pedersen87>.

Die Programmausführung kann im Hinblick auf die letztgenannte Sichtweise auch als ein durch ein Modell definierter **Informationsprozeß** bezeichnet werden, dessen Struktur möglichst isomorph zu der Struktur des Informationsprozesses ist, der in der zeitlichen Entwicklung des betrachteten Wirklichkeitsausschnitts besteht, d.h. des Informationsprozesses als Entwicklungsfolge der Zustände des Systems. Die **Struktur eines Prozesses** ist die Beschränkung der Menge der möglichen Zustände und damit auch eine Beschränkung der Menge der möglichen Zustandsfolgen. So kann die Informatik auch als die Wissenschaft bezeichnet werden, die sich mit der formalen Beschreibung von Informationsprozessen durch Modelle beschäftigt <Nygaard86> <Madsen/Moller-Pedersen88>. Die oben genannten Modelle von Systemen werden in der Literatur oft **abstrakte Modelle** genannt, während die ausführbaren Programme **konkrete Modelle** eines Systems bilden.

Bei der Programmierung sind stets Menschen und Maschinen involviert. Menschen haben abstrakte Vorstellungen von Bedeutung und Sinnzusammenhängen, Maschinen hingegen 'verstehen' nur Syntax, ihre Funktion beruht auf der Anwendung von Formalismen, d.h. mathematisch gesehen dem Ableiten in Kalkülen. Dementsprechend kann man den Vorgang der Programmierung von der Auswahl eines geeigneten Systems (als Teilbereich der den Programmierer umgebenden Wirklichkeit) über die Systemanalyse und Modellbildung bis hin zur Ausführung des Programms durch eine Maschine auch als **Finden einer Problemlösung** (d.h. eines abstrakten Algorithmus) und **Reduktion der Problemlösung auf Syntax** verstehen. Reduktion auf Syntax fassen wir als **fortschreitende Formalisierung** auf; sie besteht einerseits in der Entwicklung einer Repräsentationsbeziehung zwischen den Objekten und Eigenschaften des Gegenstandsbereichs und der Symbolstruktur eines formalen Systems und andererseits in der Abbildung von Zustandsänderungen und Aktivitäten des so repräsentierten Bereichs in formale Operationen als (syntaktische) Manipulationen dieser Symbolstrukturen (siehe auch <Winograd/Flores86>). Wir haben den Vorgang der Programmierung bis jetzt in drei Phasen aufgeteilt und unter drei verschiedenen Gesichtspunkten charakterisiert:

1. die **Auswahl eines geeigneten Systems** als Ausschnitt der Wirklichkeit (Problemspezifikation, Festlegung der Anfangs- und Endzustände, Systemdefinition),
2. die **Erstellung eines Modells** dieses Systems (Entwicklung automatischer Problemlösungen, Entwurf abstrakter Maschinen, Systemanalyse und Systembeschreibung) und
3. die **Formulierung dieses Modells** (Implementierung in einer Programmiersprache, Konstruktion abstrakter oder konkreter Maschinen, Formalisierung durch eine Systembeschreibungssprache).

Je nach Art der Betrachtung der Wirklichkeit durch den Programmierer können dabei sehr unterschiedliche Arten von Modellen entstehen, die wiederum in verschiedenen Programmiersprachen sehr unterschiedlich realisiert werden können. Die vom Programmierer hauptsächlich zu erbringende Leistung ist **Abstraktion** in allen ihren Spielarten. Der intellektuelle Vorgang der Programmierung beruht auf der Anwendung von Abstraktionsfunktionen.

2.2 Eine systemorientierte Sichtweise der Programmierung

Wir stellen im folgenden unsere Sichtweise der Programmierung, wie wir sie insbesondere im Hinblick auf die diskrete Simulation für sinnvoll halten, dar. Diese **systemorientierte Sichtweise** der Programmierung ist im vorangegangenen Kapitel in Abgrenzung zu einer pragmatischen und technologischen Sichtweise kurz skizziert worden und wird jetzt genauer beschrieben. Da aus dieser Perspektive dem Modellbegriff eine besondere Bedeutung zukommt, wollen wir zuerst die Modellbildung als intellektuellen Prozeß genauer untersuchen, um danach eine Analyse der von uns betrachteten Modelle vorzunehmen. Unter **Modellbildung** verstehen wir die Abbildung eines Systems und seines zeitlichen Verhaltens in ein abstraktes Modell. Das zeitliche Verhalten eines Systems entspricht einer Entwicklung des betrachteten Wirklichkeitsausschnitts, die wir als Informationsprozeß auffassen.

2.2.1 Analyse der Modellbildung

Schon bei der Abgrenzung und Strukturierung des Systems, d.h. der Identifikation seiner Bestandteile und der Art ihrer Beziehungen, ist die Sichtweise des Programmierers auf die Wirklichkeit entscheidend. In der abendländischen Tradition (als einer wissenschaftlich-rationalistischen) wird die Realität klassischerweise als eine Ansammlung von **Phänomenen** betrachtet und durch **Begriffe** beschrieben. Phänomene bezeichnen die wahrgenommenen Erscheinungen selbst, Begriffe sind das Abstraktionsmittel, mit dem Ordnung und Struktur in die Vielfalt der Erscheinungsformen gebracht wird.

Bei der Modellierung der Wirklichkeit werden neue Begriffe entwickelt und zu alten in Beziehung gesetzt. **Abstraktion** findet dort also in Form von Begriffsbildungen statt. Die für unsere Zwecke interessante Klasse von Modellen, die auf dieser Auffassung der Kognition von Wirklichkeit beruht, enthält die **physischen Modelle** (siehe 2.2.2).

Phänomene sind die Erscheinungen selbst, die uns in der Wirklichkeit gegenübertreten und von uns als solche wahrgenommen werden. Die Tatsache, daß bereits bei der Wahrnehmung immer schon Interpretationen, Abstraktionen, Vereinfachungen und Verfälschungen erfolgen, soll hier zunächst außer acht gelassen werden; ihre Untersuchung gehört in den Bereich der Erkenntnistheorie. Wir vertrauen an dieser Stelle auf ein intuitives Verständnis von Phänomenen, das zwar nicht auf absolute Wahrheit und Objektivität abzielt, ein gewisses Maß an intersubjektivem Verständnis aber voraussetzt und garantiert.

Begriffe dienen der Benennung, Strukturierung und Gliederung von Phänomenen. Sie strukturieren die Ordnung, in die der Betrachter die beobachteten Phänomene organisiert.

2.2.1.1 Aspekte von Phänomenen

Wir unterscheiden drei wesentliche Aspekte von Phänomenen: ihre **Substanz** (Stofflichkeit), ihre **meßbaren Eigenschaften** (Größen) und die **Veränderungen ihrer Substanz** (Zustandsänderungen).

Substanz ist eine physikalische Kategorie, die bestimmt wird durch ihre Ausdehnung, ihre Position im Raum und einen Zeitpunkt. Jeder Gegenstand besitzt Substanz (z.B. ein Laternenpfahl). Substanz wird nicht aufgrund ihrer internen Struktur unterschieden, sondern aufgrund ihrer externen Beziehungen zu anderen Substanzen. (So weisen zum Beispiel mehrere Laternenpfähle die gleiche Struktur auf, haben dennoch aber unterschiedliche Substanz. Der Raum-Zeit-Punkt von Substanz ist immer eindeutig, was derjenige weiß, der einmal mit einem Laternenpfahl kollidiert ist.)

Substanz kann verschiedene **meßbare Größen** besitzen. Meßbare Größen werden durch einen Wert und einen Typ beschrieben. Sie sind das Ergebnis einer bestimmten Interpretation der Substanz. Beispiele für solche Größen sind die Temperatur einer Flüssigkeit oder der Prozentsatz der belegten Sitze in einem Bus. Die Summe der meßbaren Größen eines Phänomens zu einem bestimmten Zeitpunkt konstituiert einen **Zustand**.

Die Substanz eines Phänomens und damit die ihr eigenen Größen können sich im Laufe der Zeit verändern. Eine **Zustandsänderung** eines Phänomens ist eine Folge von Ereignissen, die die Größen seiner Substanz verändert. Zustandsänderungen werden durch Folgen von Aktivitäten beschrieben. Die Temperatur eines Topfes voll Wasser z.B. ändert sich durch Zufuhr von Wärme, die Zahl der besetzten Plätze in einem Bus durch Ein- und Aussteigen von Fahrgästen. Das Anschalten des Herdes oder das Einsteigen eines Fahrgastes sind **Ereignisse**, die diese Zustandsänderungen bewirken.

2.2.1.2 Aspekte von Begriffen

Begriffe dienen der Benennung, Organisation und Strukturierung der wesentlichen Eigenschaften der Phänomene, die man als zu modellierenden Ausschnitt der Wirklichkeit festgelegt hat. Jeder **Begriff** wird klassischerweise beschrieben durch einen **Namen**, seine **Intension** und seine **Extension** <Frege86>.

Die **Intension** eines Begriffs ist die Menge von Eigenschaften, die für die zu beschreibende Menge von Phänomenen charakteristisch sind. Für den Menschen beschreibt die Intension den Sinnzusammenhang des Begriffs. Sinn ist immer kontextgebunden, d.h. abhängig von bestimmten vorgegebenen Interpretationen des beobachtenden Subjekts. Im folgenden wollen wir unter Intension die Festlegung der inhaltlichen Eigenschaften einer Menge von Phänomenen verstehen.

Die **Extension** eines Begriffs ist die Menge der ihm zugeordneten Phänomene selbst. Frege nennt die Extension auch Bedeutung. Die Bedeutung eines Begriffs im Fregeschen Sinne kann extensional verstanden werden als die Menge aller Phänomene, die unter den Begriff fallen. Zur Unterscheidung von intensionaler und extensionaler Sicht eines Begriffs sei noch auf das bekannte Fregesche Beispiel von der Venus verwiesen.*

2.2.1.3 Aspekte von Abstraktion

Begriffe entstehen durch Abstraktion. Ein durch Abstraktion entstandener Begriff beschreibt die wesentlichen Eigenschaften einer Gruppe von Phänomenen und sieht von Unterschieden ab.

Abstraktion kann in drei verschiedenen Formen auftreten. Bei der **Klassifikation** wird einer Gruppe von Phänomenen ein Begriff zugeordnet, indem eine Anzahl benannter Phänomene zu einer Menge zugehörig erklärt werden. Dabei kann die Abgrenzung der Phänomene auch durch eine Beschreibung ihrer Eigenschaften in Terminologie einer Begriffswelt erfolgen, die außerhalb der begrifflichen Abstraktionen der Modellebene liegt. Dadurch werden Modelle als begriffliche Abstraktionen von Systemen mit Hilfe der Klassifikation durch vorgegebene Begriffe eines umfassenderen Erkenntnisbereichs fundiert. Die Umkehrung der Klassifikation ist die **Exemplifikation**. Ein Beispiel für Klassifikation ist die Bildung des Begriffs *Frucht* bei der Betrachtung eines Systems *Obststand* auf einem *Markt*. Der Begriff kann durch Aufzählung der Benennung verschiedener Fruchtsorten (z.B. *Banane, Apfel, Orange, Birne, ...*) definiert werden. Der intensionale Gehalt dieses Begriffs kann nur durch Begriffe beschrieben werden, die aus dem Rahmen des Modells *Obststand* herausfallen und die Eigenschaften von Früchten festlegen z.B. als *pflanzliche Produkte, die der menschlichen Ernährung dienen usw*. Diese Eigenschaften sind auf der Ebene des Modells irrelevant und ohne Bedeutung.

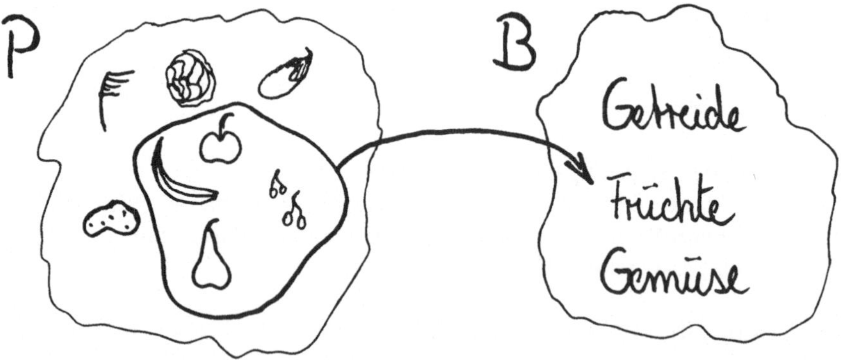

Abbildung 1: **Klassifikation**: Menge der Phänomene --> Menge der Begriffe

Bei der **Komposition** entsteht ein neuer Begriff durch eine Anordnung bereits vorhandener Begriffe. Ihre Umkehrung ist die **Dekomposition** als Konkretisierung eines

*Die Venus ist extensional *ein* Planet, fungiert für den Menschen aber in verschiedenen Sinnzusammenhängen als Abend- und Morgenstern. Die Extension, das Phänomen, worauf verwiesen wird, ist also in diesem Beispiel eindeutig festgelegt, die intensionale Beschreibung ist aber jeweils eine andere.

Begriffs in Terminologie anderer Begriffe. Ein Beispiel für die Komposition ist die Definition des Begriffes Auto durch Aufzählung aller seiner Bestandteile: Ein Auto besteht aus einem Chassis, einer Karosserie, Rädern, Motor, Lenkrad, Sitzen, ...

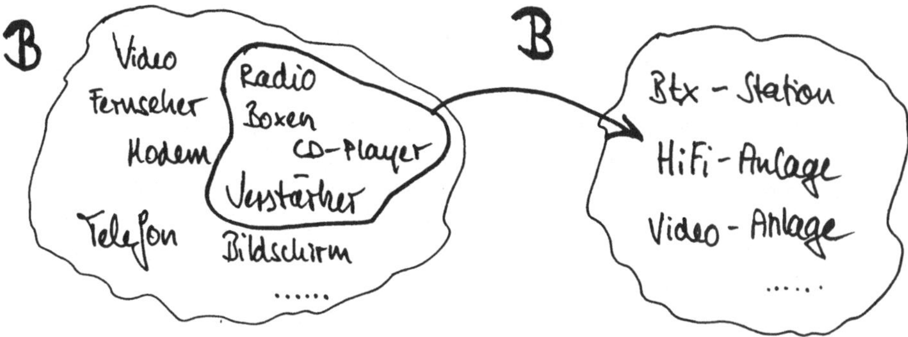

Abbildung 2: **Komposition**: Menge der Begriffe --> Menge der Begriffe

So wie Phänomene durch Begriffe strukturiert und organisiert werden, können Begriffe selbst in einer **Klassifikationshierarchie** angeordnet werden. Die Abstraktionsfunktion innerhalb dieser Hierarchie ist die **Generalisierung**, ihre Umkehrung die **Spezialisierung**. Die bekanntesten Beispiele für Klassifikationshierarchien finden sich in der Biologie. Ein Rind ist z.B. ein Spezialfall eines Wiederkäuers, der wiederum eine Spezialisierung der Gattung Säugetiere darstellt. Ein spezieller Begriff weist alle Eigenschaften seiner Verallgemeinerung auf sowie einige zusätzliche Attribute, von denen der abstraktere Begriff absieht. Auf Modellebene spricht man deshalb auch von der **Vererbung** von Eigenschaften. Der intensionale Gehalt eines Begriffs wird durch Spezialisierung größer, während seine Extension in der Regel abnimmt.

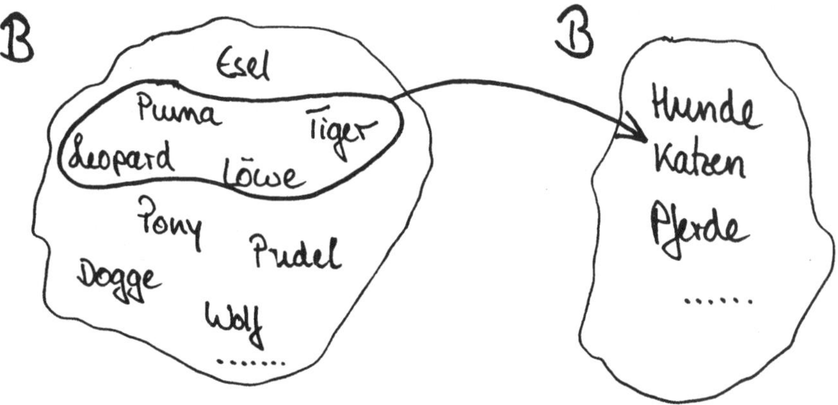

Abbildung 3: **Generalisierung:** Menge der Begriffe --> Menge der Begriffe

2.2.2 Resümee

Damit die Orientierung nicht verlorengeht, soll hier eine erste kurze Zusammenfassung der bisherigen Ergebnisse erfolgen:

Thema dieses Buches ist der **Vergleich von Sprachkonzepten** unter besonderer Berücksichtigung der diskreten Simulation. Sprachen werden als **Hilfsmittel beim Vorgang der Programmierung** verwendet, den wir aus einer bestimmten Perspektive insgesamt als Vorgang der **Simulation eines Wirklichkeitsausschnitts** betrachten können. Programmierung wurde demzufolge kurz skizziert und in drei Phasen eingeteilt. Die grundlegenden Konzepte der als Hilfsmittel verwendeten Sprachen sollten mit den grundlegenden Konzepten der Kognition und Organisation der Wirklichkeit und denen der Modellbildung möglichst übereinstimmen, zumindest aber kompatibel sein.

Es wurde daher eine Betrachtungsweise für den Programmierer vorgeschlagen, die diese Übereinstimmung sowohl innerhalb der drei Ebenen als auch mit seiner intuitiven und begrifflichen Auffassung der Realität zumindest annähernd ermöglichen soll. Auch die Konzepte der verschiedenen untersuchten Programmiersprachen werden aus dieser Perspektive betrachtet werden. Die Modelle, die bei der Programmierung unter dieser Perspektive verwendet werden, nennen wir **physische Modelle** (siehe 2.2.2), die Perspektive selbst **systemorientierte Sichtweise der Programmierung.** Diese Sichtweise von Programmierung entspricht im wesentlichen der der 'skandinavischen Schule', die u.a. von Kristen Nygaard, Bent Bruun Kristensen, Ole Lehrmann Madsen und Birger Moller-Pedersen vertreten und von diesen als **objektorientierte Programmierung** bezeichnet wird <Nygaard86> <Madsen/Moller-Pedersen88>.

2.2.3 Analyse der Modelle

Wenden wir uns nun von der Beschreibung der Betrachtungsweise der Wirklichkeit der Beschreibung der Modelle selbst zu. Modellbildung ist ein Erkenntnisprozeß, der schließlich zur Abbildung eines Teils der Wirklichkeit in ein bestimmtes Modell führt. Es gibt je nach begrifflicher, formaler und konzeptioneller Fundierung verschiedene Klassen von Modellen (z.B. mathematische, physikalische, logische, materielle und andere Modelle). Wir wählen eine Klasse von Modellen, die ausgehend von unserer bereits dargestellten Auffassung der Kognition und Organisation der Wirklichkeit im Hinblick auf die Programmierung (insbesondere in der diskreten Simulation) gut geeignet erscheint. Dies ist die Klasse der **physischen Modelle**, die es erlaubt, die oben genannten Informationsprozesse elegant abzubilden. Ein **physisches Modell** besteht aus einer **Menge von Objekten**. Jedes **Objekt** besitzt eine **Menge von Attributen** und kann eine **Folge von Aktionen** ausführen.

Ein **Objekt** in einem physischen Modell entspricht einem Phänomen in der Wirklichkeit. **Attribute von Objekten** sind entweder beliebige Teilobjekte oder atomare Objekte, deren semantische Interpretation durch die Fundierung des Modells festgelegt ist (und die der Darstellung elementarer Werteabstraktionen dienen). Die Substanz eines Phänomens ist im Modell gegeben durch die Ausdehnung und den Ort des Objektes zu einem bestimmten Zeitpunkt. Die meßbaren Größen einer Substanz entsprechen hier wie dort festgelegten Interpretationen der Substanz, sie sind auf Modellbeschreibungsebene **Werte** von Attributen. Die Veränderung der Substanz eines Phänomens wird im Modell realisiert durch eine partiell geordnete Folge von Aktionen, die jedem Objekt zugeordnet ist. Objekte in Programmiersprachen sind z.B. statische und dynamische Variablen oder ein sich in Ausführung befindender Prozeß (siehe Kapitel 3).

Der **Zustand eines Objekts** ist bestimmt durch seine Substanz, die Werte seiner Attribute und die aktuelle Aktion. Hier ist zu beachten, daß in Programmiersprachen in der Regel sowohl passive Datenobjekte verwendet werden, als auch Prozeßobjekte, die über keine expliziten (sichtbaren, selektierbaren) Größen verfügen. Den **Zustand eines Modells** definieren wir als die Zustände aller seiner Objekte.

Den Begriffen als Strukturierungsmittel der Wirklichkeit entsprechen **Begriffsschablonen** auf Modellebene. Eine Begriffsschablone beschreibt die gemeinsamen Eigenschaften einer Klasse von Objekten. Demzufolge sind Begriffsschablonen **Abstraktionen über Objekte**. Beim Bilden von Begriffsschablonen lassen sich alle genannten Teilfunktion der Abstraktion (Klassifikation, Komposition und Generalisierung) wiederfinden und anwenden. Begriffsschablonen in Programmiersprachen sind zum Beispiel Prozedurdeklarationen, Typ- und Klassendeklarationen; wobei durch Typdeklarationen Datenabstraktionen, durch Prozedurdeklarationen algorithmische Abstraktionen und durch Klassendeklarationen objektorientierte Abstraktionen beschrieben werden (näheres siehe wieder Kapitel 3).

Aktionen in einem physischen Modell werden von Objekten ausgeführt. Aktionen beschreiben die Zustandsänderungen des Modells und damit die Struktur von Informationsprozessen. Indirekt wird damit eine zeitliche Entwicklung innerhalb des betrachteten Wirklichkeitsausschnitts (Systementwicklung) formalisiert. Die Ausführung der Anweisungsfolge von Objekten kann **nebenläufig** oder **alternierend** sein, und sie kann als Teil der Anweisungsfolge eines anderen Objektes **sequentiell** ausgeführt werden. Nach der Art der Ausführung ihrer Aktivitäten lassen sich verschiedene **Objektarten** unterscheiden. Analog unterscheiden wir auf Modell- und Systemebene rein sequentielle, alternierende und parallele Informationsprozesse.

Dies soll als Beschreibung der Klasse der Modelle, die wir bei der Programmierung für maßgebend halten, zunächst genügen. In den folgenden Kapiteln werden einige wichtige Konzepte existierender Programmiersprachen vorgestellt und in den Zusammenhang der systemorientierten Sichtweise der Programmierung eingeordnet.

2.3 Andere Sichtweisen von Programmierung

Es soll hier natürlich nicht unerwähnt bleiben, daß es andere Perspektiven der Programmierung gibt, die zu anderen Klassen von Modellen führen. Als Beispiele seien hier die imperative, funktionale und logische Sichtweise des Programmiervorgangs kurz skizziert:

Der **Imperativen Programmierung** liegt das von-Neumann-Modell eines Rechners zugrunde. Ein Programm wird betrachtet als eine partiell geordnete Folge von Anweisungen (strukturiert durch Prozeduren und Routinen), die Datenobjekte manipulieren und so Zustände der Maschine transformieren. Die Semantik von Anweisungen in Programmen wird operational angegeben durch eine Beschreibung der Zustandsveränderungen, auf der Anwendungsebene wird sie axiomatisch oder denotationell als Transformation von Aussagen (über beliebigen Objektbereichen) interpretiert.

Die **Funktionale Programmierung** betont mehr die mathematischen Aspekte von Programmen. Ein Programm wird betrachtet als eine mathematische Funktion, deren Verhalten allein von den aktuellen Parametern abhängt. Wesentliches Strukturierungsmittel ist die Rekursion. Eine globale Semantik funktionaler Programme läßt sich als der Fixpunkt eines jedem Programm zuzuordnenden Funktionals beschreiben und berechnen durch Iteration über eine Folge jeweils 'mehr definierter' Teilfunktionen.

In der **Logischen Programmierung** wird die Welt durch eine Menge von Aussagen modelliert. Ein Programm wird betrachtet als eine Gleichungs- oder Formelmenge, durch die die gewünschten Ein-/Ausgangsrelationen beschrieben werden. Eine globale Semantik logischer Programme kann man als das jeweils kleinste Herbrandmodell der entsprechenden Formelmenge auffassen.

Was wir unter der **Objektorientierten Programmierung** verstehen wollen, haben wir in den vorangehenden Kapiteln unter dem Begriff systemorientiert beschrieben. Programme werden hier als konkrete physische Modelle, die Informationsprozesse beschreiben und formalisierte Systeme darstellen, aufgefaßt. Es muß hier aber erwähnt werden, daß dieser Standpunkt der Begriffsauslegung in der heutigen Diskusion über objektorientierte Programmierung kaum präzise eingenommen wird. Er wird hauptsächlich durch die Mitarbeiter an der Entwicklung der Sprache Beta vertreten (siehe wieder <Madsen/Moller-Pedersen88>). Der Versuch einer allgemeineren Einordnung der objektorientierten Programmierung wird in Kapitel 2.5 gegeben.

2.4 Maschinen, Verarbeitungsmodelle, Programmiersprachen, Semantik

Wir wollen in diesem Kapitel einige grundlegende Begriffe der Programmierung unabhängig von der bereits dargestellten Perspektive erklären. Die im vorangehenden Kapitel beschriebenen verschiedenen Sichtweisen der Programmierung, denen jeweils verschiedene Modellklassen zugrunde liegen, erscheinen in einem übergreifenden Verständnis des Vorgangs der Programmierung als entsprechende **Programmierstile**. Programmierstile werden mit dem Beiwort 'orientiert' bezeichnet, um damit zum Ausdruck zu bringen, daß trotz des jeweiligen modell-philosophischen Hintergrunds Freiheiten in der Interpretation, Ausführung und Kombination mit anderen Sichtweisen möglich sind. 'Ein Programmierstil basiert auf einer (möglicherweise spekulativen) Vorstellung von einem **Verarbeitungsmodell** des Rechners, der die Programme abarbeiten soll' <Styan86> (siehe auch <Reisin/Schmidt89>).

Bevor wir nun genauer klären, was wir unter einem Verarbeitungsmodell zu verstehen haben, wollen wir kurz einige allgemeinere Worte zu dem im Zusammenhang mit dem Thema dieses Buches wesentlichen Begriff der **Programmiersprache**, der bereits in Kapitel 2.1 erwähnt wurde, ergänzen. Um Programme formulieren zu können, bedarf es einer formalen Sprache. Die Sprache fungiert dabei als **Mensch-Maschine-Schnittstelle**: Aus der Sicht des Menschen dient sie der Formalisierung von Modellen als durch Abstraktion gewonnene Abbilder eines Realitätsausschnitts. Ihre Sätze, d.h. die Programme, haben für den Menschen eine Bedeutung, die er in Begriffen und Sinnzusammenhängen erfaßt, und die ebenfalls wieder einem Formalisierungsprozeß unterworfen werden können (z.B. **axiomatische Semantik*** mit der Möglichkeit der Verifikation).

Programme aus der 'Sicht' der Maschine haben nur eine rein **operationale Bedeutung**. Sie beschreiben nur auf der Ebene der Syntax im Sinne eines 'toten' Kalküls, welche (syntaktischen) Operationen, d.h. Automatismen durch die Maschine auszuführen sind. Eine Bedeutungszuordnung, wie sie im Menschen als Verständnisprozeß vollzogen wird, findet auf Maschinenebene nur als **Programmausführung** statt. Die Interpretation eines Programms durch eine Maschine ist die Ausführung desselben; seine Bedeutung der (Ausführungs-) Prozeß. Eine solche maschinelle Interpretation kann auch verstanden werden als die Generierung der extensionalen Bedeutung eines Programms betrachtet als eine Menge von Begriffsschablonen. Diese erfolgt räumlich in der Zuordnung von Speicherbereichen als Substanz von Objekten und zeitlich in der Ausführung von Maschinenoperationen als Äquivalent von Aktivitäten der Objekte.

Eine formale Sprache, deren Sätze in diesem Sinne von einer konkreten Maschine verstanden werden, heißt **Maschinensprache**. Die Sätze einer **höheren Programmiersprache** haben in der Regel für eine konkrete Maschine keine Bedeutung. Diese Programme

*Eine axiomatische Beschreibung der Semantik einer Programmiersprache ist ein um die syntaktische Struktur der Sprache erweiterter prädikatenlogischer Kalkül. Da der Kalkül der Formulierung und Verifizierung von Aussagen über Variablenbelegungen (Invarianten) und deren Veränderungen (Invariantentransformationen) dient, wird er mit dem Zuweisungsaxiom fundiert. Die Regeln des Kalküls werden definiert als formale Schlußregeln über den Operatoren der Sprache.

bedürfen einer Übersetzung in die Sprache der Maschine, bevor sie durch diese ausführbar sind. Die Umformulierung der Sätze der höheren Programmiersprache kann automatisiert werden, d.h. durch ein (Maschinen-) Programm, genannt **Compiler**, beschrieben und damit durch die Maschine selbst vorgenommen werden. Dieser Abbildungsprozeß, bei dem natürlich die semantische Äquivalenz (aus der Sicht des Menschen) von Quell- und Zielprogramm sichergestellt sein muß, wird durch die Compilersemantik beschrieben.

Wie die Maschinensprache die Schnittstelle zu einer konkreten Maschine darstellt, so repräsentiert eine höhere Programmiersprache die Schnittstelle zu einer abstrakten Maschine. Man kann auch sagen: Eine Programmiersprache definiert eine (abstrakte oder konkrete) Maschine.

Das o.g. **Verarbeitungsmodell** ist eine Abstraktion von der Maschine in dem Sinne, daß ihre Struktur und Arbeitsweise über Begriffe und Formalismen beschreibt. Das Verarbeitungsmodell aus unserer systemorientierten Sichtweise der Programmierung definiert die Klasse der Modelle, die zur Modellierung dieses Systems verwendet werden können. Ein system- oder objektorientiertes Verarbeitungsmodell erlaubt also die Ausführung physischer Modelle. Das Verarbeitungsmodell z.B. einer konkreten Von-Neumann-Maschine wird über Begriffe wie *Speicher*, *Register*, *Byte*, *Maschinenoperation* usw. definiert. Das Verarbeitungsmodell der abstrakten Maschine, wie sie z.B. durch die imperative Sprache Pascal beschrieben wird, verwendet solche Begriffe wie *Zustand*, *Variable*, *Integer*, *Zustandstransformation* etc. Der Begriff des Verarbeitungsmodells ist also aus einer 'Bottom-Up'-Sichtweise der Programmierung, d.h. aus einer maschinenorientierten oder technologischen Perspektive heraus geprägt worden. Er wird von uns synonym zu dem Begriff des Programmiermodells, des Programmierparadigmas und der Modellklasse verwendet, deren Wurzeln in einer 'Top-Down'-Sichtweise der Programmierung begründet sind.

Wir sehen, daß **jeder Programmiersprache ein bestimmtes Verarbeitungsmodell zugrunde liegt**. Allerdings gilt umgekehrt, daß jedem Verarbeitungsmodell unendlich viele Programmiersprachen zuzuordnen sind. Dies ist die Erläuterung des vorhin zitierten Satzes, daß ein Programmierstil auf einer Vorstellung von einem zugrundeliegenden Verarbeitungsmodell basiert. Die einzelnen Sprachen eignen sich (im wesentlichen beeinflußt durch das ihnen zugrundeliegende Verarbeitungsmodell) besser oder weniger gut zu einer Programmierung im Sinne eines systemorientierten Programmierstils. Dies zu untersuchen, ist eines der wesentlichen Anliegen dieses Buches.

2.5 Klassifizierung und Einordnung von Verarbeitungsmodellen

Wir wollen in diesem Kapitel im wesentlichen eine Einordnung des objektorientierten Paradigmas vornehmen. Grundlage eines solchen Vorhabens muß zunächst eine Darstellung und Abgrenzung gegenüber anderen Programmiermodellen sein. Da dies aber im Zusammenhang mit dieser Arbeit ein zu großes Unterfangen ist, sei hier erneut auf die gewiß ausgesprochen knapp formulierte Gegenüberstellung anderer Sichtweisen in Kapitel 2.3 verwiesen. Im übrigen müssen wir in dieser Hinsicht grundlegende Kenntnisse voraussetzen.

Zunächst unterscheiden wir (siehe auch <Reisin/Schmidt89>) den im vorigen Kapitel eingeführten Begriff des Verarbeitungsmodells durch zwei orthogonale Begriffspaare in maschinen- und anwendungsorientierte sowie in offene und geschlossene Verarbeitungsmodelle:

Maschinenorientierte Verarbeitungsmodelle werden aus technischer Sicht beschrieben und spiegeln die Funktionsweise einer Klasse von Rechnern wider, während **anwendungsorientierte Verarbeitungsmodelle** aus einer pragmatischen Sicht heraus definiert werden und an der Klasse der zu modellierenden Anwendungsbereiche orientiert werden. Solche Paradigmen abstrahieren teilweise in hohem Maß von den zur Verfügung stehenden konkreten Maschinen.

Geschlossene Verarbeitungsmodelle legen die Abarbeitung eines Programms möglichst formal und vollständig fest (z.B. durch Fundierung über eine geschlossene denotationelle/operationale Semantik). Entsprechend wird die Programmausführung in **offenen Verarbeitungsmodellen** unvollständig beschrieben, bedarf also einer Ergänzung durch ein oder mehrere weitere Verarbeitungsmodelle.

Im Sinne dieser Begriffsbildung geben wir folgende **Einordnung der o.g. Sichtweisen**: Die imperative Programmierung beruht auf elementar maschinenorientierten (z.B. Assembler) bzw. abstrahiert maschinenorientierten (z.B. Pascal) geschlossenen Verarbeitungsmodellen. Logikorientierte und funktionsorientierte Programmiermodelle stellen geschlossene anwendungsorientierte Verarbeitungsmodelle dar. Der objektorientierte Programmierstil basiert als einziger auf einem offenen anwendungsorientierten Verarbeitungsmodell.

Dies hat seinen Grund in der **zweidimensionalen Betrachtungsweise eines physischen Modells**: Aus einer **globalen Sicht** besteht ein Modell aus einer Menge von Objekten und ihren externen Relationen, die im wesentlichen einer Interaktion der Objekte dienen. Diese Systeme haben dynamischen Charakter: Objekte werden ständig erschaffen und eliminiert. Aus der **lokalen Sicht** interessieren die interne Struktur und Arbeitsweise der Objekte. Da Objekte also global als völlig eigenständige, wohldefinierte Einheiten des Systems erscheinen, können wir sie auch als eigenständige **virtuelle Maschinen** auffassen. Welches Verarbeitungsmodell diese Maschinen realisieren, kann prizipiell offen bleiben. 'Genau diese Möglichkeit der beiden Perspektiven macht die höhere Komplexität des Verarbeitungsmodells aus. Das objektorientierte Verarbeitungsmodell macht Aussagen über die globale Sicht und läßt Aussagen über die lokale Sicht offen' <Reisin/Schmidt89>.

Die lokale Sicht bleibt allerdings nicht völlig offen, läßt wohl aber größere Freiräume. Von der objektorientierten Programmierung werden auch statische Beschreibungskonzepte im Sinne einer objektorientierten Begriffsbildung unter Verwendung der im Kapitel 2.2.1.3 genannten Abstraktionsfunktionen vorgegeben (z.B. Klassenkonzept, Vererbungskonzept). Diese Konzepte erleichtern zum wesentlichen Teil die kognitive und organisatorische Bewältigung von Komplexität, die eine der Programmierung immanente Eigenschaft ist.

Ein objektorientiertes Verarbeitungsmodell, das zur Ausführung konkreter Programme fähig ist, bedarf eines **Abschlusses** durch Angabe eines Verarbeitungsmodells **der lokalen Sicht.** Daher ist zu erklären, daß es ernst zu nehmende konkrete objektorientierte Programmiersprachen über Basissprachen der unterschiedlichsten Sprachfamilien gibt, z.B. ModPascal <Olthoff86> (imperativ), SCOOP <LaPalme/Malenfant/ Vaucher88> (logisch), XLisp (applikativ), Flavors <Cannon83> (funktional), LOOPS <Bobrow/Stefik81> (imperativ), und andere. Die objektorientierten Sprachen Simula-67, Smalltalk-80 und Beta werden von uns in diesem Buch eingehender behandelt werden.

Aufgrund der Offenheit des Verarbeitungsmodells also stellt die objektorientierte Programmierung eine **übergeordnete**, zu den anderen Paradigmen durchaus **orthogonale Sichtweise** der Programmierung dar. Aus dieser Tatsache verbunden mit dem pragmatischen Hintergrund der Simulation in ihrem allgemeinen Kontext (siehe 2.1) ergibt sich die große Bedeutung des objektorientierten Paradigmas für die Entwicklung neuer Methoden, Techniken, Sprachen, Werkzeuge und Formalismen der Programmierung in den 80er und 90er Jahren.

Diese wohlbegründete Popularität der objektorientierten Programmierung sowohl in Anwendungs- als auch in Forschungsbereichen im Zusammenhang mit der im Augenblick sicherlich noch nicht abgeschlossenen Forschung auf diesem Gebiet hat jedoch leider den Effekt, daß die Situation in der gegenwärtigen Diskussion sehr konfus erscheint. Objektorientierte Programmierung hat sehr stark den Charakter eines Schlagwortes bekommen, in das hinsichtlich der bestimmt immer noch sehr großen (wenn nicht immer noch größer werdenden) Probleme in der Softwareentwicklung große Hoffnungen gelegt werden. Dabei ist eine konsistente Verwendung und allgemeine Klärung des Begriffs der objektorientierten Programmierung kaum zu sehen. "**There are as many definitions of object oriented programming as there are papers and books on the topic**" <Madsen/Moller-Pedersen88>.

Bald jedes zweite heute auf dem Markt erscheinende Softwareprodukt nennt sich 'objektorientiert' oder 'intelligent' (am besten gleich beides), obwohl dies in den wenigsten Fällen tatsächlich zutrifft (von der Intelligenz ganz zu schweigen). Weist eine Sprache oder ein Softwaresystem einige mit der objektorientierten Programmierung eng verbundene Konzepte (z.B. *code sharing*, Polymorphismus, Vererbung, generische Algorithmen, Objekte, Nachrichten usw.) auf, so scheut sich der Entwickler nicht, sie sogleich auch 'objektorientiert' zu nennen. Es gibt mittlerweile objektorientiertes Pascal, objektorientiertes Fortran, objektorientiertes Prolog, objektorientierte Datenbanken, objektorientierte Betriebssysteme usw., und nur die wenigsten stellen eine wirklich orthogonale und in den Konzepten der verschiedenen Verarbeitungsmodelle geschlossene Ausfüllung der lokalen Sicht eines objektorientierten Paradigmas dar (Ausnahmen wurden genannt). Seit neuestem sind sogar Standard Ada und Modula-2 objektorientierte Sprachen (wohl aufgrund des Modulkonzepts oder der generischen Ada-Prozeduren).

Die Situation ist augenblicklich vergleichbar der Diskussion um die strukturierte Programmierung in den 70er Jahren: "My guess is that object oriented programming will be in the 1980's what structured programming was in the 1970's. Everyone will be in favor of it. Every manufacturer will promote his products as supporting it. Every manager will pay lip service to it. Every programmer will practice it (differently). **And no one will know just what it is.**" <Reutsch82>.

Wir wollen versuchen, in diesem Buch ein wenig Struktur und Klarheit in diese Situation zu bringen. Um aber eine begriffliche Vermischung zu vermeiden und unseren Standpunkt (ausführlich in den vorangehenden Kapiteln dargestellt) präziser benennen zu können, werden wir im folgenden auch weiterhin meist von einer systemorientierten Sichtweise der Programmierung sprechen. Darüberhinaus sind wir der Ansicht, daß diese Bezeichnung zutreffender ist, da mit dem Systemaspekt der übergeordnete, offene Charakter des Verarbeitungsmodells betont wird.

2.6 Zur Favorisierung der systemorientierten Programmierung

In diesem Buch untersuchen wir die Programmierparadigmen, Sprachkonzepte, Sprachen, Simulationsumgebungen und Simulationsmodellimplementierungen vor dem Hintergrund der systemorientierten Programmierung. Wir beschränken uns auf die systemorientierte Sichtweise aus den folgenden Gründen:

1) Die Verwendung physischer Modelle als allgemeine Grundlage für die Programmierung in verschiedenen Anwendungsbereichen scheint natürlich, intuitiv einfacher und angemessener zu sein als die anderer Modelle, weil sie einer klassischen Auffassung der Kognition von Wirklichkeit entspricht.

2) Programmiertypische Kognitions- und Abstraktionsprozesse werden sehr gut unterstützt. Die Komplexität der zu modellierenden Systeme und der Systementwicklung erfordert ein sehr ausdrucksstarkes Verarbeitungsmodell mit komplexen (dynamischen und statischen) Beschreibungskonzepten. Das objektorientierte Verarbeitungsmodell ist unserer Ansicht nach das einzige solche komplexe Verarbeitungsmodell.

3) Insbesondere für die diskrete Simulation erscheinen uns physische Modelle als die adäquate Repräsentation von Systemen.

4) Die systemorientierte Sichtweise umfaßt in gewissem Sinne die anderen Perspektiven, aus denen heraus Programmierung betrieben werden kann. Sie beschreibt ein offenes Verarbeitungsmodell und stellt eine übergeordnete Sichtweise dar.

5) Die Erfahrung läßt vermuten, daß physische Modelle stabiler bzw. dauerhafter und beständiger sind als die Beschreibung der Funktionalität eines Systems auf andere Art und Weise.

2.7 Was ist diskrete Simulation

Wir wollen in diesem Kapitel kurz den üblicherweise in der Informatik verwendeten Simulationsbegriff in Abgrenzung zu unserem erweiterten Begriff der 'Simulation' darstellen. Unter **Simulation** versteht man in der Informatik klassischerweise die Abbildung von Systemen (siehe 2.1) in formale Modelle und die Ausführung dieser Modelle auf Rechnern. In vielen Gebieten der Technik, der Wissenschaft (Wirtschaft, Medizin, Physik, Astronomie) und der Wirtschaft (Systemanalyse, Management, Planung und Optimierung von Produktionsprozessen) wird Simulation als ein **Hilfsmittel zur Analyse komplexer Systeme** genutzt. Simulation wird eingesetzt, wenn andere Analysemethoden (z.B. mathematische) versagen (z.B. weil keine vollständige, konsistente Theorie des entsprechenden Wissensgebietes vorliegt), Manipulationen und Experimente am realen System nicht durchführbar, zu teuer, irreparabel oder zu langwierig wären. Zwecke der Simulation von Systemen als Analysehilfsmittel können sein: die Optimierung des Systemverhaltens, Voraussagen des Systemverhaltens, die Überprüfung von Theorien und Entscheidungshilfe beim Systementwurf.

Wir unterscheiden verschiedene **Arten von Simulation** je nach der Art der verwendeten Modelle und der Perspektive, die beim Modellbildungsprozeß eingenommen wurde. Die **kontinuierliche Simulation** arbeitet mit mathematischen Modellen, die meist in Form von Differential- oder Differenzengleichungssystemen vorliegen. Der **diskreten Simulation** liegen physische Modelle (siehe 2.2.1.) zugrunde, die sich in der Zeit entwickeln, aus interagierenden Objekten oder Prozessen bestehen und deren Semantik durch Zustände, Aktivitäten und Zustandsänderungen beschrieben wird.

Kontinuierlichen Simulationsmodellen liegt ein stetiger Zeitablauf zugrunde, in diskreten Modellen werden einzelne Zeitpunkte herausgegriffen. Die diskrete Simulation beschreibt die Geschichte (zeitliche Entwicklung) des Systems über eine Folge endlich vieler Zustände, während in der kontinuierlichen Simulation eine Folge zumindest prinzipiell unendlich vieler Zustände zu Modellierung des Systemverhaltens verwendet werden. Kontinuierliche Modelle wurden ursprünglich auf Analogrechnern ausgeführt; ihre Ausführung auf Digitalrechnern erfordert letztlich immer eine Diskretisierung, die sich aber nicht auf der Modellebene niederschlagen muß. Heutzutage ist die Differenzierung zwischen kontinuierlichen und diskreten Simulationsmodellen daher wesentlich durch die Perspektive des Betrachters begründet. Wir beschäftigen uns in dieser Arbeit ausschließlich mit Aspekten der diskreten Simulation.

Für ausführliche Informationen zur Simulation allgemein, zur Modellbildung und Validierbarkeit kann der interessierte Leser z.B. eines der folgenden Werke zu Rate ziehen: <Naylor69>, <Gordon72>, <Grayhead/Pooch80>, <Franta77>, <Schmidt85a>, <Shannon75>, <Zeigler76>.

Wie bereits beschrieben wurde, kann aus der Perspektive der diskreten Simulation der gesamte Vorgang der Programmierung als Simulation eines realen oder imaginären Systems verstanden werden. In den klassischen Anwendungsgebieten, in denen Simulation als reines Analysehilfsmittel eingesetzt wird, werden diskrete Simulationsmodelle weiter differenziert: Zunächst wird unterschieden zwischen **zeitgesteuerten** und **ereignisgesteuerten** Modellen. Bei der zeitgesteuerten diskreten Simulation, deren Extremfall eine **quasikontinuierliche Simulation** darstellt, wird die Zeit im Simulationsmodell in festen Schritten fortgeschaltet und alle Zustandsänderungen werden global errechnet. In der **ereignisgesteuerten Simulation** liegt der Schwerpunkt nicht auf einer globalen Zeitfortschaltung als zentralem Strukturierungsmittel des dynamischen Verhaltens des Modells, sondern **Ereignisse**, **Aktivitäten**, **Prozesse** und **Transaktionen** rücken in den Mittelpunkt des Interesses und bewirken die Veränderungen in der Zeit.

Ein **Ereignis** ist eine Zustandsänderung im diskreten Modell, die zu einem bestimmten Zeitpunkt stattfindet oder stattfinden wird. Ereignisse verbrauchen keine Simulationszeit. Eine **Aktivität** ist eine Operation zwischen einem Anfangs- und Endereignis, die den Zustand eines Objektes im Simulationsmodell transformiert. Ein **Prozeß** ist eine zeitlich geordnete Folge von Aktivitäten, die meist einem bestimmten Objekt zugeordnet wird. Eine **Transaktion** ist ein mobiles dynamisches Objekt, das zwischen stationären, permanenten Objekten "wandern" kann und beim Passieren eines stationären Objektes eine Zustandsänderung sowohl dieses Objektes als auch bei sich selbst auslösen kann. Die Begriffe Aktivität, Prozeß und Transaktion bauen auf dem Ereignisbegriff auf; sie klassifizieren immer komplexere Strukturen und Zusammenhänge.

Da Zustandsänderungen in diskreten Simulationsmodellen ausschließlich durch Ereignisse ausgelöst werden können, müssen zu jedem Zeitpunkt der Simulation ein oder mehrere zukünftige Ereignisse bekannt sein. Dazu werden Ereignisse in der Regel in einer **zentralen Ereignisliste** verwaltet, in der sie gemäß ihrem Eintrittszeitpunkt geordnet sind. Die Ausführung der Simulation besteht aus der Ausführung der durch das zeitlich nächste Ereignis (dem ersten Element der Ereignisliste) bewirkten Zustandsänderung, der Elimination dieses Ereignisses (Entfernung aus der Ereignisliste) und dem Fortschalten der Simulationszeit auf den Eintrittszeitpunkt des nächsten Ereignisses. Die einem Ereignis zugeordnete Zustandsänderung kann durch beliebig komplizierte Algorithmen beschrieben werden, die ihrerseits wieder neue Ereignisse kreieren können und so für den Fortlauf der Ausführung des Modells sorgen.

In der **ereignisgesteuerten Simulation** werden die Modelle weiter unterschieden in **ereignisorientiert**, **aktivitätsorientiert**, **prozeßorientiert** und **transaktionsorientiert**, je nachdem, welchem Begriff und welcher Perspektive eine zentrale Rolle bei der Modellierung zukommt. Eine kurze, gegenüberstellende Charakterisierung dieser Begriffe ist u.a. enthalten in <Mattern/Mehl89>, für ausführliche Informationen verweisen wir auf die oben angegebene Literatur.

Wir halten die **prozeßorientierten Modelle** für die wichtigsten, da bei dieser Sichtweise zum ersten Mal ein Abstraktionsgrad erreicht ist, der es gestattet, die Systemstrukturierung in adäquater Weise in naher Anlehnung an das reale System im Modell wiederzugeben. Durch Prozesse können logisch zusammengehörende Aktivitätsfolgen sowohl Simulationsobjekten als auch Ereignissen zugeordnet werden. Wesentliche Vorteile ergeben sich dabei zum einen aus der Lokalisierung bestimmter Aktivitäten und Daten und zum anderen durch die zusätzliche Abstraktion über der Ereignissteuerung. Wenn wir in dieser Arbeit im folgenden über diskrete Simulation (im klassischen Sinne) sprechen, meinen wir damit stets prozeßorientierte Simulation, da zum einen keine Notwendigkeit besteht, ausdrucksschwächere Modelle zu benutzen, und zum anderen diese Art der diskreten Simulation am besten mit unserer Auffassung der Simulation (als Abbildung eines Wirklichkeitsausschnitts in ein physisches Modell) korrespondiert. Die transaktionsorientierte Simulation kann als ein Spezialfall der prozeßorientierten Simulation angesehen werden, doch sind die dort verwendeten Modelle für viele Anwendungsfälle leider zu speziell.

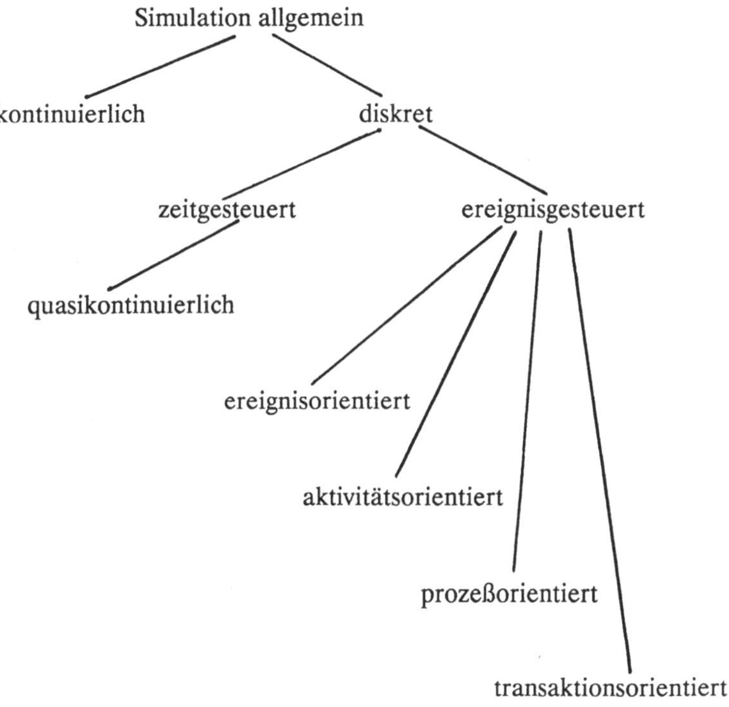

Abbildung 4: **Arten von Simulation**

Es bleibt festzuhalten, daß wir Anforderungen an Konzepte von Programmiersprachen aus den **Erfordernissen diskreter Simulation** ableiten wollen. Dabei wird unter diskreter Simulation sowohl der klassische Begriff der Simulation als Analysehilfsmittel als auch der Vorgang der Programmierung zur Automatisierung von Arbeitsprozessen schlechthin verstanden. In der prozeßorientierten Simulation halten wir die Aspekte der Systemstrukturierung für wesentlich, in der diskreten Simulation allgemein ist es die Art der Systemsicht, in der Programmierung allgemein schließlich ist es die Weltsicht und die Verwendung einer bestimmten Klasse von Modellen.

3 Sprachkonzepte

Im folgenden sollen die wichtigsten Sprachkonzepte dargestellt werden, die sich im Laufe der Entwicklung der verschiedenen Programmiersprachen herausgebildet haben, ohne hierbei bereits auf ihre konkreten Verwendungsmöglichenkeiten in der diskreten prozeßorientierten Simulation einzugehen. Wir haben uns hierbei im wesentlichen auf die Sprachfamilien der imperativen und objektorientierten Programmierung beschränkt.

Es handelt sich um den Versuch, diese **Sprachkonzepte möglichst abstrakt** und allgemein, d.h. losgelöst von der Betrachtung einzelner konkreter Sprachen zu beschreiben. Das Ziel, das wir dabei verfolgen, ist nicht, so etwas wie den 'kleinsten gemeinsamen Nenner' der Sprachkonzepte über den verschiedensten Programmiersprachen zu formulieren, sondern unsere eigenen Vorstellungen über die wichtigsten Aspekte ausgewählter Sprachkonzepte darzulegen, um dann anschließend auch ihre Einordnung in unsere (im vorangehenden Kapitel dargestellten) Sichtweise der Programmierung vornehmen zu können. In welcher Form diese Konzepte dann tatsächlich als **konkrete Sprachkonzepte** über den Sprachkonstrukten mit ihrer speziellen mehr oder weniger genauen Festlegung der Syntax, Semantik und Pragmatik der hier zu betrachtenden Programmiersprachen realisiert sind, bleibt dann dem folgenden Abschnitt der Sprachbeschreibungen überlassen. Ihre Bedeutung für Anwendungen in der diskreten Simulation wird schließlich in einem weiteren Abschnitt dargestellt werden.

Bei der Beschreibung dieser (abstrakten) Sprachkonzepte wird also insbesondere auch versucht aufzuzeigen, inwiefern sie den Vorgang der **Modellbildung** unterstützen (d.h. die verschiedenen Abstraktionsfunktionen auszudrücken erlauben) bzw. die **Formalisierung abstrakter Modelle** erleichtern (möglichst geringer konzeptioneller Abstand von abstraktem zu konkretem Modell). So wird im folgenden neben den wichtigsten Gesichtspunkten der Semantik der Sprachkonzepte vor allem auch deren Pragmatik aus unserer systemorientierten Sichtweise der Programmierung beschrieben werden, während eine konkrete Syntax natürlich nicht angegeben werden kann.

3.1 Sprachkonzepte sequentieller Programmierung

Im ersten Teil der Beschreibung der Sprachkonzepte beschränken wir uns auf die sequentielle Programmierung. Von der Perspektive der verschiedenen Programmiermodelle aus betrachtet liegt der **sequentiellen Programmierung** zunächst ein anweisungsorientiertes Verarbeitungsmodell (von-Neumann-Modell) zugrunde, in welchem eine Menge von Anweisungen (Abstraktionen von Maschinenoperationen) nur entsprechend einer bestimmten Reihenfolge und zu einem bestimmten Zeitpunkt nur jeweils eine Operation ausgeführt werden kann, d.h. der Zugriff auf Daten eines Datenbestandes (Abstraktion des Maschinenspeichers) sequentiell (nicht nebenläufig oder alternierend) erfolgt.

Dieses Modell führte zu einer Entwicklung der klassisch-imperativen Programmiersprachen. Ein Programm wird als eine partiell geordnete Menge von Anweisungen angesehen, die über den Zugriff auf Datenobjekte Anfangszustände (Eingabedaten) in Endzustände (Ausgabedaten) transformieren. Ein Programm ist zunächst ein in Terminologie einer imperativen formalen Sprache formulierter sequentieller abstrakter Algorithmus.

Wir wollen im folgenden die Sprachkonzepte darstellen, die - im Zusammenhang mit der Entwicklung dieses Programmierstils entstanden - die Konstruktion und Formulierung sequentieller (iterativer und rekursiver) Algorithmen auf (statischen und dynamischen) Datenstrukturen unterstützen. Hierbei betrachten wir zunächst Konzepte der Datenabstraktion (Typkonzept, Objektkonzept, Datenstrukturkonzept, u.a.), dann Konzepte als Hilfsmittel der algorithmischen Abstraktion (Blockkonzept, Prozedur- bzw. Funktionskonzept) und schließlich Konzepte der objektorientierten Abstraktion (Klassenkonzept). Die Klasse der Sprachkonzepte zur Unterstützung der parallelen und quasiparallelen Programmierung wird in dem darauffolgenden Kapitel beschrieben werden.

Aus unserer systemorientierten Sichtweise der Programmierung heraus betrachtet wenden wir uns also zunächst den Sprachkonzepten zu, die der Formulierung sequentieller Informationsprozesse dienen. Hier führen die Objekte des physischen Modells ihre Aktionen, die die Zustandsänderungen des Modells und damit die Struktur von Informationsprozessen beschreiben, nicht gleichzeitig (nebenläufig) oder zeitlich verzahnt (alternierend), sondern abhängig vom Systemzustand in eindeutiger Reihenfolge geschlossen (sequentiell) aus.

3.1.1 Das Wert- und Objektkonzept

Da in der Literatur verschiedene, sich mehr oder weniger unterscheidende Begriffe von Objekt, Typ, Datenstruktur usw. zu finden sind, geht es in diesem und dem folgenden Kapitel neben einer Beschreibung eines Objekt- und Typkonzepts zunächst einmal um eine präzise Darstellung der verwendeten grundlegenden Begriffe. Allgemeinere Abhandlungen zu diesem Thema finden sich u.a. bei <Hoare72>, <MacLennan82>,

<Coleman78>, <Wirth75>, <Cardelli/Wegner85>, <Madsen/Moller-Persen88>, <Denert/Franck77>, <Parnas/Shore/Klus76>.

3.1.1.1 Werte als Sprachelemente

Der **Unterschied zwischen Werten und Objekten** in Programmiersprachen ist sehr schön herausgearbeitet in einem Aufsatz von B.J. MacLennan <MacLennan82>:

Werte sind zeitlose Abstraktionen, auf die die üblichen Konzepte von Existenz nicht angewandt werden können. D.h. Werte sind nicht etwas, deren Existenz zu einem bestimmten Zeitpunkt beginnt und irgendwann wieder endet. Eine natürliche Zahl bezeichnet z.B. einen Wert. Die Zahl 2 steht stellvertretend für ein abstraktes Konzept (siehe auch <Hoare72,S.84f>): die Menge aller Paare (In der Mathematik steht eine natürliche Zahl für eine Äquivalenzklasse von Mengen gleicher Mächtigkeit). Werte können nicht verändert werden, sie sind eindeutig bestimmt.

Werte sind **integraler Bestandteil eines Typkonzepts** und als solche ein ganz wesentliches Abstraktionskonzept der Programmiersprachen. Sie können unter Verwendung verschiedener Abstraktionsmöglichkeiten über das Typkonzept einer Sprache sowohl intensional, als auch extensional begrifflich gefaßt werden. Auf **Modellebene** begegnen uns Werte als Abstraktion meßbarer Eigenschaften der Substanz von Objekten (Näheres zu den Möglichkeiten der Wertedefinition und zur Bedeutung des Wertekonzepts folgt in 3.1.2 Das Typkonzept).

3.1.1.2 Objekte als Sprachelemente

Der **Objektbegriff** als einer der meist gebrauchten Begriffe der Informatik wird leider im Gegensatz zum Wertbegriff, der im wesentlichen aus der Mathematik übernommen worden ist, in der Literatur nicht eindeutig verwendet. Insbesondere im Zusammenhang mit der zur Zeit sehr aktuellen Forschung auf dem Gebiet der objektorientierten Programmierung lassen sich die unterschiedlichsten Definitionen dieses Begriffs finden. Die hier folgende Festlegung erfolgt von unserem systemorientierten Standpunkt der Programmierung im Hinblick auf Objekte, wie wir sie in verschiedenen Programmiersprachen finden können. Dieser Objektbegriff wird auch von dem Objektkonzept, wie es uns in Smalltalk-80 begegnen wird, abweichen, d.h. unser Objektbegriff wird ein übergeordneter, allgemeinerer sein.

Objekte bestehen im Gegensatz zu Werten in der Zeit; sie können geschaffen, verändert und zerstört werden. Objekte unterscheiden sich nicht notwendigerweise in der Form, sondern in der Substanz (z.B. im Rechner durch das Belegen unterschiedlicher Speicherbereiche). Objekte werden in der Regel benannt; im allgemeinen kann man sagen, daß ein Objekt eindeutig durch seine externen Relationen, unabhängig von seinen internen Eigenschaften bestimmt wird.

Unser Begriff von Objekten in Programmiersprachen ist ganz von dem in der Einleitung bereits dargestellten Objektbegriff auf Modellebene übernommen (siehe 2.2.2): Jedes Objekt (jede Objekt*beschreibung*) kann eine **Menge von Attributen** besitzen und/oder eine **Folge von Aktionen** ausführen. Attribute von Objekten können der Repräsentation und Manipulation von Werten dienen und auch komplexere Teilobjekte umfassen, die auf Programmebene durch eine Menge von Objektabstraktionen (z.B. Typgrößen, Aktionsschemata) beschrieben werden. Werte von Attributen entsprechen festgelegten Interpretationen der Substanz. **Objekte haben einen Zustand**, der sich mit der Zeit verändert. Der Zustand eines Objekts ist bestimmt durch seine Substanz, die Werte seiner Attribute und die aktuelle Aktion. Die Veränderung der Substanz eines Objekts, d.h. eine Zustandstransformation wird über eine partiell geordnete Menge von Aktionen, die jedem Objekt zugeordnet werden kann, realisiert. Größen, die Zustände von Objekten transformieren, nennen wir auch Operationen.

3.1.1.3 Objektarten

Wir unterscheiden in unserer systemorientierten Sichtweise der Programmierung zwischen einem **allgemeinen Objektbegriff**, wie wir ihn soeben dargestellt haben, und dem Begriff des **Datenobjekts** bzw. des **algorithmischen Objekts**. Diese Unterscheidung, nach der wir uns im folgenden immer richten werden, ist aus zweierlei Gründen sinnvoll: Erstens ermöglicht sie Aufschlüsse über die verschiedenen Verwendungsmöglichkeiten der Objekte bei der Programmmierung, und zweitens hilft sie, Mißverständnisse zu vermeiden, die sich aus einer Übertragung unseres Objektbegriffs in die traditionelle Sicht der klassisch-imperativen Programmierung ergeben können, in der ja eine strikte Trennung von Daten (-Objekten) und den auf ihnen operierenden Algorithmen besteht.

Datenobjekte (Objekte in Terminologie imperativer Programmiersprachen) sind **passive Objekte**, d.h. Objekte, denen keine Folge von Aktionen zugeordnet ist und die im Sinne einer Abstraktion vom Speicher der Maschine verwendet werden. Diese Datenobjekte bestehen nur aus Substanz, dienen der Modellierung und Interpretation von rein gegenständlichen Phänomenen des Systems (deren Begriffe räumliche Abstraktionen sind) und sind insofern meist langlebige Objekte. Ihre Funktion beruht in der Realisierung von **Zuständen zur Repräsentation von Werten**. Ihnen ist in der Regel ein Typ zugeordnet. Der Typ legt die Menge der durch das Objekt repräsentierbaren Werte und die über diesen Werten definierten Operationen fest. Der Zustand eines Datenobjekts ist nur die konkrete Ausprägung eines Wertes aus dem Wertebereich des entsprechenden Typs (Damit kommen wir zum Begriff der Repräsentation, dessen Erläuterung wir hier jedoch kurz zurückstellen wollen - siehe Typkonzept). Datenobjekte können kopiert werden, d. h. die konkrete Ausprägung ihrer Substanz kann auf andere Objekte gleicher Struktur übertragen werden. Dies ist die wichtige Eigenschaft der **Zuweisbarkeit**, die oft zur Fundierung einer operationalen Semantik von Programmiersprachen benutzt wird. Datenobjekte begegnen uns z.B. in imperativen Programmiersprachen als Variablen.

Algorithmische Objekte sind Objekte, denen auf jeden Fall Aktionsschemata zugeordnet sind, die darüber hinaus aber auch Substanz aufweisen können. Sie sind in der Lage, die ihnen zugeordnete Folge von Aktionen auszuführen, und folglich **aktive Objekte**. Algorithmische Objekte dienen der Modellierung bestimmter Zustandsänderungen, d.h. auf Modellebene der Beschreibung einer zeitlichen Entwicklung des Modells bzw. der Struktur des Modell-Informationsprozesses. Sie modellieren ausschließlich aktive Phänomene des betrachteten Systems (deren begriffliche Abstraktionen im wesentlichen in die zeitliche Dimension fallen) und haben eher kurzlebigen Charakter. Algorithmische Objekte repräsentieren **in Ausführung befindliche konkrete Algorithmen** und begegnen uns z.B. in imperativen Programmiersprachen als aktive Blöcke, Prozeduren, Funktionen.

Objekte im allgemeinen schließlich werden von uns nicht nur im Sinne eines Oberbegriffs für Daten- und algorithmische Objekte verwendet, sondern erscheinen auch konkret als Objekte des Modells. Diese Objekte können aktiv oder passiv sein und/oder Substanz mit meßbaren Größen aufweisen oder nicht. Ihre Attribute aber können im Gegensatz zu Daten- oder algorithmischen Objekten auf Modellbeschreibungsebene beliebige Teilobjekte und Teilschablonen (Objektabstraktionen) sein. Während Datenobjekte ausschließlich zur Repräsentation von Daten (Modellierung gegenständlicher Phänomene) und algorithmische Objekte nur als implementierte Algorithmen (Modellierung aktiver Phänomene) verwendet werden, dienen diese allgemeinen Objekte der höheren Programmorganisation (Modellorganisation). Sie **modellieren komplexere Phänomene** des betrachteten Systems, die aus vielen verschiedenartigen Teilphänomenen bestehen können und nur durch entsprechend spezielle Begriffe benannt und beschrieben werden. Allgemeine Objekte können eine dynamische Systemstrukturierung in Subsysteme unterstützen (siehe 3.2.2 Prozeßkonzept). In imperativen Programmiersprachen begegnen uns solche Objekte z.B. als Teilprogramme, Koroutinen, Prozesse, wohingegen sie in objektorientierten Programmiersprachen auch als (abstrakte) Datentyp-Objekte erscheinen.

Sprachen, zumindest jene, deren Programmiermodell Objekte vorsieht, stellen Konstrukte zur Verfügung, die einerseits die Formulierung von Begriffsschablonen als (meist intensionale) **Beschreibung von Objektmengen**, und andererseits die **Generierung von Objekten** ermöglichen. Dabei können Objekte statisch oder dynamisch generiert werden; sie sind **Instanzen**, d.h. Ausprägungen der Extension von Begriffsschablonen. Die soeben vorgenommene Unterscheidung der verschiedenen Objektarten ist auch auf der Ebene ihrer Begriffsschablonen sinnvoll:

Datenobjekte sind Instanzen von Begriffsschablonen, die Datenabstraktion unterstützen bzw. realisieren. Diese Begriffsschablonen nennen wir **Typschablonen** (hier ist wieder das Typkonzept zu nennen). Algorithmische Objekte sind entsprechend Instanzen von Begriffsschablonen, die der algorithmischen Abstraktion dienen. Wir sprechen hier von **algorithmischen Schablonen** (siehe Blockkonzept, Prozedur- bzw. Funktionskonzept). Objekte im allgemeinen schließlich sind Instanzen allgemeiner Begriffsschablonen, die wir auch **Objektklassenbeschreibungen** nennen können (siehe Klassenkonzept). Sie werden in einer der algorithmischen und Datenabstraktion übergeordneten Weise, die wir **objektorientierte Abstraktion nennen**, verwendet.

3.1.1.4 Objekte und die algorithmische Basis

Jeder Beschreibungsformalismus, jede Programmiersprache bedarf neben einer formalen Festlegung ihrer Syntax auch einer genauen (im Idealfall auch formalen) Definition ihrer Semantik. Die Verankerung einer semantischen Fundierung einer Programmiersprache nennen wir **algorithmische Basis.** Eine Sprache besteht neben der algorithmischen Basis aus einer Menge von Sprachkonstrukten und einer Syntax. Die Sprachkonstrukte (auch **algorithmische Operatoren** genannt) ermöglichen die Konstruktion neuer Begriffsschablonen und die Benennung und Anwendung ihrer Instanziierungen. Die Syntax definiert die Menge der syntaktisch korrekten Programme, d.h. beschreibt die grammatikalisch richtige Verwendung der Operatoren und Ausdrücke.

Die **algorithmische Basis** umfaßt einerseits eine Menge von Standardtypschablonen und ihre Instanzen, die Basistypen wie *Integer*, *Real*, *Boolean* u.a. beschreiben, und andererseits algorithmische Standardschablonen, die elementare Operationen über diesen Typen realisieren. Erstere werden Objektbereich der algorithmischen Basis (Vereinigung aller (Basis-) Typen) genannt, letztere werden durch eine Beschreibung der auswertbaren Ausdrücke (Termbereich, d.h. Menge der Terme über Variablen, Konstanten, Operatoren) festgelegt. Instanzen von **Standardbegriffsschablonen** nennen wir **atomare Objekte**; ihre semantische Interpretation ist durch die Verankerung der semantischen Fundierung der Sprache festgelegt.

3.1.1.5 Zur Bedeutung des Objektkonzepts für den Entwurf von Programmiersprachen

Objekte und die darauf definierten Operationen sind die grundlegenden Elemente, auf denen alle Sprachelemente einer imperativen oder objektorientierten Programmiersprache aufbauen. Datenobjekte repräsentieren Zustände. Alle Sprachen dieser Sprachfamilien stellen eine Anzahl von Sprachmitteln zur Verfügung, die der Manipulation von Datenobjekten dienen. Wie in der Einführung bereits erwähnt, ist die Bedeutung von Programmen aus operationaler Sicht die Zustandstransformation von einem Anfangszustand (Eingabedaten) zu einem Endzustand (Ausgabedaten) durch eine Maschine. Die wesentlichsten **Unterschiede zwischen den einzelnen Programmiersprachen** liegen im prinzipiellen Aufbau und in der Art und Anzahl von Objekten, die dem Programmierer zur Vefügung gestellt werden. Die Manigfaltigkeit der Objekte, d.h. die Möglichkeiten der Begriffsschablonendefinition unter Anwendung der verschiedenen Abstraktionsfunktionen sowie die Verwendung ihrer Instanziierungen ist zum größten Teil für die Ausdrucksfähigkeit der Sprache, die Zuverlässigkeit ihrer Programme und die Einfachheit der konkreten Modelle verantwortlich <Hahn79>.

Eng verbunden mit dem traditionellen, d.h. imperativen Begriff der Objekte sind die Begriffe Datentyp und Datenstruktur, die ebenfalls für die Struktur höherer Programmiersprachen zentralen Konzepte. Um eine Sprache einordnen zu können, ist es notwendig, eine exakte Vorstellung (Modell) vom Aufbau der ihr zugrunde liegenden Objekte zu haben, die der Bedeutung von Objekten besser gerecht wird. Diese Erkenntnis hat wesentlich die **Entwicklung objektorientierter Programmiersprachen** beeinflußt. Durch eine Verallgemeinerung des übernommenen Objektkonzepts wurde die traditionelle Sicht aufgegeben, in der Software-Systeme einerseits aus einer Menge von Datenobjekten (Zustand) bestehen, die irgendwelche Informationen repräsentieren, und andererseits aus Operationen (Prozeduren, Funktionen), die diese Daten manipulieren.

Das Problem dieser **Daten-/Prozedur-Sicht** (siehe <Robson81> - besser wäre Daten-/Algorithmen-Sicht) besteht darin, daß Daten und Prozeduren so gehandhabt werden, als wären sie unabhängig voneinander, obwohl jedoch das Gegenteil zutrifft: Alle Prozeduren müssen sehr genaue Annahmen darübermachen, welcher Art die zu manipulierenden Daten sind. Ein neuer Objektbegriff, wie wir ihn oben dargestellt haben, als Verallgemeinerung des alten Objektkonzepts hebt diese Trennung auf und ist Grundlage für den Entwurf einer ganzen Reihe moderner objektorientierter Programmiersprachen (weiteres siehe 5.4 Smalltalk-80 sowie 5.5 Beta). Er beschreibt ein offenes Verarbeitungsmodell, das aus einem bestimmten 'Top-Down'-Verständnis der Programmierung eine der Daten- und algorithmischen Abstraktion übergeordnete systemorientierte Begriffsbildung ermöglicht. Viele Problemlösungen von Anwendungen, im besonderen diskrete Simulationsmodelle, allgemein aber komplexe Lösungen, können mit Unterstützung eines solchen Objektkonzepts elegant formalisiert werden. Objekte als Sprachelemente ermöglichen eine **direkte Implementierung der Objekte**, die wir bereits bei der Modellanalyse (siehe 2.2.3) als grundlegende Elemente physischer Modelle dargestellt haben.

3.1.1.6 Zum Begriff der Konstanten und Variablen

Eng verbunden mit dem Wert- und Objektbegriff sind die Begriffe **Konstante** und **Variable**, wie sie uns vor allem in imperativen Programmiersprachen begegnen:

Die Vorstellungen von **Konstanten** in den Programmiersprachen sind sehr unterschiedlich: Eine Konstante kann ein nicht modifizierbares Datenobjekt (Speicherbereich mit Nur-Lese-Zugriff, z.B. Elan <Elan78>), eine parameterlose Funktion (mathematisch-funktionale Sichtweise, Lambda-Kalkül) oder eine benutzerdefinierte Denotation für einen Wert (z.B. Pascal <Jensen/Wirth75>) sein. Im Zusammenhang mit unserer Sichtweise der Programmierung halten wir die letztere Festlegung des Konstantenbegriffs für die günstigste. Sie entspricht einer Synonymvereinbarung, d.h. Mehrfachbenennung einzelner Werte (wie sie z.B. auch mit anderen Größen möglich ist) und ist auf der Ebene der Definition von Begriffsschablonen leicht verständlich.

Der Begriff **Variable** wird auf zwei verschiedene Weisen verwendet. Im weiteren Sinne ist eine Variable ein modifizierbares Datenobjekt, im engeren Sinne entweder ein benanntes statisches Datenobjekt (eine mit einem symbolischen Bezeichner versehene 'Schublade') oder eine dynamische Variable, d.h. ein nur über Zeiger (Adressen) referenzierbares dynamisches Datenobjekt. Variable sind also in jedem Fall Instanzen von Typschablonen. Als Datenobjekte können Variablen einander zugewiesen werden.

3.1.2 Das Typkonzept

Das Typkonzept ist **das** Sprachkonzept für die Datenabstraktion. Bevor wir jedoch einige der Sprachkonstrukte zur Definition von Typen mit ihrer Semantik und Pragmatik vorstellen, wollen wir kurz unsere Verwendung des Typbegriffs festlegen. Es bleibt zu erwähnen, daß wir uns hierbei im wesentlichen auf die Hoaresche Auffassung von Typen stützen (siehe <Hoare72>, <Coleman78>).

3.1.2.1 Ein allgemeiner Typbegriff

Ein (Daten-) **Typ** ist zunächst einmal eine **Menge von Werten.** Diese Menge kann prinzipiell endlich oder unendlich sein (alle konkreten Repräsentationen sind jedoch beschränkt, da der Speicher des Rechners endlich ist).

Die Wertemenge allein umfaßt in der Regel nicht all das, was man unter einem Typ versteht. Um die Werte überhaupt darstellen und beschreiben zu können, braucht man eine Benennung und Denotation. In allen uns bekannten Programmiersprachen sind zumindest für die Standardtypen und ihre Elemente konventionelle Denotationen vorgegeben (So steht z.B. die Zeichenfolge *123* für die natürliche Zahl einhundertdreiundzwanzig).

Sodann sind mit einem Typ untrennbar eine **Menge von Funktionen, Prädikaten und Operationen**, die über der Wertemenge (Trägermenge) des Typs definiert sind, verbunden. Aus dieser abstrakten (mathematischen oder typtheoretischen) Sichtweise heraus betrachtet, kann man einen Datentyp als eine **Algebra** bezeichnen. Der Begriff **Funktion** wird hier zunächst rein mathematisch verwendet, d.h. insbesondere, daß eine Funktion seiteneffektfrei (siehe 3.1.5 Das Prozedur- bzw. Funktionskonzept) ist. **Prädikate** geben Auskunft über die Zugehörigkeit von Werten bzw. Wertetupeln zu Relationen und sind insofern eine echte Erweiterung gegenüber Funktionen. **Operationen** sind schwieriger zu beschreiben; sie beziehen sich nicht eigentlich auf Werte eines Typs, sondern auf Objekte dieses Typs und dienen deren Manipulation.

Zu jedem realisierten Datentyp (einer Programmiersprache) gehört eine **Repräsentation.** Eine Repräsentation ist eine eindeutige Abbildung der (abstrakten) Wertemenge eines Typs auf eine vorhandene, 'manipulierbare' Struktur (in der Regel das Speichermodell eines Von-Neumann-Rechners). Die Festlegung der Repräsentation eines Typs entspricht der Festlegung der Interpretation konkreter Zustände von Objekten dieses Typs:

Repräsentation:	Wertemenge des Typs	-->	Zustand des Datenobjekts (Zustandsmenge des Speichers)

Interpretation:	Zustand des Datenobjekts (Zustandsmenge des Speichers)	-->	Wertemenge des Typs

Datenobjekte sind also referenzierbare Speicherbereiche eines bestimmten Typs, d.h. mit festgelegter Interpretation (und Repräsentation). Ein Datentyp einer Programmiersprache über einer für den Programmierer sichtbaren oder gar manipulierbaren Repräsentation nennen wir **konkreten Datentyp** - im Gegensatz zum **abstrakten Datentyp** (siehe hierzu Anhang C2 Abstrakte vs. konkrete Datentypen).

3.1.2.2 Zum Konzept der Datentypen

In imperativen Programmiersprachen oder allgemein in Sprachen auf Grundlage der bereits erwähnten Daten-/Prozedur-Sicht wird der allgemeine Typbegriff häufig in etwas eingeschränkterer Weise verstanden. Hier wird die Trennung von Daten und der auf ihnen operierenden Algorithmen auch auf das Typkonzept übertragen, so daß ein **Datentyp im engeren Sinne** meist nur als eine Wertemenge mit ihrer Festlegung der Repräsentation (bzw. Interpretation) aufgefaßt wird. Wir werden im folgenden die verschiedenen Möglichkeiten der Datenabstraktion darstellen, d.h. eine Klassifikation und Beschreibung der verschiedenen Typen, wie sie durch die Sprachkonstrukte einer Reihe von Programmiersprachen formuliert werden können, vornehmen.

In konkreten Programmiersprachen unterscheiden wir Typen in **einfache** und **strukturierte Typen** sowie in **Basis-** und **abgeleitete Typen**:

Basistypen sind die Typen der algorithmischen Basis einer Programmiersprache. Ihr Wertebereich, ihre Repräsentation und die über ihnen operierenden Funktionen, Prädikate und Operationen sind in der Sprachdefinition festgelegt. Basis- oder elementare Typen realisieren die grundlegenden, im Durchschnitt der Anwendungen immer wieder benötigten Werteabstraktionen, wie z.B. natürliche, ganze und reelle Zahlen, Wahrheitswerte, Zeichen und Zeichenketten, Bitfelder und andere. **Typenabgeleitete** sind vom Benutzer definierte Typen, die unter Verwendung von Typdefinitionskonstrukten meist aus den Basistypen abgeleitet, d.h. konstruiert werden.

Unter **einfachen Typen** verstehen wir **Aufzählungs-** und **Unterbereichstypen** (Hierunter fallen im strengen Sinne auch viele Typen der algorithmischen Basis, wie natürliche und ganze Zahlen u.a.). Einfache Typen sind darüber hinaus immer geordnet und endlich, d.h. ihre Werte können durch die natürlichen Zahlen (ihren Ordnungs- bzw. Ordinalzahlen) eindeutig repräsentiert werden. Die Definition eines einfachen Typs impliziert so auch meist die Erweiterung der Sprache um Prädikate, die die Zugehörigkeit von Wertepaaren dieses Typs zu den üblichen Vergleichsrelationen überprüfen. Aufzählungstypen werden durch eine einfache Benennung der Werte des Typs gebildet, wobei sich die Ordnung aus der Reihenfolge ihrer Aufzählung ergibt. Unterbereichstypen werden als Teilwertebereiche aus anderen einfachen Typen konstruiert, sind also Spezialisierungen einfacher Typen mit größerer oder gleicher Mächtigkeit. Der Wertebereich einfacher Typen ist gleich der in der Typdefinition direkt notierten (Unter-) Menge. Ihre Repräsentation wird durch die Sprachfundierung intern meist über eine Abbildung in den Bereich der natürlichen Zahlen realisiert.

Ein **strukturierter Typ** ist ein Typ, dessen Werte aus den Werten anderer Typen zusammengesetzt sind, die gemäß einem bestimmten Muster angeordnet sind, oder allgemeiner, eine bestimmte Struktur besitzen. Eine moderne imperative Programmiersprache stellt meist eine Reihe von Typkonstrukten zur Verfügung, mit denen die Struktur von Werten eines strukturierten Typs beschrieben werden kann. Die bekanntesten Strukturen sind hierbei: Reihungen, Verbunde, Mengen, Varianten und allgemein rekursive Strukturen.

Eine **Reihung** oder ein Feld (array) ist ein strukturierter Typ, der eine Abbildung von einem endlichen Indexbereich in eine Menge gleichartiger Elemente darstellt. Alle Elemente (Komponenten) des Felds sind vom gleichen Typ, die Struktur heißt deshalb homogen. Mathematisch betrachtet stellen Felder Projektionen von einfachen Typen in beliebige, aber feste Typen dar.

Verbunde (records) sind Strukturen, die sich aus der Komposition beliebiger anderer Typen (Komponententypen) ergeben. Die Komponenten eines Verbunds sind über Namen zugreifbar. Der Wertebereich eines Verbunds ist mathematisch definiert als das kartesische Produkt der Komponententypen und ist als solches im Gegensatz zum Feld ein inhomogener Typ.

Mengenstrukturen (sets) ermöglichen die Darstellung von Teilmengen über einfachen Typen (Basistyp der Menge). Mathematisch gesehen umfaßt der Wertebereich der Mengenstruktur die Potenzmenge (Menge aller Teilmengen) des Basistyps der Menge.

Varianten (variants) dienen der Bildung strukturierter Typen als Zusammenfassung von zwei oder mehreren beliebigen anderen Typen, ihren (disjunkten) Teiltypen. Der Wert eines Variantentyps ist alternativ Element eines seiner Teiltypen, wobei der entsprechende Teiltyp optional über ein sogenanntes 'tag field' identifiziert werden kann. Der Wertebereich von Varianten erscheint uns auf der Ebene der Mathematik als die disjunkte Vereinigung der Teiltypen.

Allgemein **rekursive Strukturen** erlauben die Beschreibung eines Typs in Termen seiner selbst. D.h. der Wert eines solchen Typs darf ein (oder mehrere) Komponenten umfassen, die vom selben Datentyp wie er selbst sind (Beispiele sind Listen-, Keller-, Baumstrukturen). Der Wertebereich, ebenso wie die Werte selbst, ist potentiell unendlich groß. Mathematisch entsprechen rekursive Datenstrukturen induktiv definierten Wertemengen über beliebigen Typen (zum Begriff der Rekursion und ihrer Bedeutung für die Programmierung siehe auch 3.1.5 Das Prozedur- bzw. Funktionskonzept).

Die **Typdefinition** als die Benennung und Beschreibung der Wertemenge und ihrer Darstellung ist eine Deklaration und hat so auch einen eigenen Gültigkeitsbereich (siehe hierzu 3.1.4 Das Blockkonzept). Die **Semantik einer Typdeklaration** ist die Benennung einer Typbeschreibung und ihre gleichzeitige Bekanntmachung als Typgröße. Sie entspricht einer dynamischen Erweiterung der algorithmischen Basis der Sprache. Datentypen strukturieren den Objektbereich der algorithmischen Basis, sie beschreiben Datenobjektmengen (siehe Objektkonzept) und dienen damit der Definition anwendungsbezogener Datenbereiche sowie ihrer Repräsentation durch manipulierbare Strukturen. Bei der Bildung strukturierter Typen unter Verwendung der verschiedenen Strukturkonstruktoren der Programmiersprache wird mit der Beschreibung der Struktur der Werte auch deren Repräsentation (und Interpretation) festgelegt. Sofern die Repräsentation eines Datentyps nicht versteckt erfolgt, wird durch seine Deklaration implizit auch die Zuweisbarkeit für Objekte dieses Typs übernommen.

Die **Anwendung eines Datentyps** erfolgt, da Datenobjekte passive Objekte sind, nur im Sinne einer dynamischen oder statischen **Generierung von Datenobjekten**. Jedes Datenobjekt ist Instanz einer Typdefinition (wie jedes Objekt im allgemeinen Instanz einer bestimmten Begriffsschablone ist). Mittels dieser **Typisierung von Datenobjekten** kann das Programm mit einer Typstruktur versehen werden. Sie ergibt sich im wesentlichen durch eine Erweiterung der Sprache um die Vorschrift, daß zu der Spezifikation der formalen Parameter aller Funktionen, Prädikate und Operationen (d.h. auch der der algorithmischen Basis) zusätzlich die Angabe ihres Typs gehört.

So wird die richtige Verwendung von Datenobjekten im Gefüge einer **statischen Semantik** des Programms überprüfbar. Richtige Verwendung heißt hier einerseits der im Sinne der entsprechenden Repräsentation korrekte Zugriff auf die Struktur von Datenobjekten und andererseits die gemäß der (über die formalen Parameter spezifizierten) Ein-/Ausgabe-Relation korrekte Anwendung von Algorithmen auf Datenobjekte. Da alle Datenobjekte (als Instanzen von Typschablonen) typisiert sind, und wir in unserer Sprachphilosophie keine Möglichkeiten impliziter Typwandlungen vorsehen, beschreiben wir - wenn auch sehr abstrakt - eine **streng getypte Sprache** (strongly typed language). Wir legen uns an dieser Stelle nicht fest, ob wir von einem monomorphen oder polymorphen Typkonzept ausgehen. Allerdings scheint uns ein polymorphes Typkonzept gerade im Hinblick auf eine systemorientierte Sichtweise der Programmierung von sehr großem Vorteil zu sein (Näheres siehe Anhang C3 Monomorphe vs. polymorphe Typen und 3.1.6 Das Klassenkonzept).

3.1.2.3 Zum Begriff der Datenstruktur

Da die Begriffe Datentyp und Datenstruktur in der Literatur wenig differenziert verwendet werden, wollen wir kurz einige Worte zu unserer Auffassung des Begriffs 'Datenstruktur' erwähnen (ein allgemeiner Begriff 'Datentyp' wurde bereits geklärt). Eine **Datenstruktur** (unsere Begriffsverwendung ist analog zu <Coleman78>) ist ein strukturierter Typ zusammen mit einer Menge von Funktionen, Prädikaten und Operationen.

Eine **dynamische Datenstruktur** ist eine Datenstruktur, bei der die Größe der Repräsentation der Werte und damit die Größe der Objekte des entsprechenden Typs nicht konstant festgelegt werden kann. Dynamische Datenstrukturen sind im allgemeinen potentiell unendliche Typen, deren Trägermengen durch Rekursion beschrieben werden (z.B. Listen, Keller, Bäume).

Ein **Datentyp unterscheidet sich von einer Datenstruktur** alleine darin, daß die Darstellung und Realisierung des Datentyps - obwohl vielleicht sichtbar - nicht veränderbar ist. D.h. eine Datenstruktur ist ein strukturierter Datentyp, dessen Repräsentation und Implementierung direkt manipulierbar sind.

3.1.2.4 Zur Bedeutung des Datentypkonzepts

Betrachten wir zunächst Sprachen ohne ein Typkonzept. Diese **typfreien Sprachen** haben ein ungetyptes Universum (ungetypter, unstrukturierter Objektbereich der algorithmischen Basis), d.h. alle Werte der Datenobjekte sind Element genau einer wohldefinierten Menge. Nur diese Menge kann zur Repräsentation von Daten und in diesem Sinne von dem Verarbeitungsmodell, das der Sprache zugrunde liegt, 'verstanden', d.h. verarbeitet werden. **Ungetype Universen** sind z.B.:

- Bitfolgen (Speicher eines Rechners)
- S-Ausdrücke (pure LISP)
- Lambda-Ausdrücke (Lambda Kalkül)
- Mengen (Mengentheorie)

Alle Daten, wie Zahlen, Zeichen, Zeiger, Datenstrukturen, Programme etc., müssen auf die Elemente dieses ungetypten Universums abgebildet werden. D.h. die Datenabstraktion muß hier in Ermangelung eines Typkonzepts im wesentlichen algorithmisch auf Grundlage einer gewählten Repräsentation erfolgen. Dabei sind auf keiner Ebene der Abstraktion eindeutige Rückschlüsse vom Zustand eines Datenobjekts auf den repräsentierten Wert gegeben. Eine Interpretation ist nur extern (auf algorithmischer Ebene) möglich, sie ergibt sich nicht aus einer Typstruktur des Programms.

Ein abstraktes Typkonzept, d.h. in erster Linie eine **Typisierung der Datenobjekte ergibt sich natürlich** (<Cardelli/Wegner85>). Sobald man eine Menge von Datenobjekten zur Repräsentation von Werten verwendet, zerfällt diese in Untermengen mit gemeinsamem Verhalten. Ein konkretes Typkonzept ermöglicht nun die explizite Strukturierung der verwendeten Datenobjekte, die Ordnung von Datenobjekten entsprechend ihrer Verwendung und ihres Verhaltens. Datenobjekte mit einem einheitlichen Verhalten können zu Mengen zusammengefaßt werden, indem sie als zu einem bestimmten Typ zugehörig deklariert werden (Die Autoren der Arbeit <Parnas/Short/Klus76> bezeichnen z.B. in diesem Sinne einen Typ als eine Klasse von Variablen, also Datenobjekten, deren wechselseitige Ersetzung nur in einigen, eingeschränkten Kontexten gültig ist). Verschiedene Datenobjekte, z.B. ganze Zahlen, zeigen ein einheitliches

Verhalten dadurch, daß auf sie dieselbe Menge von Operationen sinnvoll angewandt werden kann.

Eine Typisierung schränkt also den Wertebereich von Datenobjekten (Variablen) und deren Benutzung innerhalb von Operationen, d.h. deren Verwendung (Applikation), ein. Dadurch kann über das Programm eine (statische und/oder dynamische) **Typstruktur** gelegt werden, die es ermöglicht, den Mißbrauch von Datenobjekten und Operationen zu verhindern. Eine Verletzung des Typsystems erzeugt einen **Typkonflikt** und bedeutet einen Zugriff (Manipulation) auf die Datenrepräsentation, der in dieser Weise nicht vorgesehen war und so sehr wahrscheinlich zu Fehlverhalten des Programms führen würde. Typen dienen der Spezifikation von Datenobjekten und damit auch einer (automatischen) Überprüfung ihres konsistenten Gebrauchs. Typen erweitern zu einem wesentlichen Teil die **statische Semantik** im Rahmen kontextabhängiger Einschränkungen der Grammatik eines Programms.

Die **Hauptvorteile eines Typkonzepts** als wichtigstes Hilfsmittel der Datenabstraktion in der Programmierung sind einerseits die **Abstraktion von der Repräsentation** über die Möglichkeit der Definition von Typen mit festen Repräsentationen und der Typisierung von Datenobjekten; andererseits unterstützt das Typkonzept in sehr großem Maße auch die **Entwicklung korrekter Programme**, da Datenobjekte sehr genau an die Probleme angepaßt werden können. Datentypen spezifizieren Datenobjekte, d.h. deren statische Eigenschaften (Datenobjekte sind passive Objekte) und machen ihre richtige Verwendung im Kontext der statischen Semantik durch einen Automaten (z.B. durch einen Compiler) überprüfbar (<Wirth74>).

Ein Datentyp wird in diesem Sinne von <Cardelli/Wegner85> als 'a set of clothes' umschrieben, die Datenobjekte bzw. deren zugrundeliegende (ungetypte oder konkreter getypte) Repräsentationen vor zufälligem oder unbeabsichtigtem Gebrauch schützen und eine bestimmte Form der Interaktion mit den Datenobjekten erzwingen.

Datentypen und dazugehörige Operationen gestatten es also, Probleme auf einer höheren Abstraktionsebene (fern einer bestimmten Maschinenstruktur) zu lösen und mittels der benutzerdefinierten Typen übereinander gelagerte Abstraktionsschichten zu bilden. Dabei ist zu beachten, daß mit diesem Mittel der vorgegebenen und neudefinierten Datentypen und Operationen die **Mächtigkeit der Programmiersprache** nicht größer wird. Es können nicht größere Problemklassen bearbeitet werden (alle Programmiersprachen sind Turing-mächtig), wohl aber wird die **Ausdrucksfähigkeit der Sprache** wesentlich erhöht. Die Ausdrucksfähigkeit einer Sprache bzgl. einer Klasse abstrakter Problemlösungen ist ein Maß dafür, wie elegant diese Problemlösungen implementiert werden können, d.h. wie groß der **konzeptionelle Abstand** vom abstrakten zum konkreten Modell ist, welche Abstraktionsebenen also bei der Formalisierung einer gefundenen Problemlösung in den Sätzen der Sprache durchschritten werden müssen. Die Ausdrucksfähigkeit steht in direkter Beziehung zum Implementierungsaufwand, zur Überschaubarkeit und Zuverlässigkeit (Fehleranfälligkeit, Korrektheit) von Programmen.

In unserer **systemorientierten Sichtweise der Programmierung** erscheint das Typkonzept als ein Abstraktionsmechanismus zur Beschreibung von Datenobjekten. Typdefinitionen auf Programmebene entsprechen den bereits dargestellten Typschablonen auf Modellebene. Dabei sieht das Typkonzept bei der Begriffsbildung von Datenobjektmengen die Verwendung der verschiedenen bereits genannten Abstraktionsfunktionen vor. Typen können sowohl extensional - durch Aufzählung aller zu der Menge gehörenden Elemente - als auch intensional - durch Beschreibung der typbildenen Eigenschaften - definiert werden. Aufzählungstypen werden gebildet durch (extensionale) Klassifikation, Unterbereichstypen durch Spezialisierung. Strukturierte Typen können über Komposition, Klassifikation und Generalisierung konstruiert werden. Die Vielfalt und Möglichkeiten der Abstraktionen bei der Typschablonendefinition haben grundlegenden Einfluß auf die Ausdrucksfähigkeit der Sprache.

Das **Typkonzept dient der Datenabstraktion**: Daten können benannt und als Werte abstrakt definiert werden; ihre Eigenschaften können beschrieben und als Typ begrifflich gefaßt werden. Daten können über Datenobjekte, d.h. Instanzen von Typschablonen abstrakt gespeichert und manipuliert werden. Da Datenobjekte nur aus Substanz bestehen, modellieren sie rein gegenständliche Phänomene des Systems, dienen ausschließlich der Realisierung von Zuständen zur Repräsentation von Daten (Werten). Auf Modellebene begegnen uns Werte als Abstraktion meßbarer Eigenschaften der Substanz von Datenobjekten. Werte können in diesem Sinne also auch als Ergebnis der Interpretation von Zuständen von Datenobjekten, d.h. als abstrakte Größen von Datenobjekten aufgefaßt werden.

3.1.3 Kontrollstrukturen und Anweisungen

Hier sollen kurz die grundlegenden Sprachmittel, die erst eine strukturierte Formulierung von Algorithmen auf unterster Ebene ermöglichen, erwähnt werden, ohne aber ins Detail gehen zu wollen. Ihre Handhabbarkeit, ihr Zweck und Nutzen im Hinblick auf Konstruktion und Verständnis von Programmen sowie auf Begründungen der Plausibilität und Korrektheitsnachweise werden als bekannt vorausgesetzt.

Die elementarste und damit im gewissen Sinne wichtigste Anweisung imperativer Sprachen ist die **Wertzuweisung**. Mit ihr beginnt die Fundierung zustandsorientierter Verarbeitungsmodelle. **Kontrollstrukturen** dienen der Steuerung des (sequentiellen) Ausführungsflusses über einer (partiell geordneten) Menge von Aktionen. Sie stellen selbst Anweisungen dar und erlauben die grundlegendste algorithmische Abstraktion. Ihre Syntax ist meist rekursiv definiert, so daß sie auf Anweisungsebene verschachtelbar sind. Kontrollstrukturen können so als elementare Operationen aufgefaßt werden, die mit Anweisungsfolgen parametrisierbar sind. Sie stellen Operatoren der algorithmischen Basis dar.

Die wichtigsten Kontrollstrukturen sind: Die einfache und vollständige **Fallunterscheidung** (*IF-THEN-* bzw. *IF-THEN-ELSE*-Konstrukt), die eine Selektion von Anweisungsfolgen in Anhängigkeit von Prädikaten über dem aktuellen Zustandsraum erlaubt. Eine Verallgemeinerung dieser Konstrukte stellt die mehrfache Fallunterscheidung (*CASE*-

Konstrukt) dar, die durch Testen der Äquivalenz von Ausdrücken ein Element aus einer Reihe alternativer Anweisungsfolgen auswählt. Diese Kontrollstrukturen unterstützen den intellektuellen Prozeß der Konstruktion (und Verifikation) der Aufzählung von Aktionsfolgen unter Berücksichtigung verschiedener Fälle (siehe <Dijkstra72,S.7>).

Die wiederholte Ausführung einer Anweisungsfolge kann durch die abweisende und annehmende **Schleife** (*WHILE-DO-* und *REPEAT-UNTIL*-Konstrukt) über die Auswertung eines Prädikats kontrolliert werden. Schleifen realisieren Iteration und unterstützen algorithmische Abstraktion im Sinne der mathematischen Induktion (siehe wieder <Dijkstra72,S.8>). Die Fundierung der Induktion erfolgt außerhalb der Schleife (Schleifeninitialisierung), während der Induktionsschritt durch den Schleifenrumpf beschrieben wird. Schleifen haben eine Schleifeninvariante, die von der Initialisierung bis nach der Termination der Schleife gültig ist. Sie beschreibt Elemente einer induktiv definierten Menge. Durch die wiederholte Ausführung des Anweisungsteils der Schleife werden neue Elemente der Menge konstruiert, bis schließlich bei Gültigkeit der Schleifenbedingung (Terminiationskriterium) das erwünschte Resultat approximiert worden ist.

Eine besondere Form der Iteration liegt der Kontrollstruktur **Zählschleife** (*FOR-FROM-TO-DO*-Konstrukt) zugrunde. Bei diesem Konstrukt wird über eine Zählvariable sukzessive ein im Schleifenkopf definierter Bereich einer Wertemenge durchschritten. Die Zählschleife hat die schöne Eigenschaft, daß bei Semantiküberlegungen und Korrektheitsbeweisen der Nachweis der Termination leicht zu erbringen ist. Schießlich sei im Zusammenhang mit den Kontrollstrukturen auch die **Sprunganweisung** (*GOTO*-Anweisung) erwähnt, obwohl sie kein echtes Konstrukt darstellt und nach unserer Auffassung einer strukturierten Programmierung nicht verwendet werden sollte (siehe auch <Dijkstra68b>). Ausnahmen bilden evtl. eingeschränkte Sprünge wie z.B. blockorientierte Sprünge (*RESTART-LEAVE*-Konstrukt) oder die ereignisgesteuerte Wiederholung (siehe <Knuth74>), die freiere Schleifenvarianten realisieren.

Es gibt einige **Analogien zwischen** den Methoden zur **Datenstrukturierung** und denen zur **Programmstrukturierung** (siehe <Hoare72,S.142>). Dies ist nicht weiter verwunderlich, denn bei Daten- und algorithmischer Abstraktion werden prinzipiell die gleichen Abstraktionsfunktionen verwendet. So korrespondiert das karthesische Produkt (Verbund) mit der Blockanweisung (siehe 3.1.4), die ihren Komponenten Werte zuweist. In ähnlicher Weise entspricht die disjunkte Vereinigung (Variante) einer (mehrfachen) Fallunterscheidung, die für jede Alternative eine bestimmte Berechnungsvorschrift auswählt. Felder und Mengen entsprechen im gewissen Sinne einer Zählschleife, die mit einer beschränkten Anzahl von Iterationen über der Reihe ihrer Elemente arbeitet. Die Konstruktion von Typen mit potentiell unendlicher Mächtigkeit ähnelt der Schleife, deren immer gleicher Schleifenrumpf ebenfalls potentiell unendlich viele Elemente berechnen kann. Die rekursiven Datenstrukturen schließlich entsprechen rekursiven Prozeduren: Der Wert eines solchen Typs kann mehr als eine Komponente enthalten, die zum selben Datentyp wie er selbst gehört. Analog dazu kann eine rekursive Prozedur sich an beliebigen Stellen mehrmals rekursiv aufrufen (siehe 3.1.5 Das Prozedurkonzept).

Aus unserer **systemorientierten Sichtweise** der Programmierung dienen Kontrollstrukturen und Anweisungen der formalen Beschreibung der Aktionen algorithmischer Objekte. Auf Modellebene ermöglichen sie die Formulierung der algorithmischen Struktur von Objekten, die aktive Phänomene auf Systemebene modellieren. Sie dienen ausschließlich der Beschreibung der internen algorithmischen Eigenschaften von Objekten auf niedriger Abstraktionsebene und haben insofern im Hinblick auf eine übergeordnete systemorientierte Betrachtung eines Programms als eine Formalisierung eines Modells interagierender Objekte eine eher untergeordnete Bedeutung.

Die Kontrollstrukturen und Anweisungen betreffen zunächst die lokale algorithmische Sicht des objektorientierten Verarbeitungsmodells. Ob das objektorientierte Programmierparadigma auf dieser Ebene mit einem klassisch imperativen, funktionalen, Datenfluß- oder anderen Ansatz kombiniert wird, kann prinzipiell offen bleiben. Dennoch messen wir den Konzepten große Bedeutung zu, die eine Erweiterung der Sprache um neue Kontrollstrukturen erlauben, da in diesem Augenblick eine Metaebene (globale algorithmische Sicht) beschritten wird, auf der eine Abstraktion über allgemeinen algorithmischen Objekten vollzogen wird. Dies sind Konzepte, die auf der Grundlage eines konkreten Blockkonzepts die Formulierung von blockparametrischen Operationen ermöglichen (siehe z.B. 5.4.5.4.3 Blockparameter und Kontrollstrukturen in Smalltalk-80 oder 5.5.7.2 Vererbung von Aktionen in Beta).

3.1.4 Das Blockkonzept

Das Blockkonzept ist ein wesentliches Hilfsmittel der Abstraktion auf der algorithmischen Ebene, d.h. der Programmstrukturierung auf Aktionsebene (Anweisungen oder Ausdrücke). In einem ganz abstrakten Blockkonzept dient ein **Block** der Zusammenfassung (Klammerung) von Datenobjekten (Variablen) und anderen Größen (Konstanten, Prozeduren, Funktionen, etc.) mit einer partiell geordneten Menge von auf ihnen operierenden Anweisungen.

3.1.4.1 Der Block als Sprachkonstrukt

Wenn wir nun ein konkreteres Blockkonzept darstellen wollen, besteht in diesem Sinne ein Block immer aus einem Deklarationsteil, in dem die **lokalen Größen** festgelegt werden, und aus einem **Anweisungsteil**, in welchem eine Folge von auszuführenden Operationen einen bestimmten Algorithmus beschreibt. Über das Blockkonzept ergibt sich so dic Möglichkcit dcr Dcfinition von **Gültigkeitsbereichen** der verwendeten Größen: Die in einem Block deklarierten Größen sind nur innerhalb desselben gültig und nach außen nicht sichtbar. Die blocklokalen Variablen, Prozeduren, etc. können also nur von Anweisungen innerhalb des betreffenden Blockes benutzt und verändert werden; außerhalb des Blockes sind sie unbekannte Größen.

Ein Block kann innerhalb unseres Blockkonzeptes entweder selbst wieder eine Anweisung sein oder auch einen Ausdruck darstellen, d.h. nach Beendigung seiner Ausführung einen Wert liefern. Dementsprechend unterscheiden wir zwischen der **Blockanweisung** und dem **Blockausdruck**. Dadurch ergibt sich die wichtige Möglichkeit der **Schachtelung von Blöcken**: Innerhalb der Anweisungssequenz oder eines Ausdrucks eines Blockes können andere Blöcke auftauchen, in denen wiederum andere Blöcke enthalten sind usw. usf. So können Blöcke zur hierarchischen Strukturierung von Algorithmen verwendet werden (näheres folgt). Die Schachtelungstiefe von Blöcken ist dabei prinzipiell unbegrenzt.

Die **Semantik einer Blockanweisung** bzw. eines Blockausdrucks besteht in der Kreierung eines neuen Gültigkeitsbereiches - d.h. der dynamischen Bekanntmachung der im Block deklarierten Größen -, der weiteren Fortführung der Programmausführung mit dem Anweisungsteil des Blockes, sowie der anschließenden Eleminierung der lokalen Größen. Die **lokalen Größen** einer Blockanweisung bzw. eines Blockausdrucks existieren also nur zu seiner Ausführungszeit. Anweisungen innerhalb eines Blockes können sich auch auf Größen beziehen, die außerhalb des aktuellen Blockes deklariert sind, sofern diese in einem der umschließenden Blöcke (ausschließlich seiner Unterblöcke) gültig sind.

Diese nicht lokalen Größen nennt man **globale Größen** eines Blockes. In verschiedenen Blöcken können gleiche Bezeichner unterschiedliche Größen benennen. Die dabei durch die Verschachtelungsmöglichkeit auftretenden Mehrdeutigkeiten werden durch eine Priorisierung entsprechend der Verschachtelungstiefe aufgelöst. D.h. wird ein Bezeichner für eine Größe angewendet, so ist stets die Größe im kleinsten umschließenden Block mit diesem Namen gemeint. In einem Block sind also alle Größen aller umschließenden Blöcke sichtbar und zugreifbar, sofern sie nicht durch lokale Größen gleichen Namens verdeckt werden.

Blockausdrücke liefern Werte und sind damit einem bestimmten Typ (bei monomorphem Typkonzept) bzw. einer Hierachie von Typen (bei polymorphem Typkonzept) zuzuordnen. Der mögliche **Typ von Blockausdrücken** ist prinzipiell uneingeschränkt, d.h. umfaßt im besonderen auch benutzerdefinierte Typen. Für Blockausdrücke gilt meist die Einschränkung, daß nur die im Block deklarierten Variablen manipuliert werden dürfen, d.h. sich ein Blockausdruck bei seiner Ausführung funktional verhält und keine Wirkung auf seine Umgebung ausübt. Diese Einschränkung ist sinnvoll, da Blockausdrücke dann als **Erweiterung der algorithmischen Basis** einer Sprache angesehen werden können. Blockausdrücke dienen in diesem Sinne ausschließlich der Denotation von Werten, die erst zur Laufzeit des Programms über den gerade gültigen Anwendungskontext (Menge aller Größen und ihrer Zustände zum Zeitpunkt der Applikation) berechnet werden können. Blockausdrücke können dann natürlich wieder als Operanden komplizierterer Ausdrücke erscheinen.

3.1.4.2 Zur Bedeutung des Blockkonzepts

Die **zentrale Bedeutung des Blockkonzepts** (Pragmatik aus der Sicht der Programmierung) beruht auf der Möglichkeit der Definition von Gültigkeitsbereichen sowie der Schachtelung der Blöcke. Gültigkeitsbereiche schränken die Sichtbarkeit (und Lebenszeit) der verwendeten Größen auf bestimmte Aktionsfolgen ein und erlauben damit eine Unterscheidung von lokalen und globalen Größen über bestimmten Teilalgorithmen. Als Sprachkonzept sind Gültigkeitsbereiche (hier realisiert durch das Blockkonzept) die **Voraussetzung zur Realisierung von Lokalität** bei der Programmstrukturierung, einem wichtigen Prinzip der Programmierung. Das Blockkonzept ist so ein wesentliches Hilfsmittel zur Strukturierung von Algorithmen. Es unterstützt schon auf der Ebene des Beschreibungsformalismus (Systembeschreibungs-, Programmiersprache) den Modellentwurf, indem es die Abstraktionsfunktion der **Dekomposition von Algorithmen** in kleinere Teilalgorithmen auszudrücken erlaubt. Der Block als algorithmisches Konstrukt dient der Methode der Programmierung durch **schrittweise Verfeinerung** (stepwise refinement <Wirth71>, <Dijkstra72>). "Das Blockkonzept korrespondiert mit der intuitiven Auffassung von Teilproblemen und ist nützlicher Bestandteil der Programmkomposition" <Birtwistle73, S.99>.

Jeder Block kann als ein weitgehend unabhängiger Programmteil betrachtet werden, der in unterschiedlichen Umgebungen korrekt funktioniert. Jeder Block dient der unabhängigen Lösung eines Teilproblems über die Implementierung des blocklokalen Teilalgorithmus durch evtl. verschiedene Programmierer, hat also eine festgelegte Funktionalität. Diese **Funktionalität eines Blockes** wird durch die Ein-/Ausgabe-Relation über den blockglobalen Größen spezifiziert. Blöcke erlauben also die **Abstraktion über Feinstrukturen von Algorithmen** (Black-Box Prinzip). Jeder Block kann bei der Programmierung von einer höheren Ebene als in seiner Wirkungsweise auf globale Variablen korrekte, unteilbare Anweisung vorausgesetzt und unabhängig davon später mit möglichst wenigen Annahmen über seine Umgebung formuliert werden.

In diesem Sinne unterstützt das Blockkonzept auch eine **invariantenorientierte Vorgehensweise** (<Eggers/Zimmermann87>) bei der Programmierung, bei der Zusicherungen über Variablenbelegungen (Aussagen über korrekte Zwischenergebnisse, d.h. Approximationen der Resultate) unter Zugrundelegung der algorithmischen Operatoren der Sprache transformiert und schrittweise verfeinert werden. Diese Verfeinerung bedeutet die Rückführung der Invariantentransformation unter Verwendung der algorithmischen Operatoren auf die Elemente der algorithmischen Basis (Die Wichtigkeit des Blockkonzepts für die Methodik und Philosophie der Programmierung wird auch deutlich in E.W. Dijkstras Sichtweise der Blöcke eines Programms als eigenständige virtuelle Maschinen - vgl. <Dijkstra72,S.48ff>).

Der Block ist also ein Sprachmittel zur Zerlegung von großen Programmen in kleinere überschaubare Einheiten. Diese Zerlegung erfolgt parallel zur Programmentwicklung, d.h. zur Konstruktion von Problemlösungen durch fortgeführte Problemanalyse und **Konkretisierung** auf kleinere, beherrschbare(re) **Teilprobleme**. Auf diese Weise wird das zu lösende Problem in einen Baum von spezifizierten Teilproblemen zerlegt

(<Mills71>, <Wegner73>), der es ermöglicht, zwischen verschiedenen algorithmischen Abstraktionsebenen (Knotenmengen mit gleicher Weglänge zu einen gegebenen Knoten) zu unterscheiden. Die Wurzel des Baumes stellt dabei die oberste Abstraktionsebene dar, die man auch als das Hauptprogramm bezeichnen könnte. Die Blätter dieses Baumes stellen dann einfache Teilalgorithmen dar, deren Realisierung nur der Verwendung der einfacheren algorithmischen Operationen bzw. der Elemente der algorithmischen Basis bedarf.

Wir haben eben dargestellt, wie das Blockkonzept von der Sprachmodellseite einerseits über die Blockanweisung die **'Top-Down'-Programmierung** mit der Methode der schrittweisen Verfeinerung unterstützt, die uns **auf Modellebene** als die Konstruktion algorithmischer Objekte mittels der Abstraktionsfunktion der Dekomposition von Problemen in kleinere Teilprobleme, bzw. fortgeführte Konkretisierung von Verhaltensmustern begegnet. D.h. aus unserer Sichtweise der Programmierung erscheint das Blockkonzept als ein Mittel der Strukturierung der Aktionsschemata von Objekten des physischen Modells. Aktionen in einem physischen Modell werden von Objekten ausgeführt. Ein Block dient dann der Zusammenfassung einer Menge von Aktionen und Attributen zu einem neuen algorithmischen Objekt. Dabei wird dieses algorithmische Objekt nicht über eine Begriffsschablone beschrieben, ist also keine Instanz, d.h. Ausprägung der Extension einer Objektklassenbeschreibung.

Da der Block keine benannte Größe, wohl aber eine Anweisung bzw. einen Ausdruck darstellt, wird er direkt über eine Objektbeschreibung definiert. Blöcke sind so **singuläre Objekte** des Modells und entsprechen auf Systemebene (Aktions-) Phänomenen, die nur als Teilphänomene komplexerer Phänomene erscheinen, d.h. immer genau einem festen Kontext zuzuordnen sind und daher einer gesonderten begrifflichen Fassung nicht bedürfen. Die Semantik einer Blockanweisung ist so gesehen die Generierung des algorithmischen Objekts sowie die Ausführung des Aktionsteils durch das Objekt.

Das Blockkonzept stellt andererseits über den Blockausdruck auch ein algorithmisches Konstrukt zur Verfügung, das der **'Bottom-Up'-Programmierung** dienlich ist. Es ermöglicht die systematische Erweiterung der algorithmischen Basis der Sprache und damit, da die Sprache auch als die Definition einer abstrakten Maschine angesehen werden kann, auch die Entwicklung problemorientierter Automaten. Hier erscheint das Blockkonzept von **Modellbeschreibungsebene** aus betrachtet ebenso auch als ein Hilfmittel zur Realisierung der entsprechenden inversen Abstraktionsfunktion: Der **Komposition von Algorithmen** zu komplexeren, spezielleren Problemlösungen, bzw. der Abstraktion von den konkreten Eigenschaften der Maschine hin zu immer mehr problemorientierten Maschinen, indem der Beschreibungsformalismus (Sprache) anwendungsbezogen erweitert wird.

Blöcke sind nicht ein Abstraktionsmechanismus für die 'Programmierung im Großen' (<DeRemer76>) in dem Sinne, daß große Programme nicht aus vielen ineinandergeschachtelten Blöcken strukturiert werden sollen (siehe auch 3.1.1 Das Modulkonzept). Die zentrale Bedeutung der Blockanweisung bzw. des Blockausdrucks wird auch deutlich, wenn man erkennt, daß das Blockkonzept aus programmiersprachlicher Sicht gleichzeitig als Grundlage bzw. Voraussetzung für die Einführung von Prozeduren, Funktionen, Klassen, Koroutinen und Prozessen Verwendung findet. Was wir hier zur Pragmatik des Blockkonzepts gesagt haben, läßt sich so auch - freilich in jeweils etwas abgewandelter Form - auf diese anderen Sprachkonzepte übertragen.

3.1.5 Das Prozedur- bzw. Funktionskonzept

Das Prozedur- bzw. Funktionskonzept kann als der wichtigste Abstraktionsmechanismus zur Formulierung und Strukturierung von Algorithmen angesehen werden. Die Prozedur als Verallgemeinerung bzw. Erweiterung der Blockanweisung dient der Realisierung parametrischer Teilalgorithmen, die Funktion als Erweiterung des Blockausdrucks ermöglicht die Implementierung funktionaler Abbildungsvorschriften (mathematische Funktionen).

Beim Programmieren erweist es sich oft als sinnvoll - sei es z.B. aus Gründen der Programmstrukturierung oder dem mehrmaligen Verwenden gleichartiger Problemlösungen - Teilalgorithmen mit einem Namen zu versehen, über den man sich auf sie beziehen kann. Daher findet man in allen Hochsprachen zumindest ein Prozedurkonzept (für das Funktionskonzept gilt dies leider nicht) realisiert, das eben diese Benennung von Teilalgorithmen, ihre Parametrisierung und Zugriff auf Anweisungsebene ermöglicht.

3.1.5.1 Prozeduren/Funktionen als Sprachkonstrukte

Bei der Verwendung des Prozedur- bzw. Funktionskonzepts gilt es, wie bei allen Größen unseres Programmiermodells, zwischen der Definitions- und Anwendungsphase zu unterscheiden:

1) Durch die **Prozedur-** bzw. **Funktionsdeklaration** erfolgt die Verbindung des Namens mit dem Teilalgorithmus, sowie die Angabe der verwendeten Parameter.
2) Die Anwendung der Prozedur bzw. Funktion wird **Prozedur-** bzw. **Funktionsaufruf** genannt.

Die Prozedurdeklaration (Funktionsdeklaration) besteht syntaktisch gesehen aus einem Prozedurkopf (Funktionskopf), in dem die Prozedur (Funktion) durch Angabe des Namens und der Parameterliste spezifiziert wird, und dem Prozedurrumpf (Funktionsrumpf), der immer eine Blockanweisung (ein Blockausdruck) ist. Die **Semantik der Prozedurdeklaration** (Funktionsdeklaration) ist die Benennung einer Blockanweisung (eines Blockausdrucks) und ihrer gleichzeitigen Bekanntmachung als algorithmische Größe. Prozeduren (Funktionen) sind also Größen, die aus einem benannten parametrischen Algorithmus bestehen, und haben als solche auch einen Gültigkeitsbereich. In diesem Gültigkeitsbereich kann der Aufruf der Prozedur (Funktion) erfolgen.

Der Prozeduraufruf stellt eine Anweisung dar, während der Funktionsaufruf entsprechend ein Ausdruck ist. Der Prozeduraufruf (Funktionsaufruf) besteht in der Regel aus der Denotation des Prozedurnamens gefolgt von einer Liste der aktuellen Parameter. Die **Semantik eines Prozeduraufrufs** (Funktionsaufrufs) entspricht der Semantik der entsprechenden Blockanweisung (Blockausdruck) - d.h. des Prozedurrumpfes (Funktionsrumpfes) nach der Parameterübergabe - im Deklarationskontext (statische Bindung). Operational wird die Semantik des Prozedurrumpfes (Funktionsrumpfes) meist beschrieben als die textuelle Ersetzung (Substitution) des Prozedurnamens (Funktionsnamens) durch den Prozedurrumpf (Funktionsrumpf), wobei der Programmtext dieses Teilalgorithmus an genau definierten Stellen modifiziert wird (Parameterübergabe).

Das Prozedur- bzw. Funktionskonzept, wie wir es bis jetzt im wesentlichen dargestellt haben, ermöglicht die Definition algorithmischer Größen und deren Ausführung durch Ersetzung des Namens durch den bezeichneten Block. Auch ähnliche Programmteile können zu einem einzigen benannten Algorithmus zusammengefaßt werden. Dies ist sinnvoll, wenn die Unterschiede sich auf einige genau festgelegte Größen beschränken. So kann bei der Prozedurdeklaration (Funktionsdeklaration) von den konkreten Größen abstrahiert werden, indem ihre genaue Benennung erst bei der Prozeduranwendung (Funktionsanwendung) erfolgt. In diesem Fall steht die Prozedur (Funktion) für ein allgemeines algorithmisches Konzept zum Lösen einer Aufgabe.

Aus diesem Grund erweitern wir unser Prozedur- bzw. Funktionskonzept um einen **Parametermechanismus.** Hierbei wird die Unabhängigkeit des Algorithmus z.B. von den verwendeten Eingangs- und Ausgangsvariablen dadurch erreicht, daß bei der Formulierung der Prozedur (Funktion) die Variablen durch sog. Platzhalter, d.h. formale Größen (**formale Parameter**) benannt werden. Die konkreten Objekte werden erst zum Zeitpunkt der Anwendung des Algorithmus über eine Parametrisierung des Prozeduraufrufs (Funktionsaufruf) angegeben (**aktuelle Parameter**). Bei der Ausführung der Anweisung eines Prozeduraufrufs (Auswertung des Ausdrucks eines Funktionsaufrufs) findet dann vor Ausführung des Rumpfes eine Ersetzung der formalen Parameter durch die aktuellen Parameter (**Parameterübergabe**) statt.

Formale Parameter gehören zur Spezifikation einer Prozedur (Funktion), müssen folglich auch in einer streng getypten Sprache im Prozedurkopf (Funktionskopf) über die sogenannte **Parameterliste** deklariert werden. Die Parameterliste ist eine Folge von **Parameterspezifikationen.** Zur Spezifikation eines Parameters gehört der Name und der Typ der formalen Größe sowie die **Parameterart**, die die Verwendung dieser formalen Größe genauer beschreibt. Wir unterscheiden zwischen fünf Parameterarten:

1) **Eingangsparameter** (call by value): Hier wird dem formalen Parameter der Wert des aktuellen Parameters übergeben. Änderungen der formalen Größe haben keinen Einfluß auf die aktuelle Größe.

2) **Ausgangsparameter** (call by result): Hier interessiert den Algorithmus nicht der Wert des aktuellen Parameters, so daß die formale Größe zunächst undefiniert ist. Änderungen des formalen Parameters aber modifizieren den aktuellen Parameter.

3) **Durchgangsparameter** (call by value result): Soll über den Parametermechanismus der Prozedur ein Wert übergeben werden und über denselben Parameter ein neu berechneter Wert zurückgegeben werden, so sprechen wir von einem Durchgangsparameter. Durchgangsparameter stellen also eine Kombination von Eingangs- und Ausgangsparameter dar.

4) **Referenzparameter** (call by reference): Hier stellt der formale Parameter einen Verweis (Zeiger, Referenz) auf die aktuelle Größe dar. Zugriffe auf den formalen Parameter entsprechen einer impliziten Dereferenzierung. Referenzparameter dienen dem Import aktueller Größen ohne Kopie. Sie können im Sinne von Durchgangsparametern verwendet werden.

5) **Namensparameter** (call by name): Dies ist der mächtigste Übergabemechanismus, mit dem alle anderen Parameterarten erklärt und nachgebildet werden, was umgekehrt nicht möglich ist. Auf der Ebene der Quellsprache kann man sich dieses Verfahren als eine vollständige textuelle Substitution des formalen Parameters durch den aktuellen Parameter im gesamten Prozedur- bzw. Funktionsrumpf vorstellen.

Die ersten drei Parameterarten zusammen realisieren einen Parametermechanismus, der in der Literatur auch **eingeschränkte Substitution** genannt wird. Die Namensparameter erlauben eine **uneingeschränkte Substitution**. Die Referenzparameter schließlich stellen für die Ausführungsdauer der Prozedur eine neue zusätzliche Benennung globaler Objekte dar.

Die **Semantik der Parameterdeklaration** wird meist nicht funktional spezifiziert, sondern operational nach der Verwendung der verschiedenen Parameter entsprechend ihrer Parameterart. Die Deklaration eines formalen Parameters der eingeschränkten Substitution wird dabei als die Deklaration einer prozedurlokalen (funktionslokalen) Variable gleichen Typs mit einen programmeindeutigen Namen beschrieben. Mit der Deklaration dieses lokalen Objekts wird der Rumpf der Prozedur (Funktion) dergestalt modifiziert, daß alle Vorkommen des formalen Parameters durch dieses neue lokale Objekt substituiert werden. Eine Wertzuweisung vor und/oder nach dem Rumpf von/zu den formalen Parametern zu/von dem lokalen Objekt stellt sicher, daß nach der Parameterübergabe beim Aufruf der Prozedur (Funktion) das nunmehr lokale Objekt in der durch die Parameterart spezifizierten Art verwendet werden kann. Die **Semantik der Parameterübergabe** entspricht operational gesehen dann der uneingeschränkten Substitution der formalen Parameter durch die entsprechenden aktuellen Parameter (call by name). Die Semantik der Referenzparameterübergabe ist die Referenzierung des aktuellen Parameters (es können also nur Objektgrößen übergeben werden) und die anschließende Zuweisung der Referenz an die lokale Referenzvariable, die durch den formalen Parameter spezifiziert worden ist.

Der Typ der Parameter unterliegt prinzipiell keiner Beschränkung. Insbesondere können Parameter vom Typ Prozedur, Funktion, Typ, Klasse sein, d.h. Begriffsschablonen darstellen. So ist es möglich, über das Prozedur- bzw. Funktionskonzept auch generische (polymorphe) Algorithmen und algorithmische Schemata (siehe auch Anhang C3 Polymorphe vs. monomorphe Datentypen) zu implementieren. Damit kann die Sprache systematisch um neue Sprachkonstrukte erweitert werden. Alle uns bekannten Sprachen sind bezüglich des Parametertyps jedoch wesentlich restriktiver.

Da Prozeduren benannte Blockanweisungen sind, gelten bei ihrer Anwendung die gleichen Regeln bzgl. ihrer Gültigkeitsbereiche wie bei Blöcken. Insbesondere kann innerhalb von Prozeduren unter Umgehung des Parametermechanismus' auf globale Größen zugegriffen werden. Im weiteren Sinne bezeichnen wir jede Benutzung globaler Größen als **Seiteneffekt**, d.h. als Wirkung der Umgebung auf das Ein-/Ausgabeverhalten (Funktionalität bzw. Semantik) der Prozedur. Führt dieser Zugriff zu Änderungen globaler Variablen, so sprechen wir von einen Seiteneffekt der Prozedur im engerem Sinne. Ausgangs- und Durchgangsparameter ermöglichen in diesem Sinne die Implementierung kontrollierter Seiteneffekte, die zu einer Kommunikation der Prozedur mit ihrer Umgebung notwendig sind.

Die Angabe der Parameterart erhöht die Zuverlässgkeit von Programmen und ist deshalb ein wichtiges Programmierhilfsmittel. Der Programmierer einer Prozedur muß genau analysieren, welche Funktion ein Parameter hat, und er muß diese in der Spezifikation angeben. Der Anwender der Prozedur kann dieser Spezifikation entnehmen, welche Wirkung die Prozedur auf einen aktuellen Parameter hat.

Das **Funktionskonzept**, in dem Funktionen als parametrisierte Blockausdrücke betrachtet werden, dient der Programmierung von (mathematischen) Funktionen. Der Wert, den die Funktion liefert, ist der Ausgabewert des Funktionsrumpfes, d.h. des Blockausdrucks, der die Abbildungsvorschrift denotiert. Ebenso verhält es sich mit dem Typ (Wertebereich) der Funktion. Wir fordern analog zu den Blockausdrücken, daß die Funktion keine Operation darstellt. Dies bedeutet, daß eine Funktion keine Seiteneffekte, im besonderen auch keine 'kontrollierten Seiteneffekte' (z.B. via Durchgangsparameter) ausüben darf. Die Parameter einer Funktion dürfen also nur Eingangsparameter (Werteparameter, deren kartesisches Produkt Element des Definitionsbereichs ist) sein. Prozeduren definieren Teilalgorithmen; Funktionen definieren Operationen der algorithmischen Basis, sie stellen deshalb eine Erweiterung der algorithmischen Basis des Programms dar. Funktionsaufrufe sind Ausdrücke und können so innerhalb von Termen stehen, wobei der Funktionsname als Operator und die aktuellen Parameter als die Operanden erscheinen.

Da der Prozedur- bzw. Funktionsrumpf (Block) einen Deklarationsteil besitzt, und da Prozeduren und Funktionen ganz gewöhnliche deklarierte Größen sind, können sie auch beliebig geschachtelt werden. Ganz wesentlich bei dem Prozedur- bzw. Funktionskonzept ist, daß bei der Deklaration einer Prozedur (Funktion) diese bereits im Rumpf als bekannt vorausgesetzt werden darf. So ist es möglich, daß Prozeduren (Funktionen) sich (direkt oder indirekt) rekursiv aufrufen können. Über den **rekursiven Aufruf** von

Prozeduren (Funktionen) können die Elemente der sehr wichtigen und großen Klasse der rekursiven Algorithmen elegant implementiert werden. Rekursive Prozeduren (Funktionen) werden erst sinnvoll, wenn sie lokale Daten und/oder Parameter besitzen, in denen Zwischenergebnisse gespeichert werden. Diese Eigenschaft ist wichtig, um bei der Elaboration von **rekursiven Prozeduren** (Funktionen) zu einem Zeitpunkt mit mehreren Inkarnationen der Prozedur (Funktion) auch mehrere Exemplare der Daten der rekursiven Prozedur (Funktion) zu kreieren. Dabei ist zu beachten, daß jeweils nur die Daten des zuletzt erzeugten Exemplars sichtbar sind. Die Daten der anderen Exemplare sind verdeckt (Keller-Prinzip). Wird das zuletzt erzeugte Exemplar einer rekursiven Prozedur (Funktion) verlassen, so wird mit der Abarbeitung des darunterliegenden Exemplars fortgefahren, dessen Daten dann wieder verwendet werden können.

3.1.5.2 Zur Bedeutung des Prozedur- bzw. Funktionskonzepts

Zur **Bedeutung des Prozedur-/Funkionskonzept** für die Programmierung läßt sich zunächst einmal alles, was wir bereits zur Pragmatik des Blockkonzepts gesagt haben, vollständig übernehmen. Entsprechend der Blockanweisung bzw. des Blockausdrucks dienen in diesem Sinne Prozeduren in erster Linie der 'Top-Down'-Programmierung bzw. Funktionen (und Prozeduren als Datentypoperationen) der 'Bottom-Up'-Programmierung. Prozeduren und Funktionen ermöglichen aber eine allgemeinere Formulierung von (Teil-) Algorithmen, da einerseits (Teil-) Problemlösungen nun als **benannte algorithmische Größen** erscheinen, und andererseits über den Parametermechanismus bei der Formulierung der Algorithmen von **der Verwendung konkreter Ein-/Ausgangsgrößen abstrahiert** werden kann.

Prozeduren werden benutzt, um Unterprogramme (Subprograms, Subroutines) und Operationen (über Datentypen) zu implementieren; Funktionen realisieren Abbildungen. Unter der Voraussetzung, daß Zugriffe auf globale Größen vermieden werden, wird eine Prozedur (Funktion) in ihrer Funktionalität nur über die Parameter spezifiziert, ohne ihren jeweiligen Anwendungskontext berücksichtigen zu müssen. So können Prozeduren (Funktionen) unabhängig von ihrer Aufrufumgebung bzgl. ihrer Spezifikation als korrekt verifiziert und vorausgesetzt werden. Dieser **Abstraktionsgewinn** ermöglicht ein wirklich unabhängiges Lösen von Teilproblemen. Der Anwender der Prozedur (Funktion) interessiert sich für die Prozedurschnittstelle, die die Interaktion der Prozedur (Funktion) mit ihrer Umgebung dokumentiert und so einen wesentlichen Teil der Spezifikation ihrer Funktionalität ausmacht. Die konkrete Realisierung des Algorithmus ist für ihn unwichtig und allein Aufgabe des Implementeurs der Prozedur (Funktion).

Der Parametermechanismus ermöglicht nicht nur die Abstraktion von der Verwendung konkreter Objekte und damit die Formulierung unabhängiger Algorithmen. Darüber hinaus können über parametrische Blöcke, Prozeduren (Funktionen), Typen und Klassen generische Algorithmen und algorithmische Schemata realisiert werden. Hier wird nicht nur von der Verwendung konkreter Objekte, sondern auch konkreter Typen und

Teilalgorithmen abstrahiert und damit eine neue Ebene der algorithmischen Abstraktion erschlossen (Man könnte in diesem Sinne von Metaalgorithmen sprechen).

Vom **Standpunkt unserer systemorientierten Sichtweise** der Programmierung aus betrachtet entspricht die **Prozedurdeklaration** der Einführung einer parametrisierten algorithmischen Begriffsschablone, welche auf der Ebene des physischen Modells eine Klasse von algorithmischen Objekten intensional beschreibt. Diese algorithmischen Objekte - man könnte sie auch Prozedur- oder Funktionsobjekte nennen - dienen neben anderen Objektarten der Modellierung solcher (Aktions-) Phänomene, die in der Veränderung und zeitlichen Entwicklung des Systems bestehen. Auf Modellebene bewirken diese algorithmischen Objekte dementsprechend bestimmte wohldefinierte Zustandstransformationen und beschreiben so die Struktur des Informationsprozesses. In Ausführung befindliche Prozeduren, die uns auf Modellebene als algorithmische Objekte erscheinen, modellieren rein aktive Phänomene des Systems, die ausschließlich in der Lösung bestimmter Teilprobleme bestehen, so daß ihre Lebenszeit meist auf die Ausführung des ihnen zugeordneten Aktionsteils beschränkt ist.

Die Prozedur-Begriffsschablonen entstehen durch algorithmische Abstraktion. Die bei der Bildung von Prozedur-Begriffsschablonen wesentlichste Teilfunktion ist die der Dekomposition (Top-Down), bzw. bei Funktions-Begriffsschablonen die der Komposition (Bottom-Up). Den **Prozeduraufruf** kann man auf Modellebene als die dynamische Generierung eines Prozedurobjekts nach dem Muster der intensionalen Beschreibung der entsprechenden Begriffsschablone und anschließender Ausführung des Aktionsteils des Objekts auffassen.

Wie wir gesehen haben, bekommt man darüber hinaus mit dem Prozedur- bzw. Funktionskonzept ein Sprachmittel 'geschenkt', das eine einfache und direkte Formulierung rekursiver Algorithmen ermöglicht. Die **Rekursion** (hier auf algorithmischer Ebene) ist ein sehr wichtiges Programmierhilfsmittel und kann auf Modellebene als ein Spezialfall der Abstraktionsfunktion der Dekomposition angesehen werden. In der Mathematik begegnet uns die Rekursion in der Methode, unendliche Mengen induktiv zu definieren. Eine **induktive Definition** ist die Festlegung aller Elemente einer unendlichen Menge durch Angabe eines konstruktiven Schemas, das die Elemente aufzuzählen erlaubt. Ein **rekursiver Algorithmus** ist eine Berechnungsvorschrift, die (umgekehrt analog zu diesem konstruktiven Schema) die Bestimmung eines Elements auf die Bestimmung immer kleinerer Elemente zurückführt (rekurriert), bis schließlich eines der in der Induktionsfundierung (Induktionsanfang) explizit festgelegten Elemente erreicht ist.

Die **Rekursion aus der Sicht der Programmierung** entspricht der Konstruktion der Lösung eines Gesamtproblems durch Rückführung auf Lösungen kleinerer, aber gleicher Teilprobleme. In unserer **Sichtweise der Modellbildung** als Teil der Programmierung können wir die Rekursion auch als eine spezielle Anwendung der Dekompositions-Abstraktionsfunktion bezeichnen, die in der Dekomposition (Konkretisierung) eines Aktionsschemas in Terminologie seiner selbst besteht. Dies entspricht der **Bildung selbstbezüglicher algorithmischer Schablonen** über eine besondere Form der algorithmischen Abstraktion. Im Hinblick auf die Sprache (abstrakte Maschine) formulieren wir die Ausführung eines rekursiven Algorithmus' als die Rückführung der automatischen Lösung eines Gesamtproblems unter Benutzung der algorithmischen Operatoren und der algorithmischen Basis auf die automatische Lösung gleichartiger Teilprobleme <Eggers/Zimmermann87>. Dabei entsteht eine Folge von Zwischenergebnissen, die über die lokalen Daten und die Parameter der rekursiven Prozedur (Funktion) gespeichert werden. Diese Zwischenergebnisse beschreiben immer kleinere Elemente einer induktiv definierten Menge. Durch die Möglichkeit der Rekursion auf algorithmischer Ebene wird der Baum, der bei der hierarchischen Problemzerlegung in kleinere Teilprobleme (schrittweise Verfeinerung) entsteht, nun streng genommen zu einem zyklischen gerichteten Graphen.

3.1.6 Das Klassenkonzept

Das Klassenkonzept, in konkreter Form erstmalig in Simula-67 realisiert, dient der Beschreibung von allgemeinen Objekten (zu diesem Begriff siehe 3.1.1.3 Objekte als Sprachelemente) durch Klassifikation, Komposition und Spezialisierung und ist das zentrale Sprachkonzept objektorientierter Programmiersprachen. Aus historischer Sicht untrennbar mit dem Klassenkonzept verbunden ist die Möglichkeit der Hierarchiebildung durch die Klassendefinition und damit das Konzept der Vererbung. Die Klasse ist ein sehr mächtiges, d.h. ausdrucksstarkes Sprachkonstrukt, das sowohl für die Daten- und algorithmische Abstraktion, als auch für objekt- und systemorientierte Abstraktion verwendet werden kann.

3.1.6.1 Die Klasse als Sprachkonstrukt

Ähnlich dem Prozedur- bzw. Funktionskonzept kann man auch das Klassenkonzept als eine Erweiterung eines abstrakten Blockkonzepts ansehen. Wurde bisher ein Block betrachtet als ein Verband von Anweisungen, die genau einmal ausgeführt werden und auf lokalen Größen arbeiten können, die zur Ausführungszeit des Blockes existieren, so ist nun die Möglichkeit der Kreierung von **Blockinstanzen** gegeben, die parametrisiert, individuell benannt und angesprochen werden können. Im Gegensatz zum Prozedurkonzept jedoch ist einerseits die Lebensdauer der (Block-) Instanzen von Klassen (allgemeine Objekte) unabhängig von der Ausführung ihres algorithmischen Teils, und andererseits besteht auf ihren Attributen ein eingeschränkter Zugriffsmechanismus.

Eine **Klasse** ist eine Beschreibung, ein Bauplan oder **Muster zur Definition allgemeiner Objekte**. Klassen beschreiben intensional eine beliebig große Menge gleichartiger Objekte (siehe Begriffsschablonen in Kapitel 1 Einführung). Die `Syntax einer Klassenvereinbarung` kann sehr ähnlich der einer Prozedurdeklaration sein (siehe z.B. Simula-67). Wie Prozeduren stellen Klassen zunächst parametrisierte benannte Blöcke dar. So wird eine Klassendeklaration syntaktisch aus drei Komponenten bestehen: dem **Klassenkopf**, in welchem die Namensgebung und Angabe der formalen Parameter erfolgt, dem **Deklarations-** und dem **Anweisungsteil** (ein Block). Die Parameterspezifikation und der Parametermechanismus sind die gleichen, wie wir sie bereits beim

Prozedur- bzw. Funktionskonzept vorgestellt haben. Der Deklarationsteil hingegen zerfällt beim Klassenkonzept in zwei Teile: die **private** (private part) und die **öffentliche Deklaration** (puplic part). Ein Klassenkonzept zur Beschreibung allgemeiner Objekte, deren Lebendauer prinzipiell unbegrenzt ist, macht nur Sinn, wenn Zugriffsmöglichkeiten auf Attribute dieser Objekte bestehen. Die Deklaration der nach außen hin sichtbaren Attribute eines Objekts erfolgt im öffentlichen Teil und entspricht einem Export, d.h. einer partiellen Aufhebung des Gültigkeitsbereichs lokaler Größen (vgl. hierzu 3.3.1 Das Modulkonzept). Die im privaten Teil definierten Größen sind im Sinne des Blockkonzepts die echt lokalen Größen einer Blockinstanz. Die im Deklarationsteil, insbesondere auch im öffentlichen Teil vereinbarten Größen können beliebige Größen sein (Konstanten, Datenobjekte, Typen, Prozeduren, etc.).

Der Klassenkopf und der öffentliche Teil stellt die Schnittstelle der Klasse (Klassenschnittstelle) bzw. ihrer Instanzen (Objektschnittstelle) und damit einen wesentlichen Teil ihrer Spezifikation dar. Die **Objektschnittstelle** beschreibt die **externen Eigenschaften der Objekte** wie: 1) die von außen manipulierbare innere Struktur (Datenobjekte und deren Typen), 2) die Reaktionsfähigkeiten, Teilaktivitäten des Objekts (Prozedur- bzw. Funktionsattribute), 3) sichtbare komplexe Teilobjekte (Teilobjekte und auf Beschreibungsebene deren Klassen), sowie 4) die Parametrisierung, d.h. Ein-/Ausgabegrößen des Aktionsteils des Objekts. Die Attribute können bei Objekten im Unterschied zu gewöhnlichen Blockinstanzen also auch außerhalb, auf Anweisungsebene anderer Objekte, angesprochen, aufgerufen und manipuliert werden. Der Sprachmechanismus mit seiner Syntax und Semantik, der dies ermöglicht, wird **Fernzugriff** (remote access) genannt.

Die aktuellen Parameter eines Objekts werden bei der Erzeugung (wie beim Prozeduraufruf) durch eine Parametrisierung des Objektgenerators festgelegt. Dabei können Objekte dynamisch und (im Gegensatz zu Prozeduren) statisch generiert werden. Die **Generierung eines Objekts** entsprechend dem Muster einer bestimmten Klasse ist die Kreierung eines Elements der Extension eines intensional definierten Begriffs. So sind die Objekte einer Klasse bzgl. ihrer Struktur, ihrer Eigenschaften gleich; sie unterscheiden sich nicht notwendig in ihren Zuständen, sondern in eindeutiger Weise nur in ihrer Substanz (auf Rechnerebene unterschiedliche Speicherbereiche) und ihren externen Relationen. Instanzen von Klassen werden meist über Referenzen benannt, die mit einem symbolischen Bezeichner versehen sind (Referenzvariablen). Zu einer Klasse können gleichzeitig unabhängig voneinander beliebig viele unterschiedliche Objekte in unterschiedlichen Zuständen existieren. Die **Lebenszeit eines allgemeinen Objekts** umfaßt zunächst die Dauer der Ausführung des Anweisungsteils und dann die Zeit, in der dieses Objekt referenzierbar, d.h. zugreifbar und damit in das dynamische System integriert ist.

3.1.6.2 Dynamische Speicherverwaltung

Im Zusammenhang mit der Generierung und Elimination von Objekten einer Klasse soll an dieser Stelle auch auf die dynamische Speicherverwaltung eingegangen werden, obwohl ihr weniger Bedeutung im Kontext einer Darstellung abstrakter Sprachkonzepte als im Hinblick auf die Benutzung und Implementierung einer konkreten Sprache zukommt. Dies scheint uns berechtigt, da der Begriff der dynamischen Speicherverwaltung bei der Beschreibung, Bewertung und Einordnung der verschiedenen Programmiersprachen immer wieder verwendet wird und im Zusammenhang mit einer (objektorientierten) Programmierung dynamischer Systeme (z.B. dynamische Variablen) von größerer Bedeutung ist.

Jedes Objekt belegt in einem Rechner einen Teil des Hauptspeichers, der zunächst einmal alloziiert, dem Objekt zugewiesen und später auch wieder freigegeben werden muß, wenn das Objekt nicht mehr benötigt wird. Insbesondere bei der dynamischen Generierung von Objekten ist eine solche Verwaltung des verfügbaren Speichers nicht zur Deklarationszeit möglich. Jede Sprache - jede (abstrakte) Maschine, welche die Sätze dieser Sprache (Programme) verarbeiten kann - auf Grundlage eines Objektkonzepts bedarf einer laufzeitorientierten, d.h. **dynamischen Speicherverwaltung**. Der Speicherbedarf zur (automatischen) Lösung einer Klasse gleichartiger Probleme (beschrieben durch einen Algorithmus) ist im allgemeinen nicht durch eine feste Größe beschränkbar.

Einige Sprachen stellen Konstrukte zur Verfügung, über die nur ein maschinennaher Zugriff auf den Speicher möglich ist. Hier muß eine dynamische Speicherverwaltung durch den Benutzer realisiert werden. Hingegen sind solche Sprachen vorzuziehen, bei denen die **dynamische Speicherverwaltung vollständig im Laufzeitsystem** der Sprache verborgen ist und dem Benutzer jede Verwaltungsaufgabe abgenommen wird. Der Speicherplatz wird bei der Generierung des Objekts automatisch zur Verfügung gestellt und wieder freigegeben, sobald keine Referenz mehr auf dieses Objekt verweist. Eine solche benutzerfreundliche Verwaltung ist in der Regel sehr aufwendig: Es muß ein **virtueller Speicher** (virtual memory) realisiert, jedem Objekt ein **Referenzzähler** (reference count) zugeordnet und verwaltet werden und ein **Speicherbereiniger** (garbage collector) implementiert werden, der bei Speicherplatzmangel freie Speicherstücke wieder zu einem großen, verwertbaren Bereich zusammensetzt.

Speicherverwaltung ist bei der Implementierung einer Sprache auf einer sehr niedrigen, systemnahen Ebene anzusetzen. Ist eine benutzerfreundliche Lösung nicht von vornherein implementiert, so ist eine Nachbildung in der Regel gar nicht oder nur mit nicht akzeptablen Einschränkungen an Effizienz und Benutzungssicherheit zu realisieren. Insbesondere bei der Modellbildung großer und stark dynamischer Systeme - d.h. umfangreiche Systeme mit einer sehr wechselhaften Struktur, deren Komponenten (Objekte) ständig neu geschaffen und wieder zerstört werden - ist auf eine integrierte Speicherverwaltung nicht zu verzichten. Gerade die Systeme, mit denen man sich in der (klassischen) Simulation befaßt, haben einen sehr stark dynamischen Charakter. Eine Speicherverwaltung als fester Bestandteil der Sprache ist nicht nur eine Erleichterung in der Benutzung der Sprache und erspart dem Programmierer die Implementierung der Verwaltung, sondern gestattet eine größtmögliche Abstraktion vom Speichermodell der Maschine und unterstützt damit eine elegante, einfache und zuverlässige (systemorientierte) Programmierung.

3.1.6.3 Vererbung

Das Klassenkonzept, wie wir es bisher vorgestellt haben, erlaubt nur, daß jedes Objekt Instanz von genau einer Klasse ist. Alle Objekte einer Klasse haben die gleichen Eigenschaften. Es ist bisher nicht möglich, daß Objekte verschiedenen Klassen gleichzeitig angehören können. Die Strukturgleichheit und partielle Übereinstimmung der Eigenschaften von Objekten verschiedener Klassen ist durch die bisherigen Sprachkonzepte nicht ausdrückbar. Dies erscheint aber als eine unnötige Einschränkung beim Entwurf objektorientierter Systeme.

Man möchte häufig zwei Mengen von Objekten (Klassen) definieren, deren Elemente sich im wesentlichen ähnlich sind, die sich nur in besonderen Details unterscheiden; z.B. ähneln sich eine reelle und eine ganze Zahl in ihrem Verhalten gegenüber arithmetischen Operationen, unterscheiden sich aber in der Repräsentation des numerischen Wertes. Ein weiters Beispiel ist die Implementierung höherer Datenstrukturen wie Keller, Listen, Bäume: Ein Keller mit ganzen Zahlen und ein Keller mit Zeichenketten sind sich im wesentlichen ähnlich und unterscheiden sich nur in der Andersartigkeit der zu verwaltenden (Daten-) Objekte (Polymorphe Datentypen).

Das programmiersprachliche Konzept, mit dem Objekte mehreren Klassen angehören können, und durch das die Ähnlichkeit von Objekten verschiedener Klassen durch eine zusätzliche Zugehörigkeit (sharing idea) zu einer gemeinsamen Oberklasse ausgedrückt werden kann, nennt man **Vererbung** (inheritance). Aus der Sichtweise der Programmierung als ein vielfältiger Abstraktionsprozeß ermöglicht es die **Verallgemeinerung** (generalization) und die **Spezialisierung** (specialization) als Teilfunktionen der Abstraktion bei der objektorientierten Begriffsbildung - zwei für eine abstrakte, systemorientierte Programmierung ganz wesentliche Hilfsmittel zur Konstruktion und Strukturierung einer Begriffs- und Objektwelt.

Vererbung ist ein wesentlicher Teil des Sprachmodells objektorientierter Sprachen und zum großen Teil für die Mächtigkeit und Attraktivität dieser Sprachen verantwortlich. Das Vererbungskonzept ist noch heute das ausdrucksstärkste Sprachkonstrukt für Polymorphismus (<Meyer86>) und ermöglicht eine einfache Implementierung polymorpher Datentypen und generischer Algorithmen (siehe hierzu Anhang C3 Monomorphe vs. polymorphe Datentypen). Das Konzept der Vererbung wurde ebenfalls erstmalig in Simula-67 im Zusammenhang mit dem Klassenkonzept entwickelt und realisiert. Es ist gerade in jüngster Zeit Gegenstand intensiver Forschung im Bereich der Entwicklung moderner Programmiersprachen (insbesondere objektorientierter Sprachen), der algebraischen Spezifikation (parametrische Algebren) und des Compilerbaus.

Wir beschreiben hier eine besondere Form der Vererbung: das **Unterklassenkonzept** (subclassing), auch die **einfache Vererbung** (simple inheritance) genannt. Mit diesem Unterklassenmechanismus kann eine Klasse als eine Erweiterung und Modifikation (Spezialisierung) einer anderen Klasse beschrieben werden, genannt ihre **Oberklasse** (superclass oder prefix class). Alle Klassen, die eine andere Klasse modifizieren bzw. erweitern, werden **Unterklassen** (subclasses) genannt (nicht zu verwechseln mit dem bereits verwendeten Begriff der Teilklassen, die lokale Größen (Attribute) von Blöcken, Prozeduren, Funktionen und Klassen darstellen).

Bei der **einfachen Vererbung** kann also jede Unterklasse genau eine Oberklasse haben, obwohl mehrere Unterklassen wiederum dieselbe Oberklasse haben können. Dadurch entstehen **streng baumförmige Vererbungshierarchien** zwischen den Klassen. Um eine vollständige Klassenbeschreibung zu verstehen ist es notwendig, sich ihre Oberklasse, die Oberklasse der Oberklasse, usw. anzusehen, bis schließlich eine Klasse ohne Oberklasse gefunden wird. Die Reihe der Klassen, die durch solch eine Oberklassenbeziehung verbunden sind, nennt man **Oberklassenkette** (superclass chain) oder **Vererbungspfad.**

Die einfache Vererbung ermöglicht eine **hierarchische Begriffsbildung** durch schrittweise Spezialisierung. Das wohl bekannteste Beispiel einer solchen Begriffsstrukturierung kennen wir aus der Biologie, in der der Begriff des Lebewesens über Klassen von Lebewesen (Säuger, Insekten, Reptilien, etc.) und den verschiedenen Arten (Hunde, Katzen, Nager, etc.) zu den einzelnen Spezies (Rauhhaardackel, deutsche Dogge, etc.) spezialisiert wird (sofern man vom evolutionären Aspekt dieser Hierarchisierung absieht). So definieren die Knoten (Klassen) von der Wurzel des Baums bis hin zu den Blättern immer speziellere Begriffe.

Syntaktisch gesehen wird eine Klasse meist zu einer Unterklasse gemacht, indem bei der Klassendeklaration der Klassenkopf mit dem Namen der Oberklasse präfigiert wird (daher der Name prefix-class in der Simula-67 Terminologie). Nun zum **Vererbungsmechanismus** selbst: Die Präfigierung einer (Unter-) Klasse bedeutet die Erweiterung (durchaus im Sinne einer Programmkonkatenation) dieser Klasse um die Klassenbeschreibung ihrer Oberklasse (und der Oberklasse der Oberklasse usw.). Die dadurch beschriebenen Verbundobjekte bestehen aus der Vereinigung aller formalen Parameter, Deklarationen und Anweisungen der Klassendeklarationenen, die auf dem Pfad von der Wurzel des Baums zur entsprechenden Klasse in der Hierarchie liegen. Instanzen der Unterklassen sind lokale Attribute ihrer Oberklassen ganz normal zugänglich, sie sind gewissermaßen **ererbt.**

Einige konkrete Vererbungskonzepte, z.B. erweiterte Simula-67 Versionen mit den versteckten Attributen (hidden attributes), erlauben allerdings eine Einschränkung der vererbbaren Größen (siehe 5.1.4.2). Hier kann die Sichtbarkeit von Attributen nach innen, d.h. im Hinblick auf ihre Vererbbarkeit explizit festgelegt werden (analog zur Sichtbarkeit von Attributen nach außen, die im öffentlichen Deklarationsteil beschrieben werden).

Die **formale Parametrisierung** von Instanzen einer Unterklasse wird durch eine einfache Aneinanderfügung der Parameterlisten entlang ihrer Oberklassenkette beschrieben. Für die **Vererbung von Anweisungsteilen** von Klassen gibt es verschiedene Möglichkeiten, von denen wir hier die Verschränkung der Anweisungsfolgen durch eine Pseudoanweisung, die *INNER*-Direktive aus Beta, vorstellen. Diese Pseudoanweisung bewirkt, daß zunächst die Anweisungen der in der Hierarchie genau eine Ebene tiefer liegenden Klasse ausgeführt werden (Beispiele siehe 5.5.7.2). Auf diese Weise können und müssen algorithmische Spezialisierungen bereits bei der Realisierung der Anweisungsebene von allgemeinen Klassen berücksichtigt werden. Nicht in allen konkreten Sprachen enthalten Klassendefinitionen Anweisungsteile, die Objekte zu aktiven selbstagierenden Instanzen machen (siehe z.B. Smalltalk-80).

Eine andere Form der **Spezialisierung als Abstraktionsfunktion** ist durch die **Attributerweiterung** realisierbar: In der Unterklasse können natürlich zusätzlich zu den ererbten Attributen beliebige neue lokale Größen eingeführt werden. Eine weitere Möglichkeit, diesen Vererbungsmechanismus im Sinne einer schrittweisen Spezialisierung (bzw. Generalisierung) zu verwenden, ist durch das Konzept der **virtuellen Attribute** gegeben. Die Deklaration eines virtuellen Attributs besagt, daß vorläufig nur einige Eigenschaften dieses Attributs bekannt sind, eine weitere bzw. vollständige Spezifikation aber in der Hierarchie auf einer tieferliegenden Ebene (einer beliebigen Unterklasse) erfolgen wird. Sie können demzufolge bei Instanzen verschiedener untergeordneter Klassen auch verschiedene Ausprägungen haben. Dieses Konzept unterstützt die Spezialisierung im Sinne einer Erweiterung oder Redefinition ausgewählter Attribute einer Oberklasse (Diese Attribute müssen natürlich Begriffsschablonen sein, da konkrete Teilobjekte nicht spezialisiert werden werden können).

Wie wir bereits im Kapitel 3.1.2 (Typkonzept) dargestellt haben, ist jedes Datenobjekt Instanz einer Typschablone. Auf diese Weise ergibt sich eine Typisierung der Datenobjekte bzw. eine Typstruktur des Programms, die im Rahmen von Kontextbedingungen den korrekten Gebrauch von Datenobjekten und Operationen überprüfbar macht. Durch die Zugehörigkeit jedes allgemeinen Objekts zu einer Klasse (bzw. Klassenhierarchie) ergibt sich nun auch eine **Typisierung der Instanzen von Klassen**. Im Zusammenhang mit dem Vererbungskonzept erben Unterklassenobjekte auch die Menge der auf die Oberklassenobjekte anwendbaren Operationen im Hinblick auf eine kontextabhängige Überprüfung.

Das Vererbungkonzept hat, wie bereits erwähnt, erstmals im Zusammenhang mit dem Klassenkonzept den Entwurf von Sprachen beeinflußt. Es sei jedoch hier ausdrücklich hervorgehoben, daß die Vererbung als Hierarchiebildung über Spezialisierung bzw. Verallgemeinerung auch auf die Definition der Daten- und algorithmischen Objekte übertragen werden kann. Die Form dieser Übertragung dürfte einsichtig erscheinen, da Typ- und algorithmische Schablonen (Typen, Prozeduren, Funktionen) in gewissem Sinne als Spezialfälle der soeben beschriebenen allgemeinen Begriffsschablonen (Objektklassendefinitionen) im Kontext unserer systemorientierten (vereinheitlichenden) Sichtweise der Programmierung dargestellt wurden. Diese Art der Übertragung des Vererbungskonzepts ist teilweise in modernen Sprachentwicklungen versucht worden (z.B. Vererbung auf Datenabstraktionsebene in Oberon, <Wirth88a,b>).

In der Literatur und einigen Programmiersprachen findet man noch eine allgemeinere Form der Vererbung zwischen Klassen: die uneingeschränkte oder **mehrfache Vererbung** (multiple inheritance). Hier kann es für eine Unterklasse mehrere Oberklassen geben. Darüber hinaus kann die Menge der Oberklassen einzelner Instanzen frei gewählt werden. Da im Zusammenhang mit der mehrfachen Vererbung jedoch einige bisher nicht allgemein gelöste Probleme verbunden sind, beschränken wir uns hier auf eine Darstellung der einfachen Vererbung. In diesem Zusammenhang sich stellende Probleme seien hier kurz mit den folgenden Fragestellungen skizziert: Was passiert bei Namenskonflikten ererbter Attribute? Welche Ordnung besteht über den ererbten Anweisungsteilen - Hat die Reihenfolge der Präfigierung Einfluß auf die Struktur und Aktivitäten von Objekten?

3.1.6.4 Zur Bedeutung des Klassenkonzepts

Die Bedeutung des Klassenkonzepts gerade im Hinblick auf ein systemorientiertes Verständnis der Programmierung ist sehr groß. Klassen stellen ein sehr ausdrucksstarkes Sprachkonstrukt dar, da es die Trennung jener bereits erwähnten Daten-/Prozedur-Sicht aufzuheben erlaubt. Daten und die auf ihnen auszuführenden Operationen können in einer Klasse zusammengefaßt und so z.B. auch ein allgemeines Typkonzept realisiert werden. Daten und Operationen erscheinen hier als Attribute allgemeiner Objekte: Daten als lokale Instanzvariablen (Teildatenobjekte), ihre Repräsentationen und Wertabstraktionen als lokale Typdefinitionen (Teiltypschablonen) und die ausführbaren Operationen als lokale Prozeduren und Funktionen (algorithmische Teilschablonen), während der algorithmische Teil dieses komplexeren Objekts z.B. einer parametrischen Initialisierung dienen kann.

Klassen beschreiben allgemeine Objekte, die Daten- und algorithmische Objekte in gewissem Sinn als Spezialfall enthalten. Dennoch sind wir der Meinung, daß Typ- und Prozedurkonzept nicht durch ein Klassenkonzept ersetzt werden sollte. Obwohl beide Konzepte vor dem Hintergrund der objektorientierten Sichtweise auch im Hinblick auf ihre Ausdrucksmöglichkeiten bezüglich der verschiedenen Abstraktionsfunktionen zunächst sehr ähnlich erscheinen, gilt es doch festzuhalten, daß sie zwar nötig, jedoch konzeptionell verschieden sind. Beide Konzepte dienen der Strukturierung von Abstraktionsprozessen in unterschiedlichen Bereichen der Formalisierung und sollten daher auch getrennt vorhanden sein, um die Verständlichkeit und Ausdrucksfähigkeit der Sprache zu erhöhen:

Das Typkonzept dient ausschließlich der Datenabstraktion, während das Prozedur- bzw. Funktionskonzept nur für die algorithmische Abstraktion verwendet wird. Beide Abstraktionen sind in ihrem Gegenstandsbereich recht verschieden: Datenabstraktion ist Abstraktion von Werten, Zuständen und Repräsentationen (bzw. Interpretationen) in einer räumlichen Dimension. Sie beruht auf der Festlegung von Repräsentationsbeziehungen in die (Symbol-) Strukturen der formalen Sprache. Algorithmische Abstraktion ist Abstraktion von konkreten Aktionen des Phänomenbereichs hin zu Aktionsschemata, von speziellen Problemlösungen zu einer Klasse von Problemlösungen. Sie befaßt sich mit (Symbol-) Strukturmanipulationen, mit Operationen als Zustandsänderungen, liegt also in der zeitlichen Dimension.

Das Klassenkonzept erlaubt eine Aufhebung der Trennung dieser beiden verschiedenen Abstraktionsprozesse durch die Möglichkeit der Definition allgemeiner (komplexerer) Objekte im Kontext einer übergeordneten, systemorientierten Sichtweise der Programmierung. In dieser Sichtweise stellen Klassen allgemeine Begriffsschablonen dar, die einer höheren Systemstrukturierung durch die Modellierung komplexerer Phänomene des betrachteten Systems dienen. Diese Phänomene weisen vielfältige Aspekte auf: Sie können gegenständliche Eigenschaften haben, Reaktionen zeigen, wiederum komplexe Teilphänomene umfassen und schließlich selbst auch aktiv sein, d.h. direkt Zustandsänderungen bewirken.

Da das Klassenkonzept ebenso wie das Prozedur- bzw. Funktionskonzept auch als eine Weiterentwicklung eines abstrakten Blockkonzepts angesehen werden kann, läßt sich das Wesentliche, das zur Pragmatik des Prozedur- bzw. Funktionskonzepts gesagt worden ist, wiederum auch auf das Klassenkonzept übertragen, wenn man dabei der übergeordneten Rolle der Klasse Rechnung trägt. Objektklassenbeschreibungen entstehen durch objektorientierte Abstraktion. Die bei der Bildung der Klassen-Begriffsschablonen wesentlichen Abstraktionsfunktionen sind einerseits die Dekomposition (bzw. Komposition) in Daten-, algorithmische oder weniger komplexe allgemeine Objekte (bzw. deren Begriffsschablonen) und andererseits die Spezialisierung (bzw. Generalisierung) auf erweiterte oder modifizierte allgemeine Objektklassen. Letztere Abstraktionsfunktion erlaubt eine hierarchische objektorientierte Begriffsbildung über Vererbungsrelationen (im Gegensatz zu Enthält- oder Benutztrelationen, siehe 3.3.1 Das Modulkonzept) und ist Grundlage für eine recht allgemeine (da nur einfache Vererbung) Formulierung von Polymorphismen.

Durch die Trennung von öffentlichem und privatem Deklarationsteil verfügen Objekte über einen Schutzmechanismus vor unberechtigtem Zugriff (insbesondere Manipulation) von außen. Damit sind Objekte völlig eigenständige Einheiten. Instanzen von Klassen können dynamisch oder statisch generiert und streng gegeneinander abgegrenzt werden. So haben **Objekte zwei unterschiedliche Seiten**: Von außen, d.h. aus der **Sicht des Benutzers** und der anderen Objekte, ist nur die Objektschnittstelle bekannt, die die Eigenschaften des Objekts (seine sichtbaren Attribute und formalen Parameter) auf einer Ebene der Systembetrachtung beschreibt. Die Funktionalität der Attribute und des Objekts selbst kann hierbei sehr abstrakt, losgelöst von der konkreten Repräsentation und den verwendeten Algorithmen, spezifiziert bzw. dokumentiert werden (z.B. durch Angabe einer invariantenorientierten Semantik).

Von innen, d.h. aus der **Sicht des Implementeurs** und des Objekts (bzw. seiner Attribute) selbst, wird das Verhalten (Reaktionsfähigkeit) eines Objekts innerhalb konkreter Algorithmen (Prozeduren, Funktionen, Teilklassen) implementiert, Daten innerhalb getypter Instanzvariablen (statische oder dynamische lokale Datenobjekte) gespeichert und Teileigenschaften werden auf eine Menge von Teilklassen konkretisiert. Hier besteht die volle Kenntnis der verwendeten Repräsentationen, Algorithmen und Teilobjekte. Dieses Konzept eines teilweisen Exports der Objektattribute erlaubt nicht nur eine Abstraktion von der Feinstruktur von Objekten im Prozeß einer prozeduralen 'Top-Down-' oder 'Bottom-Up'-Programmierung, sondern es ermöglicht auch die

Implementierung echt abstrakter Objekte bzw. Datentypen (siehe in diesem Zusammenhang 3.3.1 Das Modulkonzept bzw. Anhang C2 Konkrete und abstrakte Datentypen).

Im Gegensatz zum Modulkonzept sehen wir das Klassenkonzept weniger als ein Hilfsmittel der 'Programmierung im Großen' an (siehe 3.3 Sprachkonzepte der Programmierung im Großen). Als allgemeine Begriffsschablone auf Grundlage einer objektorientierten Begriffsbildung unterstützt die Klasse eine Programmstrukturierung auf der Ebene dynamisch erzeugbarer Objekte und Subsysteme. So wie die Extension von Begriffen über Objekten prinzipiell unendlich ist, können potentiell unendlich viele Instanzen einer Klasse generiert werden. Das Klassenkonzept findet nicht nur im Sinne eines allgemeinen Objektkonzepts (siehe 3.1.1.3) und allgemeinen Typkonzepts (siehe 3.1.2.1) Verwendung, sondern dient uns auch als Grundlage für die Entwicklung eines Koroutinen- und Prozeßkonzepts, wie wir sie in den folgenden Kapiteln als Hilfmittel zur Formulierung von Nebenläufigkeit darstellen werden.

3.2 Sprachkonzepte nichtsequentieller Programmierung

Ein wichtiges Kennzeichen der meisten realen oder imaginären Systeme ist die parallele, gleichzeitige Ausführung von Aktivitäten unterschiedlicher Komponenten. Zur Modellierung solcher Systeme ist es notwendig, das bisher vorgestellte anweisungs- bzw. objektorientierte Paradigma um Konzepte zu erweitern, die es ermöglichen, nebenläufige Verarbeitung auszudrücken. Dabei müssen neben der Erweiterung des Programmiermodells um Sprachkonstrukte zur Steuerung einer parallelen Elaboration auch Konzepte zur Synchronisation und Kommunikation paralleler Aktionsschemata eingeführt werden.

Der **Bedarf an Ausdrucksmöglichkeiten für Nichtsequentialität** ergibt sich nicht nur vom Standpunkt einer abstrakten systemorientierten Sichtweise der Programmierung; er ist bereits früh in der Geschichte der Informatik von Forschern auf dem Gebiet der Entwicklung alternativer Hardwarearchitekturen formuliert worden. Die Realisierung neuartiger Hardwaremodelle - wie z.B. Multitasking-Multiprozessorsysteme, vernetzte und verteilte Systeme - ermöglichte eine echt parallele Ausführung von (Teil-) Programmen. Dadurch wurden neue Anforderungen an die Methodik der Programmentwicklung (parallele/verteilte Programme und Algorithmen, Synchronisations- bzw. Kommunikationskonzepte), an die Werkzeuge (Entwurf von Sprachkonstrukten und Hochsprachen zur Formulierung paralleler Programme als Abstraktion solcher Architekturen) und die Formalismen (Semantik paralleler Konstrukte) gestellt.

Zunächst wurde das klassische imperative Programmiermodell um ein (ursprünglich aus dem Betriebssystembereich übernommenes) Prozeßkonzept und relativ einfache Ansätze zur Kommunikation und Synchronisation (Semaphore, Monitore) zu einem **prozeßorientierten Paradigma** erweitert. Inzwischen gibt es eine Reihe moderner Hochsprachen, die für dieses Paradigma (siehe CSP <Hoare78>) entwickelt und implementiert worden sind (Occam <Occam87>, ConcurrentPascal <Brinch-Hansen75>, Ada <Ada80>, ACP, NIL u.a.). Analog dazu fanden mit zunehmendem Verständnis der objektorientierten Programmierung die Anforderungen paralleler Programmierung auch Berücksichtigung beim Entwurf **modernster objektorientierter Programmiersprachen** (Beta, Concurrent Smalltalk <ConcurrentSmalltalk87>, Actors <Agha/-Hewitt87>). Dies ist um so naheliegender, als nach unserer Meinung schon aufgrund des objektorientierten Verarbeitungsmodells eine parallele Verarbeitung immanent gegeben ist (siehe auch <Tokoro/Yonezawa87>).

Im Hinblick auf unsere **systemorientierte Sichtweise** der Programmierung ist im allgemeinen Fall schon auf der Ebene des zu simulierenden Wirklichkeitsausschnitts (Systemebene) und damit auch auf der Ebene des physischen Modells Parallelität der Aktivitäten von Phänomenen bzw. Objekten naturgemäß vorhanden. Insbesondere bei der Modellierung komplexer, realitätsbezogener Systeme führen Objekte des physischen Modells meist ihre Aktivitäten (zumindest konzeptionell) gleichzeitig aus, sofern nicht einerseits eine inhaltliche (systemimmanente) Abstimmung mit anderen Objekten, oder andererseits die Verwendung allgemeiner Ressourcen (hier entsteht Synchronisationsbedarf) oder der Austausch von Informationen (hier entsteht Kommunikationsbedarf) eine Strukturierung der Nebenläufigkeit und eine Koordination der verschiedenen Objekte erfordern. Die Struktur von Informationsprozessen (siehe 2 Einführung) ist nicht nur sequentiell beschreibbar; Zustandsänderungen des Modells können unter gewissen Konsistenzbedingungen konfliktfrei über indeterministisch und gleichzeitig auszuführende Aktionen beschrieben werden.

Wir unterscheiden in diesem Kapitel zwischen zwei **Arten von Nichtsequentialität**: der zeitlich verzahnten, d.h. **alternierenden** und der echt gleichzeitigen, d.h. **nebenläufigen** Ausführung von Aktionsschemata. Entsprechend unterscheiden wir zwischen zwei verschiedenen Sprachkonzepten: dem Koroutinen- und dem Prozeßkonzept. In einem weiteren Kapitel gehen wir dann kurz auf die im Zusammenhang mit der parallelen Programmierung notwendigen **Synchronisations- und Kommunikationskonzepte** ein. Es sei hier bereits erwähnt, daß die Beschreibung dieser Konzepte aus Gründen der Komplexität der Thematik und der Vielfältigkeit der verschiedenen Konzeptvarianten weniger detailliert als bisher erfolgt.

3.2.1 Das Koroutinenkonzept

Das Koroutinenkonzept, das in seiner theoretischen Formulierung im wesentlichen auf <Dijkstra68a> beruht, ermöglicht die Beschreibung quasiparalleler, zeitlich verzahnter Aktivitäten. Es kann in diesem Sinne als ein Zwischenschritt bei der Entwicklung von Sprachkonstrukten von der sequentiellen hin zur nebenläufigen Programmierung angesehen werden. Als abstraktes Konzept sind Koroutinen Aktivitätsfolgen, die gleichberechtigt alternierend ablaufen und sich eigenständig gegenseitig aufrufen können. Der Zustand einer Koroutine bleibt während ihrer nicht aktiven Phasen erhalten; bei einem erneuten Aufruf werden die Aktivitäten dort fortgesetzt, wo sie unterbrochen worden sind.

Als konkretes Sprachkonstrukt wollen wir **Koroutinen als eine Erweiterung des Klassenkonzepts** auffassen. Wir führen Koroutinen als allgemeine algorithmische Objekte ein, die ihre Aktivitäten quasiparallel zu den Aktivitäten anderer Objekte ausführen können. So unterscheiden wir nun im weiteren auf der Ebene der Abarbeitung des Anweisungsteils von Objekten zwischen **zwei Objektarten**: den **sequentiellen** und den **alternierenden Objekten**. Entsprechend unterscheiden wir auch im Hinblick auf das Klassenkonzept zwei Klassenarten. Trotz dieser Erweiterung des Klassenkonzepts bleibt die Orthogonalität der über die bisher vorgestellten Sprachkonzepte beschriebenen Sprache bewahrt, da die Klassenarten nur zur Differenzierung verschiedener Ausführungsmodi algorithmischer Objekte dienen.

Koroutinen sind also Instanzen von Koroutinenklassen. Der wesentliche Unterschied zwischen Koroutinen und normalen algorithmischen Objekten ist das Fehlen einer Hierarchie zwischen dem Aufrufer (dem generierenden Objekt) und dem Aufgerufenen (dem generierten Objekt). Beim Verlassen einer Koroutine geht im Gegensatz zum Verlassen normaler algorithmischer Objekte die Kontrolle nicht unbedingt an den Aufrufenden zurück. So besitzen Koroutinen im Gegensatz zum Anweisungsteil gewöhnlicher Objekte mehrere Eintrittspunkte für den Aufrufer: Ihre Ausführung wird beim Aufruf (unabhängig von der Identität des Aufrufers) an der Stelle fortgesetzt, an der die Koroutine zuletzt verlassen wurde.

Zur Koordinierung des Ausführungsflusses des Anweisungsteils zwischen verschiedenen Koroutinen dient die **Primitive** *RESUME*. Bei der Aktivierung eines Objekts werden üblicherweise alle im Rumpf notierten Aktivitäten ausgeführt. Während dieser Zeit befindet sich das Objekt im aktiven Zustand. Taucht in der Anweisungsfolge eines Koroutinenobjekts der Befehl *RESUME K* auf, wird die weitere Ausführung unterbrochen und die Kontrolle an die benannte Koroutine *K* übergeben. Die aufrufende Koroutine befindet sich dann in einem wartenden oder 'schlafenden', d.h. passiven Zustand, aus dem sie durch eine *RESUME*-Anweisung wieder aktiviert werden kann. Ein Objekt, dessen Aktivitäten beendet sind, d.h. dessen Anweisungsfolge vollständig ausgeführt wurde, geht in den Zustand 'terminiert' über. Jeder weitere Versuch einer Aktivierung dieses Objekts durch eine *RESUME*-Anweisung sollte einen Laufzeitfehler zur Folge haben.

Im Sinne dieses Konzepts kann in einem System, das aus gewöhnlichen und Koroutinenobjekten besteht, zu jedem Zeitpunkt immer nur ein Objekt aktiv sein. Alle anderen Objekte befinden sich im Zustand 'terminiert' oder 'passiv'. So ist zu jedem Zeitpunkt der gegenseitige Ausschluß von Koroutinen sichergestellt; kritische Abschnitte müssen nicht explizit geschützt werden. Aus der lokalen Perspektive einer Koroutine betrachtet verläuft aber die Ausführung einer *RESUME*-Anweisung parallel zu den Aktivitäten anderer Objekte, während die Ausführung der übrigen Operationen sequentiell erfolgt. Hierdurch wird die Sprechweise von 'quasiparalleler Ausführung' (vgl. 'nebenläufige Ausführung' in Kapitel 3.2.2) gerechtfertigt.

Die Parametrisierung von Objekten, insbesondere auch der Koroutinen, kann bei ihrer Generierung oder Aktivierung erfolgen. Die Aktivierung eines allgemeinen oder algorithmischen Objekts muß i.a. explizit, z.B. bei der Koroutine durch eine erste *RESUME*-Anweisung, vorgenommen werden. Bei algorithmischen Objekten als Instanzen von Prozedur- oder Funktionsdeklarationen wurde die Generierung, Parametrisierung und anschließende Aktivierung durch den Prozeduraufruf realisiert.

Obwohl wir das Koroutinenkonzept zunächst nur als Erweiterung des Klassenkonzepts beschrieben haben, läßt es sich auf alle algorithmischen Objekte und ihre Begriffsschablonen übertragen (konkrete Beispiele siehe 5.5 Beta). Da es in klassisch imperativen Sprachen kein Klassen-, sondern nur ein Prozedur- bzw. Funktionskonzept zur Beschreibung algorithmischer Objekte gibt, wurden in diesen Sprachen Koroutinen auf der Basis der jeweiligen Prozedurkonstrukte eingeführt (siehe z.B. 5.2.7 Das Koroutinenkonzept in Modula-2).

Zu einer **Einordnung des Koroutinenkonzept** können wir das in den vorangehenden Kapiteln Gesagte wie folgt ergänzen: Koroutinen, und noch mehr die im folgenden Kapitel vorgestellten Prozesse, abstrahieren von der Struktur konkreter Verarbeitungsmaschinen, indem sie konzeptionelle Alternation bzw. Nebenläufigkeit auszudrücken ermöglichen, ohne Einblick in die tatsächliche Realisierung der Parallelität

(Maschinenarchitektur, Prozessorvergabe, etc.) zu gewähren. Im Kontext unserer systemorientierten Sichtweise der Programmierung sind sie ein ausdrucksstarkes Konstrukt zur Formulierung quasiparaller Aktivitäten. Die programmiertechnische Eleganz der Sichtweise eines parallelen Systems mit unabhängigen alternierenden Aktivitäten als Menge von Koroutinen liegt in der dadurch bedingten Dekomposition des Systems in weitgehend unabhängige Bestandteile, die insbesondere bei der diskreten Simulation auf einfache Weise den Komponenten und Relationen eines physischen Modells entsprechen.

Koroutinenobjekte dienen der Modellierung alternierender Aktivitäten, d.h. zeitlich verzahnter Aktionsphänomene in den zu formalisierenden Systemen. Betrachten wir zur Illustration das konkrete Beispiel eines Systems 'Restaurant' mit dem Koch als eines der aktiven Phönomene (<Madsen/MollerPetersen88>): Ein Koch kann gleichzeitig mit der Zubereitung verschiedener Gerichte beschäftigt sein, seine Aufmerksamkeit gleichwohl aber immer nur einem Gericht gleichzeitig widmen. Der Fertigstellung eines Gerichts entspräche dabei im Modell die Ausführung eines Koroutinenobjekts; Wechsel zwischen den verschiedenen Abarbeitungssträngen können erfolgen, wenn ein unteilbarer Arbeitsgang abgeschlossen ist und ein Ereignis einen Übergang erforderlich macht (z.B. das Kochen von Wasser).

3.2.2 Das Prozeßkonzept

Wir beschreiben im folgenden einen Prozeßbegriff, der der Strukturierung und Formulierung nichtsequentieller Programme dient. Das Prozeßkonzept ist, da es ausdrucksstärker und allgemeiner (hinsichtlich der Nicht-Sequentialität) als das Koroutinenkonzept ist, von grundlegender Bedeutung als Ausdrucksmittel unabhängiger paralleler Aktivitäten. Wir orientieren uns dabei an **konzeptioneller Nebenläufigkeit**, d.h. stellen Prozesse als ein Hilfmittel zur Modellierung der dynamischen Struktur von parallelen (Teil-) Systemen dar. Es wird also wiederum ein recht abstraktes Prozeßkonzept eingeführt, das weder im Sinne einer Betriebssystem- oder Realzeitprogrammierung, noch im Hinblick auf eine konkrete Maschinenarchitektur entworfen ist.

In einem **abstrakten Prozeßkonzept** bilden Prozesse in der Welt der Programmierung eine Analogie zu (Teil-) Systemen aus der realen oder imaginären physischen Welt. Ein **Prozeß** repräsentiert eine Sequenz von Aktivitäten, die weitgehend unabhängig und parallel zu den Aktivitäten anderer Prozesse ausgeführt werden. Diese Aktivitäten arbeiten über einer lokalen, d.h. nur dem Prozeß bekannten Menge von Größen (insbesondere Objekten). Ein Prozeß stellt eine unabhängige, in sich geschlossene funktionelle Einheit dar. Er dient der Verfeinerung eines nebenläufigen Systems in dynamische parallele Subsysteme. Die zeitliche Entwicklung des Subsystems (seine Zustandstransformationen) wird auf der obersten Verfeinerungsstufe durch ein (sequentielles) Aktionsschema beschrieben. Ein System, in dem beide Arten der Beziehungen zwischen den Aktivitäten bestehen (die sequentielle auf Prozeßebene bzw. die parallele auf Systemebene), nennt man **nebenläufiges Sytem** (concurrent system). Nicht sequentielle Aktivitäten sind verschiedenen Prozessen zugeordnet.

Prozesse sind Ausschnitte eines Systems, Teile einer sie umgebenden Wirklichkeit, von der sie sich durch wohldefinierte Schnittstellen und Gültigkeitsbereiche abgrenzen. Diese Schnittstellen ermöglichen eine Eingliederung und Kopplung von Subsystemen, d.h. Prozessen zu einen Gesamtsystem. Von besonderem Interesse ist die **Schnittstelle zu anderen Prozessen**, da Prozesse zwar in der Ausführung ihrer Aktivitäten unabhängig sind, aber im allgemeinen der Interaktion mit anderen simultanen Prozessen bedürfen. So sind Prozeßkommunikations- und Synchronisationsmechansismen, die eine Formulierung solcher Interprozeß-Beziehungen auf vielfältige Weise ermöglichen, essentielle Programmierprimitiven (<Hoare78>) eines Prozeßkonzepts. Die verschiedenen Möglichkeiten der Kommunikation und Synchronisation werden uns im folgenden Kapitel beschäftigen.

Konkret führen wir **Prozesse als Erweiterung des Klassenkonzepts** ein; wir übertragen also - in der Vorgehensweise analog zu den Koroutinen - den Prozeßbegriff in das objektorientierte Paradigma: Wir unterscheiden nun zwischen drei anstatt zwei verschiedenen Objektarten. Als dritte Objektart erscheinen die **parallelen Objekte** oder **Prozeßobjekte**, die wir im Gefüge unserer systemorientierten Terminologie auch **Systemobjekte** nennen wollen und dementsprechend durch Systemklassen beschrieben werden. Die Generierung einer Instanz einer Systemklasse, d.h. eines Subsystems, entspricht so der Kreierung eines neuen Prozesses. Bei einer anschließenden Aktivierung des Prozesses bleibt die Kontrolle zwar beim aufrufenden Objekt, geht aber gleichzeitig auch auf das aufgerufende parallele Objekt über. Wie bei Koroutinen ist jedem Prozeß neben seinem Zustand als allgemeines Objekt auch ein Status zugeordnet. Der Status beschreibt den Ausführungsmodus eines Prozesses zu einem gegebenen Zeitpunkt. Aus Benutzersicht unterscheiden wir: aktiv, wartend und terminiert.

Das Prozeßkonzept ist ausdrucksfähiger als das sequentielle oder alternierende Ausführungskonzept algorithmischer Objekte, da es zur Formulierung der sequentiellen und alternierenden Ausführung problemlos verwendet werden kann; umgekehrt gilt dies aber nicht. Trotz seiner größeren Ausdrucksfähigkeit ersetzt das Prozeßkonzept aber nicht die beiden anderen Ausführungskonzepte. Konzeptionell sind alle Objektarten orthogonal zueinander <Madsen/MollerPetersen88>, d.h. kein Konzept impliziert oder ersetzt ein anderes. In vielen Fällen werden Aktivitäten in Teilen des zu modellierenden Systems unabhängig voneinander sequentiell, zeitlich verschränkt und/oder parallel ablaufen. Beziehen wir uns wieder auf das konkrete Beispiel der Modellierung eines Restaurants mit dem Koch als 'aktive Komponente' aus dem vorangehenden Kapitel, so müssen wir nun nicht mehr die Aktivitäten eines Kochs (repräsentiert durch Koroutinen) betrachten, sondern unsere Aufmerksamkeit auf mehrere Köche (repräsentiert durch Prozesse) richten, die unabhängig voneinander verschiedene Menüs zubereiten. Zu einer weiteren Einordnung des Prozeßkonzepts in unsere Sichtweise der Programmierung ist das Wesentliche in den vorangehenden Kapiteln bereits erwähnt worden.

3.2.3 Kommunikations- und Synchronisationskonzepte

Aufgrund der Vielfalt der in der Literatur vorgeschlagenen und in den verschiedenen Programmiersprachen auch realisierten Kommunikations- und Synchronisationskonzepte wird auch dieses Kapitel sehr allgemein abgehandelt werden. Sprachkonstrukte zur Kommunikation und Synchronisation sind integrale Bestandteile eines Prozeßkonzepts. Ihre Darstellung ist im wesentlichen als eine Erweiterung des vorangehenden Kapitels aufzufassen.

In einem parallelen System sind die nebenläufigen Prozesse keineswegs vollständig unabhängig voneinander; vielmehr ist ihre Zusammenarbeit erforderlich. **Nebenläufige Prozesse kooperieren**, da sie als Komponenten eines Systems eine gewisse Funktionalität, d.h. Teilaufgabe auf prozeßübergeordneter (System-) Ebene zu erfüllen haben. Hin und wieder gelangt der sequentielle Prozeß in Zustände, die eine Koordination mit anderen Prozessen erfordern. Kooperation von Prozessen, das Arbeiten dieser Prozesse auf ein gemeinsames Ziel hin wird erreicht, indem Prozesse interagieren.

Interaktion ist das gegenseitige Beeinflussen der Prozesse, d.h. das Versorgen mit Information und Abstimmen von Prozeßaktivitäten. So unterscheiden wir zwei Formen der Interaktion nebenläufiger Prozesse: a) **Kommunikation** als Austausch von Informationen zwischen Prozessen, und b) **Synchronisation** als Koordination der Ausführung von Aktivitäten verschiedener Prozesse.

3.2.3.1 Kommunikation

Der Interprozeß-Informationstransfer kann durch zwei verschiedene Kommunikationsmechanismen realisiert werden: a) der Kommunikation über **gemeinsamen Speicher** (shared memory bzw. shared variables), die insbesondere für nicht verteilte Systeme geeignet ist, und b) Kommunikation durch direkten **Nachrichtenaustausch** (message passing) als bevorzugte Methode in verteilten Systemen.

Kommunikation ist ein Hilfsmittel, um Synchronisation zu erreichen. Trotzdem ist Kommunikation nicht unabhängig von der Synchronisation zweier Prozesse, da im Kommunikationsvorgang selbst unter Umständen eine gewisse Synchronisation der Prozeßabläufe vorgenommen werden kann: Prozesse können synchron und asynchron kommunizieren. Bei **asynchroner Kommunikation** kümmert sich der Initiator der Kommunikation nicht weiter um den Prozeß, mit dem er kommunizieren will, sondern fährt sofort in seiner Arbeit fort. Die Kommunikationsanforderung kann beim Empfängerprozeß entweder eine Unterbrechung bewirken oder erst auf Anfrage bearbeitet werden. Bei der **synchronen Kommunikation** wird der Senderprozeß solange blockiert, d.h. am Weiterarbeiten gehindert, bis sein Kommunikationspartner die Nachricht akzeptiert hat.

Die synchrone Kommunikation zeichnet sich durch eine Überschaubarkeit der Kommunikationsstruktur und einfache Behandlung von Kommunikationsfehlern aus. Wir halten jedoch beide Kommunikationsarten konzeptionell notwendig für eine adäquate Modellierung allgemeiner Systeme. Bei der Art der ausgetauschten Informationen unterscheiden wir zwischen einfachen Daten (**Datenaustausch**), die nur interpretiert, aber nicht ausgeführt werden können, und **Dienstanforderungen**, die die Ausführung einer parametrischen lokalen Operation des Empfängers veranlassen.

Aufgrund der Unterscheidung der Kommunikations- und Informationsarten ergeben sich folgende Kombinationsmöglichkeiten:

1) synchrone Datenkommunikation (z.B. CSP, OCCAM),
2) asynchrone Datenkommunikation (nicht blockierende Kommunikationsoperationen, wie z.B. UNIX-Pipes, OCCAM-Prozesse mit Kanalschnittstellen),
3) synchrone Dienstleistung (entspricht dem Prozeduraufruf zwischen Prozessen, z.B. Remote-Procedure-Call, Distributed Processes (DP)) und
4) asynchrone Dienstleistung (z.B. Fortran- und UNIX-Prozesse über *fork* und *join*, Unterbrechungsmechanismen).

3.2.3.2 Synchronisation

Synchronisation als ein der Kommunikation übergeordneter Aspekt ist das Abstimmen der Aktivitäten von Prozessen aufeinander. Wir unterscheiden drei Synchronisationsarten:

1) Synchronisation zum Schutz kritischer Abschnitte, d.h. mit dem Ziel des gegenseitigen Ausschlusses von Prozessen, z.B. bei Zugriffen auf gemeinsame Ressourcen.
2) Synchronisation, um gemeinsam eine Aktivität zu vollziehen.
3) Synchronisation, um mit der Ausführung von Aktivitäten auf das Eintreten eines bestimmten Ereignisses zu warten.

Es gibt eine ganze Reihe von Konzepten, die Synchronisation und damit auch Kommunikation in nebenläufigen und verteilten Systemen ermöglichen, z.B. Semaphore (<Dijkstra68>), Monitore (<Hoare74>), Guarded Commands (<Dijkstra75>), Rendezvous (<Ada80>), Pfadausdrücke (<Campell/Kolstadt82a,b>), und andere.

3.3 Sprachkonzepte für die 'Programmierung im Großen'

In diesem Kapitel wollen wir uns mit Sprachkonzepten zur Unterstützung der 'Programmierung im Großen' ('programming-in-the-large vs. programming-in-the-small' siehe <DeRemer76>) beschäftigen. Es gibt eine ganze Reihe von Werkzeugen, die bei den einzelnen konkreten Programmiersprachen mehr oder weniger in die Sprachbeschreibung aufgenommen worden sind. Wir sind jedoch der Meinung, daß als einziges Sprachkonzept von Wichtigkeit im Rahmen dieses Buches nur das Modulkonzept zu erwähnen ist.

Das bereits dargestellte Klassen- und Prozeßkonzept kann zwar im Sinne einer 'Programmierung im Großen' verwendet werden, gehört jedoch unserer Ansicht nach zu den Sprachkonzepten, die mehr der 'Programmierung im Kleinen' zuzuordnen sind, da sie einerseits einer dynamischen Systemstrukturierung dienen und andererseits direkten Einfluß auf das zugrundeliegende abstrakte Verarbeitungsmodell haben.

Das **Modulkonzept** ist ein Beschreibungswerkzeug, das den Entwurf und die Organisation größerer Programme (Programmsysteme) durch Reduktion der Komplexität umfangreicher Probleme über die Zerlegung in weniger komplexe Teilprobleme (Module) geeignet unterstützt. Die wissenschaftliche Untersuchung und Fundierung der **'Programmierung im Großen'** mit dem Ziel der Entwicklung ingenieurmäßig anwendbarer Methoden und Konzepte für die Erstellung und den Einsatz von Software ist der Gegenstandsbereich der **Softwaretechnologie** (Software-Engineering). Die 'Programmierung im Großen' ist ein der 'Programmierung im Kleinen' übergeordneter Standpunkt und insofern im wesentlichen auch unabhängig von einer konkreten Sichtweise der Programmmierung (insbesondere auch von unserer systemorientierten Sichtweise), d.h. dem zugrundeliegenden Verarbeitungsmodell.

3.3.1 Das Modulkonzept

Module stellen in gewissem Sinn auch eine Weiterentwicklung eines abstrakten Blockkonzepts dar. Sie ermöglichen die Definition von Gültigkeitsbereichen und damit die Zusammenfassung von deklarierten Größen (Konstanten, Typen, Objekten, Operationen). Allerdings stellen Module eine **statische Klammerung um Deklarationen** dar, sie sind also nicht wie z.B. Prozeduren aufrufbar (ausführbar). Daß ein Sprachkonstrukt wie das Modul trotzdem Sinn macht, ergibt sich aus der Möglichkeit, daß einige der in dem Gültigkeitsbereich 'versteckten' Größen explizit nach außen sichtbar gemacht werden können. Die solcherart **exportierten** Größen können wiederum von anderen Modulen **importiert** und damit benutzt werden.

Durch die Zerlegung einer Problemlösung in Teilproblemlösungen und analog dazu durch die Zerlegung eines Programms in Module entsteht ein **Programmsystem**. Die Komponenten dieses Programmsystems sind die Module, während die Relationen des Systems die **Benutztbeziehungen** zwischen den Modulen repräsentieren.

3.3.1.1 Module als Sprachkonstrukte

Ein Modul ist grundsätzlich zunächst einmal in zwei Teile, die man auch als zwei Modularten ansehen kann, gegliedert: Ein Teil, das sog. **Implementations-** oder **private Modul** (private module), realisiert den Gültigkeitsbereich, ein zweiter Teil, das sog. **Definitions-** oder **öffentliche Modul** (public module), legt fest, welche der Größen von anderen Moduln benutzt werden können.

Das **Definitionsmodul** stellt die Schnittstelle (**Exportschnittstelle**) des Moduls und damit einen wesentlichen Teil seiner Spezifikation dar. Im Definitionsmodul werden die zu exportierenden Größen durch eine einfache Deklaration bekannt gemacht. Es können alle Größen (Konstanten, Objekte, Typen, Prozeduren, etc.) exportiert werden. Bei Prozeduren wird nur die Prozedurschnittstelle, bei Klassen nur die Klassenschnittstelle (sichtbare Attribute und Parameterliste) angegeben, um von der konkreten Implementierung, die im Implementationsmodul erfolgt, zu abstrahieren. Bei Typen hat man die Möglichkeit, sie nur durch einen Namen zu benennen und die Repräsentation (Darstellung der Werte) im Implementationsmodul zu verstecken (**opake** oder **abstrakte Typdefinitionen** - siehe 5.2.9). Dies gilt auch für Konstantendeklarationen. Werden zur Definition Größen anderer Module benötigt, so kann deren Benutzung nach vorangehender Bekanntmachung der Namen in der **Importschnittstelle** des Definitionsmoduls erfolgen.

Das **Implementationsmodul** stellt im wesentlichen einen statischen Block dar. Es verfügt automatisch über die im Definitionsmodul deklarierten Größen. Diese Größen werden nun durch schrittweise Verfeinerung und damit auch ggf. über das Deklarieren und Importieren (Importschnittstelle des Implementationsmoduls) echt lokaler Größen implementiert. Einerseits wird so die konkrete Repräsentation opaker Typdefinitionen durch Angabe der Datenstruktur festgelegt; andererseits werden auf Grundlage dieser Repräsentationen die durch die Prozedurdefinitionen (Funktions-, Klassendefinition) bereits benannten und über die Parameterlisten spezifizierten Teilalgorithmen konstruiert und durch eine vollständige Deklaration der Prozedur (Funktion, Klasse) im Rumpf kodiert.

Wenn man das Implementationsmodul im wesentlichen als einen statischen Block auffaßt, so verfügt es auch über einen Anweisungsteil. Aufgrund des statischen Charakters der Module kann dieser algorithmische Teil des Implementationsmoduls nie durch eine Anweisung aktiviert werden. Wir fordern, daß eine Elaboration des Anweisungsteils aller Module zum Zeitpunkt des Programmbeginns entsprechend der Programmsystemstruktur (Benutztrelation) 'Bottom-Up' erfolgt. Der Anweisungsteil eines Moduls kann nur der einmaligen Initialisierung der im Modul deklarierten Objekte dienen (daher **Initialisierungsteil**). Die Menge der Objekte eines Moduls konstituieren den **Modulzustand**. Die Modulzustände aller Moduln des Systems bilden den **Systemzustand.** Der Initialisierungsteil der Module ermöglicht also die Herstellung eines wohldefinierten Anfangszustands des Programmsystems.

Man kann ein Modul mathematisch als eine **algebraische Spezifikation** (siehe auch Anhang C2 Abstrakte und konkrete Datentypen) ansehen. Das Definitionsmodul, das nur eine statische Semantik hat und im wesentlichen die Syntax festlegt, erscheint dann als die Signatur der algebraischen Spezifikation, während das Implementationsmodul, das die Semantik der Operationen über eine algorithmische Spezifikationstechnik beschreibt, die Menge der Sätze darstellt. Da ein Modul aber gerade zur Aufgabe hat, von den Algorithmen und Repräsentationen zu abstrahieren, sollte die Semantik der exportierten Größen im Definitionsmodul möglichst genau, aber abstrakt durch eine entsprechende Dokumentation (z.B. durch eine invariantenorientierte Semantik) spezifiziert werden.

Die **Struktur des Programmsystems** läßt sich als ein **Graph** repräsentieren, in welchem Module als Knoten und Benutztrelationen als gerichtete Kanten erscheinen. Aus Gründen der intellektuellen Beherrschbarkeit (siehe hierzu auch <Dijkstra72>) des Systems wird meist gefordert, daß dieser Graph azyklisch und damit hierarchisch (im besten Fall baumförmig) ist. Innerhalb des Programmsystems gibt es ein ausgezeichnetes Modul, das die oberste algorithmische Abstraktionsebene (Hauptprogramm) realisiert. Dieses Modul, genannt **Programmodul**, hat keinen Definitionsteil, ist also ein reines Implementationsmodul und kann folglich als das einzige Modul innerhalb des Systems nicht benutzt werden. Auf Graphebene erscheint dieses Modul dann als Hierarchiespitze oder Wurzelknoten.

3.3.1.2 Zur Bedeutung des Modulkonzepts

Als Einleitung zu einer Darstellung der **Pragmatik des Modulkonzepts** wollen wir im folgenden eine Klassifikation von Modulen angeben, die sich an der Verwendungsart von Modulen beim Entwurf von Programmsystemen orientiert. Bei der Zerlegung eines Gesamtproblems in der Entwurfsphase entstehen Teilprobleme, die einzelnen Komponenten (Modulen) eines Softwaresystems zugeordnet werden. Zur Reduktion eines Problemkomplexes in ein überschaubares System beherrschbarer Teilprobleme ist es erforderlich, diese Module weitestgehend unabhängig voneinander zu gestalten. Modulunabhängigkeit wird in dem Maße unterstützt, wie es gelingt, die Bindungen innerhalb der Module zu verstärken und die Kommunikation zwischen ihnen eindeutig zu gestalten und zu kontrollieren. Die Stärke der Bindungen zwischen den Elementen eines Moduls läßt sich anhand der **inneren Festigkeit** (siehe Anhang C4 Innere Festigkeit von Modulen) beurteilen.

Mittels des Begriffs der inneren Festigkeit von Modulen lassen sich diese in ein **Klassifikationsschema für Modularten** einordnen. Wir unterscheiden sechs verschiedene Modularten (siehe auch <Goos/Kastens78>, <Floyd/Keil-Slawik86>):

1) Module als ein Paket von Operationen, wobei es keinerlei Kommunikation (über lokale Objekte) zwischen den einzelnen Prozeduren und Funktionen gibt. Diese Module, die wir **algorithmische passive Module** nennen wollen (siehe auch <Balzert78>), haben logische oder prozedurale Festigkeit.

2) Die zweite Klasse ist eine Erweiterung gegenüber der vorangehenden in dem Sinn, daß die Operationen mit Hilfe lokaler Datenobjekte (die ja zwischen den verschiedenen Aufrufen erhalten bleiben) kommunizieren. Diese Module, die wir **algorithmische aktive Module** nennen wollen, haben klassische Festigkeit.

3) In der dritten Klasse können mehrere Funktionen auf einer festen Anzahl gemeinsamer Datenobjekte operieren (Module kommunikativer Festigkeit). Ist die Repräsentation der Werte der Objekte verborgen, so realisieren diese Module statische abstrakte Datenobjekte. Wir nennen diese Module **Objektmodule**.

4) Während in der dritten Klasse nur auf einer festgelegten Anzahl von Datenobjekten gearbeitet wird, stellt diese Modulklasse beliebig viele Objekte eines exportierten Typs mit den entsprechenden Zugriffsoperationen zur Verfügung. Dies sind Module informativer Festigkeit, die wir **Typmodule** nennen wollen. Ist der exportierte Typ opak (versteckt), stellt die Modulklasse **abstrakte Datentypen** dar, sonst **Datenstrukturen**.

5) Die fünfte Klasse sind Module, die genau ein spezifiziertes Problem über den Export von genau einer (in der Regel sehr abstrakten) Operation lösen. Dies sind Module funktionaler Festigkeit, die streng genommen ein Spezialfall algorithmischer passiver Module sind.

6) Zur sechsten Klasse zählen wir Module, die wir **Ensembles** nennen wollen. Hier wird das Modul zur Zusammenfassung und Gruppierung wiederum anderer Module zu einem sogenannten Modulensemble verwendet. Die Aufgabe des Modulensembles besteht darin, eine Menge von Modulen und ihre Benutztrelationen zu verstecken. Dabei wird die (kleinere) Menge der exportierten Operationen des Ensembles möglichst direkt auf die verschiedenen Elemente der Exportschnittstellen der lokalen Module abgebildet. Diese neue Beziehung zwischen Modulen (globale vs. lokale Module) charakterisieren wir auf Systemebene als **Enthält-Relation.**

Module als ein wichtiges Programmierhilfsmittel der 'Programmierung im Großen' unterstützen also auf vielfältige Weise die Programmstrukturierung auf einer abstrakten Systemebene, insbesondere bereits in der Entwurfsphase. Der modulare Entwurf (Modularisierung) ist im wesentlichen ein 'Top-Down' Entwurf (<Rustin71>), dem das Prinzip der Zerlegung komplexer Probleme in möglichst unabhängige, geschlossene Teilprobleme, die einzelnen Komponenten des Programmsystems zugeordnet werden, zugrunde liegt.

Module bilden die Grundlage für eine prinzipiell sprachunabhängige Realisierung des **Geheimnisprinzips** (*information hiding* siehe <Parnass72a>, <Parnass72b>). Dieses Prinzip fordert, daß Teilprobleme so geschaffen sein sollten, daß sie andere Teilprobleme nicht beeinflussen und unabhängig voneinander gelöst werden können. Dabei sollte ein Modul möglichst wenig Annahmen über die Funktionsweise und den inneren Aufbau anderer Module machen. Dies wird dadurch erreicht, daß die Kommunikation zwischen den Modulen auf festgelegte Schnittstellen, die nur die notwendigen Informationen zur Spezifikation des Teilproblems umfassen, beschränkt wird, so daß von der konkreten Implementierung der Algorithmen und Repräsentation der Daten abstrahiert werden kann. Um diese **Minimierung der Modulinterdependenz** zu erreichen, besteht ein Modul aus einer externen Spezifikation (Definitionsmodul) und einer internen Spezifikation (Implementationsmodul), wobei benutzte Größen anderer Module explizit importiert werden müssen.

Darüber hinaus ist die Aufteilung eines Programms in Systemkomponenten und die damit verbundene textuelle Trennung von Programmteilen die Grundlage für **getrennte Übersetzbarkeit.** Dies ist zum einen wichtig, um die Programmierung auf verschiedene Programmierer verteilen zu können, die dann weitgehend unabhängig voneinander arbeiten und testen, zum anderen ergibt sich dadurch die Möglichkeit, lokale Änderungen ohne eine Recompilation des gesamten Programms durchführen zu können.

Die Art der Modularisierung bestimmt entscheidend die **Qualität eines Softwaresystems.** Einige der wichtigsten softwaretechnischen Ziele (insbesondere Zuverlässigkeit, Transparenz, Flexibilität, Portabilität), die bei der Erstellung eines Programmsystems angestrebt werden und zur Entwicklung wichtiger Programmiermethoden (z.B. Entwurfskriterien als Systemstrukturierungsvorgaben, Prototyp-Entwicklung) geführt haben, lassen sich nur über Modularisierung möglichst mit sprachlicher Unterstützung durch ein konkretes Modulkonzept erreichen.

Das Softwaresystem, zerlegt in verschiedene Systemkomponenten, die über festgelegte Schnittstellen kommunizieren, kann aus operationaler Sicht wieder als ein System interagierender **abstrakter Maschinen** angesehen werden. Ein oder mehrere Module, möglicherweise auf einer Ebene einer Modulhierarchie, stellen abstrakte Maschinen dar. Die abstrakte Maschine kann wiederum unter Verwendung einer oder durch Zusammenfassung mehrerer abstrakter Maschinen konstruiert werden usw., bis die eigentliche Basismaschine erreicht wird. Den Anwender interessiert nur der spezifizierte Funktionsumfang der Maschine (festgelegt im Definitionsmodul), den Konstrukteur (Implementeur) hingegen nur deren interne Struktur. Häufig sieht man Module als abstrakte Maschinen nur im Kontext eines speziellen, sehr sauberen Zerlegungsprinzips beim Programmsystementwurf: der stufenweisen Abstraktion über eine Zerlegung in **Schichten** (abstrakte Maschinen). Dies entspricht einer Folge von aufeinander aufbauenden Subsystemen, die jeweils intern in Module und ihre Benutzthierarchien gegliedert sind.

Das Modulkonzept unterstützt ebenso wie das Prozedurkonzept eine 'Top-Down'-Programmiermethodik. Module dienen der **'Top-Down'-Programmierung** über schrittweise Verfeinerung jedoch auf einer höheren, programmsystemorientierten Abstraktionsebene. Sie ermöglichen eine umfangreiche Systemstrukturierung bereits in der Entwurfsphase ('Top-Down'-Entwurf) unter weitgehender Abstraktion der verwendeten Algorithmen und Repräsentationen. Module realisieren abstrakte Maschinen mit einem mehr oder weniger differenziert anwendbaren Funktionsumfang. Prozeduren hingegen mit ihrer eindeutigen Funktionalität sind algorithmische Größen, die innerhalb von Modulen ('Programmierung im Kleinen') als Instrument der schrittweisen Verfeinerung im Sinne einer 'Top-Down'-Implementierung verwendet werden.

Die Module - und gerade diejenigen, welche in der Modulhierarchie weiter unten angesiedelt, d.h. allgemeiner und damit wiederverwendbarer sind - erweitern die Programmierumgebung. Das Modulkonzept dient so auch der **'Bottom-Up'-Programmierung** ('Bottom-Up'-Entwurf) im besonderen durch die echte Erweiterung der algorithmischen Basis der Sprache mittels (abstrakter) Objekt- und Typmodule. Module sind also ein Programmierhilfsmittel sowohl für den 'Top-Down-' wie für den 'Bottom-Up'-Entwurf und werden damit den besonderen Anforderungen des **Entwurfsprozesses** gerecht.

Unserer Ansicht nach werden Abstraktionsstufen in der Regel aufgrund von Entwurfsentscheidungen unter Berücksichtigung der vorliegenden Basismaschine getroffen und ergeben sich nur in wenigen Fällen direkt aus der Problemstellung. Der Entwurfsprozeß ist also nicht nur eine schrittweise Verfeinerung, die sequentiell in der Zeit abläuft, sondern ein 'Top-Down'-Entwurf, der parallel zu einer 'Bottom-Up'-Programmierung, d.h. einer schrittweisen Erweiterung der Basismaschine erfolgt.

Auf Grundlage der bisher erfolgten Darstellung der Bedeutung der Module für die Programmierung geben wir im folgenden eine **Einordnung des Modulkonzepts aus unserer Sichtweise der Programmierung** als Vorgang der Modellbildung und Modellformalisierung. Das Modulkonzept erlaubt schon zur Systemdefinitions- und Systemanalysephase, eine durch **Abstraktion auf Systembeschreibungsebene** gewonnene Systemstrukturierung festzulegen. Diese Systemstrukturierung ist statisch, d.h. eine dem System immer gegebene Ordnung, die unabhängig von einer zeitlichen Entwicklung des Systems und damit auch seiner dynamischen Struktur ist. Dies wird dadurch erreicht, daß dem System in der Systemanalyse, d.h. Entwurfsphase eine Struktur gegeben werden kann, die sich aus der Unterscheidung einer Anzahl von Softwaresystemkomponenten (Modulen) und ihrer Kommunikation miteinander (Benutztrelation) ergibt.

Systemkomponenten sind eine Abstraktion über einer Menge von Objekten (Phänomenen) und Begriffsschablonen, d.h. von Teilbereichen des Systems auf der Ebene ihrer Beschreibung. Dementsprechend sind konkrete Module einerseits eine Abstraktion über einer Klasse von Teilalgorithmen (algorithmische Module) im Sinne eines 'Top-Down'-Entwurfs, was wir als eine Anwendung der Abstraktionsfunktion der Klassifikation von Algorithmen (algorithmische Objekte) auf Grundlage der Dekomposition von Aktionsschemata auffassen wollen. Andererseits dienen Module auch der Definition von Datenobjekten (Objektmodule) und der Klassifikation von Objekten (Typmodule), d.h. dem 'Bottom-Up'-Entwurf über die Kompositions-Abstraktionsfunktion.

Darüber hinaus ermöglicht das Modulkonzept über das Konstrukt des Modulensembles eine erneute Abstraktion nun auf Modulebene. Komponenten des Systems können so wieder in **Subsysteme** verfeinert werden. Die Schachtelung von Modulen in Subsysteme dient dem Zweck, die Kommunikation zwischen großen Komponenten auf makroskopischer Ebene und zwischen kleinen Komponenten auf mikroskopischer Ebene getrennt betrachten zu können. Modulensembles ermöglichen also die Unterscheidung verschiedener Verfeinerungsstufen (Abstraktionsstufen) über der Programmsystemebene. Als Hilfsmittel der 'Programmierung im Großen' aber stellen Module keine Begriffsschablonen dar, sondern dienen der Systemstrukturierung im Sinne einer statischen Klammerung von Objekten, Begriffsschablonen und Modulen, d.h. einer übergeordneten Klassifikation auf der Ebene der statischen Systemstruktur und Systembeschreibung.

4 Anforderungen diskreter Simulation an Sprachen

Wir haben bis jetzt **zwei wesentlich verschiedene Begriffe von Simulation** unterschieden und erörtert: Zum einen kann Programmierung allgemein als Simulation eines Systems verstanden werden, wenn man die Verwendung physischer Modelle und die Einnahme einer Systemperspektive voraussetzt. Unter den zweiten für uns interessanten Simulationsbegriff fällt die diskrete prozeßorientierte Simulation im klassischen Sinne als Analysehilfsmittel, in der Ereignislisten, System- und Prozeßsicht und Warteschlangen eine wichtige Rolle spielen. Wir werden diesen zweiten Simulationsbegriff als eine Spezialisierung des ersten behandeln: Einerseits wird der Anwendungszweck der Programmierung eingeschränkt (auf ein Analysehilfsmittel), andererseits werden die verwendeten physischen Modelle viel genauer spezifiziert. So gesehen ergeben sich auch keine Konflikte, wenn wir die Anforderungen untersuchen, die sich aus der Verwendung der beiden Simulationsbegriffe ableiten lassen.

4.1 Anforderungen von Simulation als Programmierung

Bei diesem sehr weiten Simulationsbegriff sind die Anforderungen wesentlich von der Art des Problems abhängig und in Spezialfällen sehr unterschiedlich oder gar widersprüchlich. Trotzdem lassen sich einige sehr allgemeine Punkte bestimmen, über die einzig aufgrund der bei der Programmierung eingenommenen Perspektive und der verwendeten Klasse von Modellen sinnvolle Aussagen gemacht werden können.

1) Der wesentliche Punkt der in der Einleitung dargestellten Perspektive der Programmierung ist die Systemstrukturierung, die Art der Gliederung der Systemkomponenten und der Abstraktionen darüber. Es wurde vorgeschlagen, in der Informatik wie in anderen Wissenschaften bei der Formulierung eines abstrakten Modells strikte Begriffshierarchien zu verwenden. Bei der Umsetzung eines abstrakten Modells in ein ablauffähiges Programm halten wir einen **möglichst geringen konzeptionellen Abstand** für das wichtigste Kriterium. Das heißt, daß in der Programmiersprache adäquate Ausdrucksmittel sowohl für Komponenten und Relationen des modellierten Systems als auch für die Art der Strukturierung zur Verfügung stehen sollen. Wir beurteilen höhere problemorientierte Programmiersprachen also nach ihrer Ausdrucksfähigkeit bezüglich einer Klasse von Problemen (anwendungsorientiert) oder einer Klasse von Modellen (systemorientiert).

   Ein geringer konzeptioneller Abstand ist wichtig, weil er die bei der Umsetzung des Modells zu leistenden Arbeits-, Abstraktions- und Transferprozesse einschränkt bzw. erleichtert, damit für eine geringere Anzahl von Fehlern bei der Umsetzung sorgt (unter Voraussetzung eines korrekten Modells) und außerdem die Möglichkeiten der Validierung bzw. der Überprüfung der Korrektheit des Programms in Bezug auf das Modell erhöht.

   Konkreter folgt aus der **Verwendung physischer Modelle**, daß die Programmiersprache implizit oder explizit die Beschreibung der Manipulation von Objekten vorsieht - was bei allen von uns untersuchten Sprachen der Fall ist - und daß einfache und mächtige Sprachkonstrukte für den Ausdruck der verschiedenen Spielarten der Abstraktion vorhanden sind, da Abstraktion der wesentliche Vorgang bei der Begriffsbildung ist. Eine Klassifikation der uns wichtigen Sprachkonstrukte ist der vorangehenden Beschreibung **programmiersprachlicher Konzepte** (Blockkonzept, Prozedurkonzept, Modulkonzept, Typkonzept, Klassenkonzept, Koroutinenkonzept, Prozeßkonzept, etc.) zu entnehmen. Erst eine sinnvolle, aufeinander abgestimmte Kombination von Ausprägungen dieser Konzepte in einer konkreten Programmiersprache führt zu einer Verringerung des konzeptionellen Abstandes zwischen abstraktem Modell und Programm.

2) Der zweite Punkt stellt eine Konkretisierung der Anforderungen dar, die sich aus Punkt 1 ergeben. Wir fordern **ausdrucksstarke Sprachkonstrukte** für die 'Programmierung im Kleinen', die der Strukturierung von Programmen dienen. Wir verstehen darunter einerseits die diversen Sprachmittel zur klassischen Strukturierung getrennt nach Daten- und algorithmischer Abstraktion (Prozeduren, Funktionen, Typen, Blöcke etc.) und andererseits die Sprachmittel zu einer übergeordneten Strukturierung auf der Basis einer objektorientierten Begriffsbildung (Klassen, Hierarchien). Schließlich sind in diesem Zusammenhang noch die Sprachmittel zur elementaren algorithmischen Strukturierung (Kontrollstrukturen) auf der Basis eines anweisungs- oder ausdrucksorientierten Verarbeitungsmodells zu nennen.

3) Als dritten wichtigen Punkt wollen wir die Sicherheit anführen, womit gemeint ist die **Sicherheit des Programmierers**, daß er weiß, was er tut. Schon einfache modellierte Systeme sind in der Regel so kompliziert, daß ein Mensch immer nur kleine Ausschnitte betrachten und durchdenken kann (siehe auch <Dijkstra72>), woraus sich wieder Anforderungen zweierlei Art ergeben: Zuerst die erwähnten **Möglichkeiten der Strukturierung, Abstraktion und Lokalisierung**, und dann die **Anforderungen an die Semantik** der zur Verfügung stehenden Konstrukte.

   Im Hinblick auf eine Fundierung der Sprache sollte eine möglichst einfache formale (operationale) Semantik zur Verfügung stehen. Aus der Sicht des Programmierers ist einerseits eine möglichst abstrakte, globale Semantik erforderlich und andererseits - da eine formale Semantik in der Regel weder vorliegt noch handhabbar ist - eine intuitiv leicht nachvollziehbare Bedeutung der einzelnen Sprachkonstrukte, die mit möglichst wenig globalen Voraussetzungen und Nebenbedingungen auskommt. Ebenso sollten Operationen der algorithmischen Basis eine klare, vom Anwendungskontext möglichst unabhängig spezifizierte Funktionalität besitzen. Im Hinblick auf die Fehlererkennung ist es wichtig, daß ein möglichst großer Teil der Semantik in den Bereich der statischen Semantik fällt, also von Sprachübersetzern überprüft werden kann (siehe 3.1.2.4 Das Typkonzept).

4) Im Hinblick auf den praktischen Einsatz von Programmiersprachen messen wir der **Modularisierbarkeit von Programmsystemen** eine große Bedeutung bei (siehe 3.3.1.2). Modularisierung als Ausdruck der statischen Systemstrukturierung hat

schon für einen einzelnen Programmierer große Vorteile, was die Überschaubarkeit und Beherrschbarkeit des Gesamtsystems betrifft. In größeren Projekten mit mehreren Programmierern ist eine Modularisierung unumgänglich; ohne die Vorteile der getrennten Übersetzbarkeit, der Definition eindeutiger Schnittstellen und die Verwendung des Geheimnisprinzips erscheint uns die Konstruktion eines großen Systems mit einschätzbarem Verhalten kaum möglich.

5) Als letzten allgemeinen Aspekt wollen wir die inkrementelle **Erweiterbarkeit einer Programmiersprache** bzw. der damit realisierten Anwendungen nennen. Wir fassen darunter sowohl die Wiederverwendbarkeit von geschriebenem Kode - z.B. durch die Möglichkeit, Programm- oder Modulbibliotheken einzurichten - als auch die Erweiterung der Sprache für einen bestimmten Anwendungskontext, z.B. durch Definition neuer Sprachoperatoren, Begriffsschablonen oder abstrakter Typen.

4.2 Anforderungen prozeßorientierter Simulation

Da wir diskrete prozeßorientierte Simulation als einen Spezialfall betrachten, gelten auch hier alle oben bereits beschriebenen Anforderungen ohne Einschränkungen. Es ist nun jedoch das Anwendungsgebiet der Programmierung eingeschränkt worden, was einige zusätzliche Aussagen gestattet. Zunächst erscheint es ratsam, sich kurz den **klassischen Einsatzbereich** und die Art der zu automatisierenden Probleme zu vergegenwärtigen.

Diskrete Simulation wird eingesetzt als **Analysehilfsmittel** hauptsächlich in der Wissenschaft und in der Wirtschaft. Die zu simulierenden Systeme sind dabei von außerordentlich hoher Komplexität (z.B. wissenschaftliche Theorien, Fabrikationsprozesse, Verkehrssysteme), denn sonst müßte nicht auf Simulation als Analysehilfsmittel zurückgegriffen werden. Wir haben es also mit komplizierten Gebilden zu tun, die einer vollständigen theoretischen (z.B. mathematischen) Analyse nicht zugänglich sind und deshalb in Modellen nachgebildet und untersucht werden sollen. **Alle Anforderungen allgemeiner Art an die verwendeten Sprachen werden daher sehr hoch sein**; ausgenommen hiervon sind einzig Realzeitanforderungen, die in der diskreten Simulation meist nicht interessieren, und Möglichkeiten der formalen Verifikation, die insbesondere bei derartigen Systemen als eine zwar nicht prinzipiell, aber praktisch unlösbare Aufgabe erscheint. Die Undurchführbarkeit einer formalen Verifikation eines Simulationsprogramms bedeutet aber nicht, daß abstrakte und konkrete Simulationsmodelle nicht **validiert** werden müssen.

Aus dem Paradigma der prozeßorientierten Simulation lassen sich darüber hinaus einige recht **konkrete Anforderungen** ableiten:

1) Elemente prozeßorientierter Modelle sind insbesondere interagierende Prozeßobjekte. Zur Realisierung solcher Simulationsprozesse muß die Sprache **Ausdrucksmittel für Nichtsequentialität** enthalten, also entweder nebenläufige, unabhängige Prozesse oder eine Form von Quasiparallelität wie Koroutinen oder Alternation oder besser beides. Echte Nebenläufigkeit erfordert außerdem **Mechanismen zur Kommunikation und Synchronisation** von Prozeßobjekten.

2) Zur Modellierung der in der Simulation vorkommenden Daten sollten **simulationsspezifische Datentypen** oder **-strukturen** gebildet werden können, deren Instanziierungen dynamisch und möglichst benutzerfreundlich verwaltet werden können.

3) Simulationseinheiten in ihrer Vielgestaltigkeit als Abbild allgemeiner Phänomene sollen vor dem Hintergrund einer **objekt- oder systemorientierten Begriffsbildung** in einfacher Weise auf Objekte der Programmiersprache abgebildet werden können.

4) Aufgrund der stark wechselhaften dynamischen Struktur von Simulationsmodellen müssen Objekte ständig neu geschaffen und wieder eliminiert werden. Dies erfordert eine komfortable **dynamische Speicherverwaltung**.

5) Um allgemeine Lösungen für abstrakte Datentypen und algorithmische Schemata zu notieren und mehrfach verwenden zu können, müssen **Polymorphismen** (z.B. über Vererbung) darstellbar oder zumindest nachzubilden sein (z.B. generische Algorithmen über Overloading). In der diskreten Simulation werden Datenstrukturen wie Listen, Keller, Schlangen und Graphen sehr häufig benötigt. Dabei ist es wichtig, daß diese Konzepte allgemein polymorph und unabhängig voneinander formuliert und realisiert werden können. Insbesondere Warteschlangen, die in diskreten Simulationsmodellen häufig vorkommen, sollten einfach zu realisieren sein.

6) Diskrete prozeßorientierte Simulation ist praktisch nur durchführbar, wenn eine **umfangreiche Simulationsunterstützung** in der Sprache selbst oder als Programmierumgebung zur Verfügung steht. Dazu gehören: ein allgemein verwendbarer, prozeß- oder transaktionsorientierter **Simulator**, der die Verwaltung der Ereignisliste und die Kontrolle und Koordination der einzelnen Prozesse übernimmt, Standardlösungen und vordefinierte Begriffsschablonen für häufig vorkommende Systemkomponenten, Zufallszahlengeneratoren und Algorithmen für statistische Auswertungen, einfache Datenein- und -ausgabe. Diese Simulationsunterstützung sollte entweder bereits vorhanden oder leicht aufzubauen sein. Auf jeden Fall muß sie inkrementell erweiterbar und an konkrete Probleme anpaßbar sein. Konkrete Anforderungen ergeben sich daraus in Bezug auf den Sprachumfang, die Möglichkeiten der Erweiterbarkeit und der Verwendbarkeit vordefinierter Bestandteile (Bibliotheken, getrennte Übersetzung, Polymorphismen) und die Möglichkeiten zur Definition von anwendungsbezogenen Teil- und Metasprachen.

7) Ein Programm als ein konkretes Simulationsmodell muß wie alle Simulationsmodelle **validierbar** sein. Konkrete Überlegungen zur Validierbarkeit von Modellen in Bezug auf reale Systeme können hier mit Rücksicht auf die Zielsetzung dieser Arbeit und wegen der großen Schwierigkeit und Komplexität der Thematik nicht erfolgen. Dieses Gebiet ist derart kompliziert, daß seine Beschreibung ganze Bücher füllt. Wir verweisen z.B. auf <Shannon75> und <Zeigler76>. Hier wollen wir einzig die Möglichkeiten der Umsetzung eines abstrakten Modells in ein Programm und die Schwierigkeiten bei der Validierung dieses Programms bezogen auf das Modell kurz ansprechen.

Unter Validierung verstehen wir allgemein den Nachweis der Adäquatheit eines Modells für eine bestimmte Fragestellung. Eingeschränkt auf den oben genannten Teilbereich sind dafür Entsprechungen zwischen dem abstrakten Modell und dem Simulationsprogramm nachzuweisen, daß also die Objekte, ihre Aktionsfolgen und Relationen eine Formalisierung der entsprechenden Einheiten des abstrakten Modells darstellen. Streng genommen erfordert dies auch eine formale Verifikation des Programms bezüglich einer genau spezifizierten Ein-/Ausgabe-Relation. Diese ist aber für große Programme und damit insbesondere für Simulationsmodelle praktisch nicht zu leisten. Wir sehen einen engen Zusammenhang zwischen der Validierbarkeit eines in einer Programmiersprache kodierten Simulationsmodells und dem bei der Formulierung dieses Programms zu überwindenden konzeptionellen Abstand sowie der semantischen Fundierung der Programmiersprache.

8) Simulationsmodelle sind komplex, der Rechenzeitaufwand für eine Simulation ist oft quadratisch, kubisch oder gar exponentiell. In vielen Fällen ist die nichtlineare Komplexität nicht auf mangelhafte Modellierung zurückzuführen, sondern problemimmanent (systemimmanent). Darüberhinaus ist die prozeß- und transaktionsorientierte diskrete Simulation inhärent sequentiell bezüglich der Bearbeitung der einzelnen Ereignisse und bietet nur wenig Möglichkeiten für effizienzsteigernde Parallelisierung (siehe <Mattern/Mehl89>). Zumindest die grundlegenden Sprachkonstrukte der für die Implementierung der abstrakten Modelle benutzten Programmiersprache als auch die Implementierung der Simulationsunterstützung sollten daher höchst **effizient** realisierbar sein.

5 Sprachbeschreibungen

In diesem Abschnitt wollen wir uns nun der Beschreibung konkreter Programmiersprachen zuwenden, die wir im Hinblick auf ihre Verwendung in der diskreten Simulation für besonders interessant halten. Dabei kommt es uns nicht darauf an, ihre Syntax und Semantik in einer umfassenden und einheitlichen Form darzustellen. Uns liegt vielmehr daran, einige grundlegende Konzepte dieser Sprachen herauszuarbeiten und so die Grundlage für einen Vergleich auf einer abstrakteren Ebene zu schaffen. Dieser Vergleich wird sich an den im dritten Kapitel aus unserer systemorientierten Sichtweise der Programmierung dargestellten abstrakten Sprachkonzepte orientieren.

Die klassische für die diskrete Simulation insbesondere auch in der Lehre eingesetzte Sprache ist **Simula-67**, mit der auch wir unsere Betrachtungen beginnen wollen. In Simula-67 wird der Grundstein gelegt für zwei verschiedene Konzepte, die sich dann relativ eigenständig und in verschiedene Richtungen weiterentwickelt haben: die objektorientierte Programmierung (zunächst weiterentwickelt zu **Smalltalk-80**, Flavors <Cannon83>, Eiffel <Meyer88>, **Beta**, u.a.) und das Prinzip der Datenabstraktion, das zur Ausbildung von abstrakten Datentypen und Modularisierungskonzepten (Algol-68 <Algol68>, **Pascal** <Pascal71>, Elan <Elan78>, **Modula-2**, Ada <Ada80>, u.a.) geführt hat. Einige der hervorragendsten Vertreter dieser beiden Entwicklungslinien, Smalltalk-80, Beta und Modula-2, werden deshalb von uns Simula-67 gegenübergestellt.

In diesem Abschnitt werden zunächst die vier Sprachen recht allgemein vorgestellt. Dies bezieht sich im besonderen auf Simula-67 und Modula-2 (und Pascal). Wegen der Neuheit und Ungewohntheit der Sprachen Smalltalk-80 und der Beta hielten wir es für angebracht, den entsprechenden Sprachbeschreibungen ein wenig mehr den Charakter einer Einführung zu geben. Weiterführende Fragen bzgl. einiger Details der Syntax und Semantik der Sprachen werden genauer und ausführlicher in den entsprechenden Sprachreporten bzw. -definitionen geklärt. Wer sich in eine dieser Sprachen einarbeiten will, sollte dies evtl. anhand eines der folgenden Bücher versuchen: Für Modula-2 <Wirth82>, für Simula-67 <Birtwistle73>, für Smalltalk-80 <Goldberg/Robson83ab> und für Beta <Beta87b>.

5.1 Simula-67 Sprachbeschreibung

Die Sprache Simula-67 von Ole-Johan Dahl, Björn Myhrhaug und Kristen Nygaard ist eine Sprache der Algol-Familie. Algol-60 (<Algol60>) ist als eine Teilmenge im wesentlichen in ihr enthalten; neu sind einige sehr mächtige Konstrukte, die es ermöglichen, komplexe Zusammenhänge auf einfache und teilweise sehr elegante Weise zu formulieren. Die Entwicklung von Simula-67 ist ein wichtiger Meilenstein in der Geschichte der Programmiersprachen. Trotz ihres vergleichsweise hohen Alters hat die Sprache Simula-67 immer noch größere Bedeutung als Stammutter der objektorientierten Sprachfamilie, die gerade in jüngster Zeit Gegenstand der Forschungsschwerpunkte im Bereich der Programmierung und der Sprachentwicklungen ist.

Wenn man versucht, etwas über die grundlegenden Konzepte dieser Programmiersprache zu schreiben, kommt man nicht umhin, über die grundlegenden Konzepte von Algol-60 zu schreiben, und über die Philosophie und das Verständnis von Programmierung, die dieser Entwicklung zugrunde lagen. Sodann kann man die neu eingeführten Konstrukte untersuchen, die von einem veränderten, erweiterten Verständnis von Programmierung zeugen. Schließlich erlaubt eines dieser Konstrukte, das Klassenkonzept, die Sprache fast beliebig um neue Ausdrucksmittel zu bereichern (durch Einführen von Standardklassen). Die von den Verfassern von Simula-67 definierten und implementierten Standardklassen (im besonderen zur Simulationsunterstützung) müssen wenigstens zum Teil auch Gegenstand dieser Erörterung sein, obwohl sie im engeren Sinne nicht zur Sprache gehören.

Der Versuch, alle diese Aspekte in wenigen Seiten erschöpfend zu behandeln, ist von vornherein zum Scheitern verurteilt, zumal wenn man bedenkt, daß es zu den meisten der darzustellenden Konzepte 'meterweise Literatur' gibt. So sei hier auf das 3. Kapitel (Sprachkonzepte) verwiesen, das dazu dient, diese heute in der imperativen und objektorientierten Programmierung selbstverständlichen Konzepte detailliert zu beschreiben und auf den langjährigen und tiefgehenden Diskussionsprozeß hinzuweisen, in dessen Verlauf sie in den verschiedenen Variationen entstanden sind. In den nächsten Kapiteln werden die Simula-67 Konzepte also nur sehr knapp beschrieben.

Die folgende Untersuchung ist daher notwendigerweise und ganz bewußt auf einige wenige Aspekte eingeschränkt, die entweder sehr grundlegend sind oder die Konzeption einer Programmierumgebung für diskrete Simulation direkt betreffen. Zunächst werden die wichtigsten programmiersprachlichen Konzepte von Simula-67 untersucht (siehe 5.1); darauf aufbauend dann die Konzeption einiger für die Simulation wichtiger Standardklassen (siehe 6.1). Auch sollen die grundlegenden Sprachmittel zur strukturierten Formulierung von Programmen auf unterster Ebene (Kontrollstrukturen) hier nicht dargestellt werden (siehe hierzu 3.1.3 Anweisungen und Kontrollstrukturen).

Natürlich werden diese Aspekte bei der Beurteilung einer Programmiersprache im Hinblick auf die Verwendung für diskrete Simulation dennoch eine Rolle spielen, insbesondere sofern nicht alle betrachteten Sprachen über diese Mittel verfügen.

5.1.1 Das Simula-67-Typkonzept

Simula-67 verfügt nur über ein sehr einfaches Typkonzept, mit dem echte Datenabstraktion, wie wir sie im Kapitel 3.1.2 (Das Typkonzept) dagestellt haben, nur eingeschränkt realisierbar ist. Es gibt nur die bekannten Standardtypen (*INTEGER*, *REAL*, *BOOLEAN*, *CHARACTER*), aber keine Möglichkeit, neue Werteabstraktionen und echte Datentypobjekte (Typschablonen) zu definieren. In diesem Zusammenhang ist zu erwähnen, daß (leider) auch ein Konstantenkonzept nicht vorgesehen ist.

So sind Variablen - als Datenobjekt aufgefaßt - immer Instanzen der Standardtypschablonen, wenn man davon absieht, daß immerhin die Deklaration von Feldvariablen mit beliebigem Basistyp möglich ist. Die Definition einfacher Typen ist nicht möglich. Alle anderen strukturierten Typen müssen über das Klassenkonzept realisiert werden.

Alle Objekte sind typisiert. Die Konsistenz der Typstruktur eines Simula-67 Programms wird teils zur Kompilations- und teils zur Laufzeit überprüft, d.h. es gibt sowohl eine statische als auch dynamische Typüberprüfung. Leider ist die Typisierung der Objekte nicht einheitlich: Datenobjekte, d.h. Variablen sind an Basistypen gebunden, während allgemeine Objekte, d.h. Instanzen von Klassen, über qualifizierte Zeiger benannt werden.

Die **fehlende Integration des Typ- und Klassenkonzepts** führt unserer Ansicht nach zu Inkonsistenzen und Brüchen (<Shock78>) innerhalb der Programmierung mit Simula-67 (die später bei der Entwicklung von Smalltalk-80 oder Beta beseitigt wurden):

Basistypen (**sprachdefinierte Typen**) wie *INTEGER* können in Ausdrücken wie folgt verwendet werden:

```
IntegerA  :=  IntegerB  +  IntegerC
```

Hat man andererseits z.B. eine Klassendefinition (als **benutzerdefinierten Typ**) für Vektoren mit einer Additionsprozedur, muß der folgende Ausdruck verwenden werden:

```
VectorA  :-  VectorB.Plus(VectorC)
```

Man kann diese Operation auf Vektoren aber nicht wie oben benutzen:

```
VectorA  :=  VectorB  +  VectorC
```

Anders als z.B. in Smalltalk-80 oder Beta kann so in Simula-67 die Manipulation von benutzerdefinierten Objekten (über Referenzen benannten Instanzen einer Klasse) und von der Sprache vorgegebenen Objekten (über Namen benannten Datenobjekten eines Typs) nicht einheitlich beschrieben werden. Konstrukte zur Typdefinition im Sinne einer reinen Werteabstraktion sind in Simula-67 nicht enthalten. Neue Datentypen und -strukturen können nur mittels des Klassenkonzepts als Beschreibungen von Mengen allgemeiner Objekte (ein Beispiel ist in Kapitel 5.1.4.4 angegeben) eingeführt werden.

5.1.2 Das Simula-67-Blockkonzept

Ein **Block** hat in der Programmiersprache Simula-67 wie in Algol-60 folgendes Aussehen:

```
BEGIN
   <deklarationen>;
   <anweisungen>
END
```

Der Deklarationsteil enthält die Vereinbarung von blocklokalen Variablen, Funktionen, Prozeduren und Klassen, die Anweisungen beschreiben die auszuführenden Operationen. Syntaktisch stellt ein Block zunächst nur eine textuelle Klammerdar.

Der Block als konkretes Sprachelement von Simula-67 bzw. Algol-60 ist eine **direkte Umsetzung des** im dritten Kapitel eingeführten **abstrakten Blockkonzeptes**. Eine detaillierte Beschreibung des Blockkonzepts und seiner Bedeutung für die Programmierung ist in Kapitel 3.1.3 zu finden.

Das abstrakte Blockkonzept ist das zentrale Strukturierungsmittelvon Simula-67- (und Algol-60-) Programmen.. Aus programmiersprachlicher Sicht ist das Blockkonzept gleichzeitig Grundlage bzw. Voraussetzung für die Einführung von Prozeduren, Klassen und Koroutinen in Simula-67.

5.1.3 Das Simula-67-Prozedurkonzept

Eine **Prozedur oder Funktion** in Simula-67 kann man betrachten als einen benannten Teilalgorithmus, der zusätzlich über einen genau beschriebenen Aufruf- und Parameterübergabemechanismus verfügt, der zur geregelten Interaktion mit der Umgebung der Prozedur dient.

```
<Prozedurdeklaration>  ::= PROCEDURE <Prozedurname>
                           [<Parameterliste>];
                           [<Parameterspezifikation>];
                           <Anweisung>
<Funktionsdeklaration> ::= <Funktionstyp>
                           <Prozedurdeklaration>
<Parameterliste>       ::= ( <Bezeichnerliste> )
<Bezeichnerliste>      ::= <Bezeichner> |
                           <Bezeichnerliste> <Bezeichner>
```

Ein **Prozeduraufruf** stellt eine Anweisung dar. Er besteht aus der Denotation des Prozedurnamens gefolgt von einer Liste der aktuellen Parameter. Ein **Funktionsaufruf** hat das gleiche Aussehen; er ist jedoch keine vollständige Anweisung, sondern ein Ausdruck. Der Prozedurrumpf kann in Simula-67 aus einer einzelnen Anweisung oder einem Block bestehen, er gilt jedoch in jedem Fall als ein Block mit eigenem Gültigkeitsbereich. Rekursive Aufrufe sind sowohl für Prozeduren wie für Funktionen möglich.

Zunächst muß für jeden formalen Parameter der Typ eindeutig festgelegt werden. Beim Aufruf müssen Anzahl, Reihenfolge und Typ der aktuellen Parameter genau den formalen entsprechen. Im Gegensatz zu unserem abstrakten Prozedur/Funktionskonzept unterscheidet Simula-67 nur zwischen den drei **Übergabeverfahren**: *call by value* (Wertübergabe), *call by name* (uneingeschränkte Substitution) und *call by reference* (Referenzübergabe). Eine Erklärung dieser Parameterarten und Übergabemechanismen ist im Kapitel 3.1.5.1 zu finden. Den verschiedenen Typen sind dabei Defaultübergabeverfahren zugeordnet, die durch Angabe eines anderen Verfahrens aber außer Kraft gesetzt werden; doch sind nicht für alle Parametertypen alle Übergabeverfahren erlaubt.

Der am einfachsten zu verstehende und wohl am häufigsten benutzte Mechanismus ist die **Wertübergabe**, welche die im Kapitel 3.1.5.1 erwähnten Eingangsparameter realisiert. Parameter der Typen *INTEGER*, *BOOLEAN*, *REAL* und *CHAR* werden standardmäßig *by value* übergeben. Der Defaultübergabemechanismus für Felder, Texte und Objekte ist die **Referenzübergabe**. Der mächtigste Übergabemechanismus der Sprache Simula-67 ist *call by name*. Die Implementierung dieses Verfahrens ist relativ kompliziert, seine Ausführung zeitaufwendig. Durch die Übergabe eines Parameters *by name* werden globale Größen oder Relationen globaler Größen kontrolliert in einer Prozedur zugänglich gemacht. Auf die spezielle Problematik der verschiedenen Übergabeverfahren soll an dieser Stelle nicht weiter eingegangen werden. (Genaueres ist zu entnehmen u.a. <Eggers/Zimmermann87>.)

Zur Semantik und insbesondere zur **Pragmatik des Prozedur/Funktionskonzepts** möchten wir wieder auf die Beschreibung der Sprachkonzepte (Kapitel 3.1.4.2) verweisen. Hervorzuheben sind an dieser Stelle die wesentlichen Unterschiede zwischen den dort dargestellten Konzepten und den Simula-67 Sprachkonstrukten, sowie ihre Konsequenzen für die Programmierung:

1) In Simula-67 sind keine Block-, Prozedur- oder Klassenparameter möglich. Algorithmische Schemata sind so nicht realisierbar (vgl. z.B. 5.5.7.2).

2) Die Unterscheidung der Parameterarten in Simula-67 orientiert sich weniger an der Funktion der formalen Parameter - im Hinblick auf die Abstraktion von konkreten Größen bei der Formulierung unabhängiger Algorithmen - als an einer operationalen Auffassung verschiedener Parameterübergabemechanismen.

3) Wir halten die Idee von Default-Übergabearten entsprechend der einzelnen Parametertypen in Simula-67 eher für verwirrend und nicht zu einer klaren Prozedurspezifikation beitragend.

4) Da in Simula-67 ja keine Typdefinitionen im Sinne einer allgemeineren Werteabstraktion (siehe hierzu 3.1.2.2) möglich sind, ist der Wertebereich von Simula-

67 Funktionen entsprechend klein. In diesem Zusammenhang ist dies jedoch eher ein Problem bzgl. des ausdrucksschwachen Typkonzepts. Allerdings können Funktionen Referenzen auf beliebige durch Klassen beschriebene Objekte als Werte liefern.

5.1.4 Das Simula-67-Klassenkonzept

Analog zu unserer Darstellung eines Klassenkonzepts als Erweiterung eines abstrakten Blockkonzepts (siehe hierzu Kapitel 3.1.5.1) werden auch Simula-67-Klassen verstanden. Objekte, d.h. Instanzen von Klassen, werden auch hier als langlebige, parametrisierbare Blockinstanzen aufgefaßt. In den wesentlichen Zügen ist die Simula-67-Klasse eine Konkretisierung des im Kapitel 3.1.5 beschriebenen abstrakten Klassenkonzepts.

5.1.4.1 Klassen als Erweiterung von Blöcken

Eine **Klasse** ist, wie bereits bei der Beschreibung der Sprachkonzepte erwähnt, ein Muster oder Bauplan für Objekte, oder anders gesagt, die Definition komplexer Objekte. Jede Klasse definiert für ihre Instanzen eine Reihe von Attributen, insbesondere Variable (Zustandsgrößen, d.h. Teildatenobjekte) und Prozeduren oder Funktionen (Algorithmen, d.h. algorithmische Teilobjekte). Diese Attribute können bei Objekten im Unterschied zu gewöhnlichen Blockinstanzen von außerhalb angesprochen, aufgerufen und manipuliert werden. Auf Attribute von Objekten besteht in Simula-67 Fernzugriff (remote access). Ist *x* der Name eines Objektes der Klasse *K*, so steht *x.y* für den Zugriff auf das Attribut *y* des Objektes *x*, wobei *y* natürlich in *K* definiert sein muß. Lokale Klassen als weitere Attribute von Klassen können nach unseren Informationen zumindest bei den uns bekannten Compiler-Versionen nicht über Fernzugriff angesprochen werden.

Die **Syntax einer Klassenvereinbarung** ist sehr ähnlich der einer Prozedurvereinbarung, nur daß statt *PROCEDURE* das Schlüsselwort *CLASS* steht. Wie Prozeduren können auch Klassen parametrisiert werden; die aktuellen Parameter eines Objektes werden bei der Erzeugung festgelegt. Objekte einer Klasse werden zur Ausführungszeit eines Programms erzeugt. Dies geschieht durch den **Objektgenerator** *NEW*, der die Blockinstanz anlegt und eine Referenz auf diese Instanz liefert, die Parameterübergabe realisiert, sowie die Kontrolle der Ausführung direkt an das Objekt deligiert. Es wird also nicht zwischen Generierung und Aktivierung des Objekts unterschieden. Durch

```
CLASS  A  ( <fpA> ) ; <spA> ;
BEGIN
   <declsA>;
   <actionsA);
END *** A ***
```

wird die Klasse *A* mit den formalen Parametern *fpA*, den internen Deklarationen *declsA* und den Anweisungen *actionsA* definiert. Formale Parameter und die Deklarationen *decls* werden als Attribute von *A* bezeichnet und können von außen durch Fernzugriff angesprochen werden (syntaktisch Punktnotation, s.o.). Formale Parameter können nur einfache Variablen und Felder sein, Attribute des Deklarationsteils können außerdem Prozeduren, Funktionen und Klassen sein.

In neueren Simula-67-Versionen (siehe hierzu <Berry86>) ist das Klassenkonzept hinsichtlich der Sichtbarkeit von Attributen im Sinne einer Trennung des Deklarationsteils in einen öffentlichen und einen privaten Teil (siehe 3.1.5.1) erweitert worden. Attribute können bei der Deklarartion mit dem Schlüsselwort *PROTECTED* präfigiert und somit vor dem Zugriff von außen geschützt, d.h. als zu dem privaten Deklarationsteil zugehörig gekennzeichnet werden. Wir halten diese Erweiterung für wichtig, da sie eine Implementierung abstrakter Objekte ermöglicht.

Sprachimplementierungen von Simula-67 können die Möglichkeit der **getrennten Übersetzung** vorsehen (siehe <Ohlin88>). Üblicherweise können Prozeduren und Klassen getrennt übersetzt werden. An der Syntax der getrennt zu übersetzenden Klasse (oder Prozedur) ändert sich nichts; der Compiler erkennt am Schlüsselwort *CLASS* (oder *PROCEDURE*), daß es sich um eine externe Definition und nicht um ein komplettes ausführbares Programm handelt. Um eine extern übersetzte Klasse in einem Programm zugänglich zu machen, muß deren Deklaration im Vereinbarungsteil des Programms in der folgenden Form wiederholt werden:

```
EXTERNAL CLASS <name> (<parameter>); <par.-spezifikation>
```

In der Parameterliste besteht die Möglichkeit, zwischen programminternen und externen Namen zu unterscheiden.

Daß manche Sprachimplementierungen die getrennte Übersetzung von Klassen und Prozeduren realisieren, obwohl dies im Sprachreport **nicht** vorgesehen ist, halten wir insbesondere bei der Programmierung größerer Systeme für sehr hilfreich. Insgesamt aber sind wir der Meinung (siehe 3.1.5 Das Klassenkonzept bzw. 3.3.1 Das Modulkonzept), daß eine Trennung von Klassen- bzw. Prozedurkonzept und den Möglichkeiten der getrennten Übersetzung und Modulbildung durch ein zusätzliches Modulkonzept als eine konzeptionell saubere Lösung vorzuziehen ist.

Im Zusammenhang mit der Generierung und Eliminierung von Objekten einer Klasse ist die ebenfalls bereits dargestellte **dynamische Speicherverwaltung** von Bedeutung (siehe hierzu Kapitel 3.1.5.2 Die dynamische Speicherverwaltung). Simula-67 hat eine leistungsfähige dynamische Speicherverwaltung mit *garbage collector* im Laufzeitsystem integriert. Bei dem Versuch, Konzepte aus Simula-67 in anderen Sprachen nachzubilden, wird sich insbesondere die Speicherverwaltung als ein großes Problem erweisen.

5.1.4.2 Vererbung und Klassenhierarchien

Einer der wichtigsten Aspekte des Klassenkonzeptes ist die Möglichkeit, Klassen als Teilklassen in andere Klassen zu integrieren. Diese Eigenschaft wird mit **Präfigierung** oder Programmkonkatenation bezeichnet, sie ermöglicht den Aufbau von **Klassenhierarchien** (einfache Vererbung), polymorphen Datenstrukturen und generischen Algorithmen durch die **Vererbung** von Attributen und Anweisungsteilen. Das Simula-67-Vererbungskonzept kommt dem bereits beschriebenen Vererbungskonzept im Zusammenhang mit einem abstrakten Klassenkonzept (siehe hierzu 3.1.5.3) sehr nahe. Die Definition

```
A CLASS B ( <fpB> ) ; <spB> ;
BEGIN
   <declsB>;
   <actionsB>;
END *** B ***
```

beschreibt die Struktur von Objekten einer Klasse *B*, die zusammengesetzt sind aus Attributen und Anweisungen der Klassen *A* und *B*. Zur **Vererbung der Attribute**: Objekte der Klasse *B* besitzen alle Attribute de Klasse *A* sowie die Attribute, die durch *<fpB>* und *<declsB>* definiert werden. Der Ausdruck *NEW B (<apA>, <apB>)* erzeugt ein neues Objekt der Klasse *B*. Die aktuellen Parameter müssen dabei in Zahl, Typ und Reihenfolge den formalen Parametern der Klasse *A* gefolgt von den formalen Parametern der Klasse *B* entsprechen. Nach der Parameterübergabe werden zunächst die Anweisungen von *A*, dann die von *B* ausgeführt, wobei die Anweisungen von *A* Zugriff nur auf die Attribute von *A* haben, die Anweisungen von *B* Zugriff auf alle Größen von *A* und *B*. Die Klasse *B* hat also gewissermaßen alle Attribute der Klasse *A* **'geerbt'**. Durch die Präfigierung ist es möglich, beliebige **Vererbungshierarchien** von Klassen zu bilden. Die Deklarationen

```
  CLASS A ... ;
A CLASS B ... ;
A CLASS C ... ;
A CLASS D ... ;
B CLASS E ... ;
C CLASS F ... ;
C CLASS G ... ;
```

entsprechen der Hierarchie

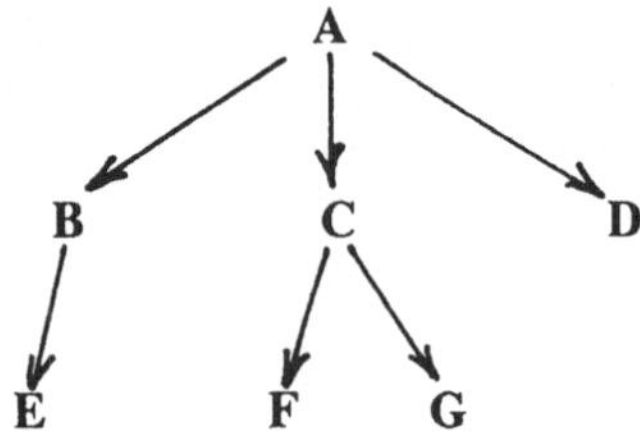

Die dadurch beschriebenen Verbundobjekte bestehen aus der Vereinigung aller formalen Parameter, Deklarationen und Anweisungen der Klassendeklarationen, die auf dem Pfad von der Wurzel des Baumes zur entsprechenden Klasse in der Hierarchie liegen. Mit der **Vererbung des Anweisungsteils** der Klassen sieht es etwas anders aus, als bereits beschrieben: Die Anweisungen der einzelnen Klassen werden bei der Generierung von Objekten immer in der durch den Pfad gegebenen Reihenfolge beginnend bei der Wurzel ausgeführt. Diese Ausführungsreihenfolge kann durch die Pseudoanweisung *INNER* verändert werden, die bewirkt, daß zunächst die Anweisungen der in der Hierarchie eine Ebene tiefer liegenden Klasse ausgeführt werden. Diese Pseudoanweisung kann (leider) nur einmal ausgeführt werden, dient also nur einer einfachen Verschränkung der Anweisungsteile und kann nicht wie z.B. in Beta im Sinne einer Wiederholung algorithmischer Spezialisierungen verwendet werden.

Bei neueren Sprachversionen von Simula-67 (siehe <Berry86>) kann die Vererbbarkeit von Attributen durch eine Präfigierung mit dem Schlüsselwort *HIDDEN* eingeschränkt werden. Analog zu den Protected-Mechanismus, der die Sichtbarkeit von Attributen nach außen aufhebt, kann so die Sichtbarkeit von Attributen nach innen eingeschränkt werden.

5.1.4.3 Besonderheiten des Simula-67-Klassenkonzeptes

In Klassen können auch **virtuelle Attribute** deklariert werden, wobei dieses Konzept in Simula-67 auf Prozedurattribute beschränkt ist. Virtuelle Attribute sind Größen einer Klasse, deren Eigenschaften bei ihrer Deklaration nur teilweise beschrieben sind und erst über den Vererbungsmechanismus durch neue Bindung in den Unterklassen vollständig spezifiziert werden. Darüberhinaus ist in Simula-67 einerseits eine Redefinition der virtuellen Attribute nicht möglich, sondern nur eine Spezialisierung, und andererseits können virtuelle Attribute (im Gegensatz z.B. zu Beta) nur genau einmal eine neue Bindung erhalten. Wir sehen also, daß das Konzept der virtuellen Attribute, das eine Spezialisierung ausgewählter Attribute ermöglicht, in Simula-67 zwar realisiert, aber einigen Beschränkungen unterworfen ist.

In einem Klassenrumpf liefert der Ausdruck *THIS <class>* eine Referenz auf das Objekt selbst auf der durch *<class>* angegebenen Hierarchieebene. Das ***QUA*-Konstrukt** ermöglicht den Fernzugriff auf Attribute von Klassen, die in der Hierarchie tiefer liegen, sofern die angegebene Referenz tatsächlich auf ein solches Objekt mit entsprechenden Attributen verweist. Damit kann auf einer höheren Hierarchieebene auf noch zu erfolgende Spezialisierungen im Sinne einer Erweiterung der Attributmenge Bezug genommen werden. Dieses Konstrukt halten wir für etwas problematisch, da sich dadurch einerseits Konflikte mit unserer Auffassung einer hierarchischen Begriffsbildung ergeben können und andererseits eine dynamische Typüberprüfung notwendig werden kann.

Eine bedingte Auswahl von Anweisungen in Abhängigkeit von der Klassenzugehörigkeit eines Objekts ist über die ***INSPECT*-Anweisung** möglich. Dabei wird zur Laufzeit überprüft, ob eine gegebene Objektreferenz durch eine angeführte Klassenbeschreibung qualifiziert ist, ob also das referenzierte Objekt mindestens die dieser Klasse zugehörigen Attribute besitzt. Ist dies der Fall, wird eine abhängige Anweisung ausgeführt, die so betrachtet wird, als sei sie direkt im Rumpf der Objektbeschreibung notiert. Es können beliebig viele Fälle sowie ein *OTHERWISE*-Zweig angegeben werden. Die *INSPECT*-Anweisung ermöglicht somit die Formulierung polymorpher Algorithmen für eine feste Anzahl von Fällen.

Wir haben gesehen, daß Simula-67 eine Erweiterung von Algol-60 um das konzeptionell neuartige Klassenkonstrukt ist, das im wesentlichen unserem abstrakten Klassenkonzept gleichkommt. Damit wurde die Entwicklung einer übergeordneten, objektorientierten Sichtweise der Programmierung eingeleitet und der Grundstein für eine neue Sprachfamilie gelegt. Obwohl das Simula-67-Klassenkonzept im Detail noch einige Schwächen hat, die nicht zuletzt in Widersprüchlichkeiten mit dem Algol-60-Erbe begründet sind, ist es ein sehr ausdrucksstarkes Sprachkonstrukt, das die Abstraktionsfunktionen der Komposition (Dekomposition) und Spezialisierung (Generalisierung) im Sinne einer objektorientierten Begriffsbildung ausgezeichnet unterstützt. Zu einer ausführlichen Darstellung der Pragmatik des Simula-67-Klassenkonzepts in der Programmierung sei so erneut auf das Kapitel 3.1.5 Das Klassenkonzept verwiesen.

5.1.4.4 Realisierung polymorpher Datenstrukturen in Simula-67

Nachdem sowohl auf die grundlegende Konzeption als auch auf die Besonderheiten des Simula-67-Klassenkonzepts eingegangen wurde, soll im folgenden eine Anwendung desselben dargestellt werden. Damit soll insbesondere gezeigt werden, wie die für die Simulation so wichtigen polymorphen Strukturen in Simula-67 realisiert werden können. Außerdem werden dabei einige Schwächen der in Simula-67 enthaltenen Konzepte deutlich werden. Als Beispiel einer allgemeinen polymorphen Struktur wählen wir einen binären Suchbaum.

Definition einer polymorphen Struktur *BINARYTREE*:

```
CLASS BINARYTREE;
BEGIN
   CLASS NODE;
      VIRTUAL: INTEGER PROCEDURE COMPARE;
               PROCEDURE PRINTNODE;
   BEGIN
      INTEGER PROCEDURE COMPARE (LEAVE);
         REF (NODE) LEAVE;
      BEGIN
         COMPARE := 0
      END *** procedure compare ***;

      PROCEDURE PRINTNODE;
      BEGIN
      END *** procedure printnode ***;
```

```
      INTEGER COUNT;
      REF (NODE) LEFT, RIGHT;

      COUNT := 0;
      LEFT := NONE;
      RIGHT := NONE
   END *** class node ***;

   REF (NODE) ROOT;

   PROCEDURE INSERT (LEAVE); REF (NODE) LEAVE;
   BEGIN
      PROCEDURE RECINSERT (SUBTREE);
         NAME SUBTREE; REF (NODE) SUBTREE;
      BEGIN
         IF SUBTREE == NONE THEN
            SUBTREE :- LEAVE
         ELSE IF SUBTREE.COMPARE (LEAVE) = -1 THEN
            RECINSERT (SUBTREE.LEFT)
         ELSE IF SUBTREE.COMPARE (LEAVE) =  1 THEN
            RECINSERT (SUBTREE.RIGHT)
         ELSE
            SUBTREE.COUNT := SUBTREE.COUNT + 1;
      END *** procedure recinsert ***;

      RECINSERT (ROOT)
   END *** procedure insert ***;

   PROCEDURE PRINTTREE;
   BEGIN
      PROCEDURE PRINTREC (LEAVE); REF (NODE) LEAVE;
      BEGIN
         IF LEAVE =/= NONE THEN
         BEGIN
            PRINTREC (LEAVE.LEFT);
            LEAVE.PRINTNODE;
            PRINTREC (LEAVE.RIGHT)
         END *** if ***;
      END *** procedure printrec ***;
      OUTTEXT ("Tree contains the following elements:");
      OUTIMAGE;
      PRINTREC (ROOT)
   END *** procedure printtree ***;

   ROOT :- NONE
END *** class binarytree ***;
```

In der Klasse *BINARYTREE* wird eine lokale Klasse *NODE* definiert, die die Knoten und Blätter des Baumes beschreibt, also seine Repräsentation festlegt. Da durch *BINARYTREE* ein allgemeiner Typ beschrieben wird, werden in der Klasse außerdem die zur Datenstruktur gehörenden Operationen zusammengefaßt, hier *INSERT* und *PRINTTREE*. Die Klasse *NODE* abstrahiert von konkreten Inhalten der Baumknoten (dem Basistyp des Baums) sowie von einer konkreten Ordnungsrelation und Ausgabeoperation. Die Spezialisierung der Daten erfolgt durch den Vererbungsmechanismus der Sprache derart, daß die Klassenbeschreibung *NODE* einfach um die entsprechenden Datenobjektbeschreibungen erweitert wird. Die Spezialisierung der Operationen erfolgt durch das Konzept der virtuellen Prozeduren, indem in der spezialisierenden Unterklasse die Definitionen von *PRINTNODE* und *COMPARE* überdeckt werden.

Anwendung der Klasse *BINARYTREE*: Spezialisierung zu einem *INTEGERTREE*

```
BINARYTREE CLASS INTEGERTREE;
BEGIN
   NODE CLASS ELEMENT (I); INTEGER I;
      INTEGER VAL;
      INTEGER PROCEDURE COMPARE (LEAVE); REF (NODE) LEAVE;
      BEGIN
         COMPARE :=
         (IF      VAL = LEAVE QUA ELEMENT.VAL THEN  0
          ELSE IF VAL < LEAVE QUA ELEMENT.VAL THEN -1
          ELSE 1);
      END *** procedure compare ***;

      PROCEDURE PRINTNODE;
      BEGIN
         OUTINT (THIS ELEMENT.VAL, 3);
         OUTIMAGE
      END *** procedure printnode ***;

      VAL := I
   END *** class element ***;
END *** class integertree ***;
```

Die Klasse *INTEGERTREE* ist eine Spezialisierung der Klasse *BINARYTREE*, in der zunächst eine Klasse *ELEMENT* als Erweiterung der Baumrepräsentation (Klasse *NODE*) den Basistyp der Datenstruktur festlegt. Über diesem Basistyp müssen die bisher virtuellen Prozeduren *PRINTNODE* und *COMPARE* implementiert werden.

Benutzung der Klasse *INTEGERTREE* in einem Programm: Es werden zehn ganze Zahlen in einem Baum *TREE* eingelesen und anschließend geordnet ausgegeben.

```
BEGIN
   REF (INTEGERTREE) TREE;
   INTEGER I;

   TREE :- NEW INTEGERTREE;
   INSPECT TREE DO
      FOR I := 1 STEP 1 UNTIL 10 DO
         INSERT (NEW ELEMENT (ININT));
   INSPECT TREE DO PRINTTREE;
END *** block ***
```

Wir möchten auf zwei Besonderheiten hinweisen: In der Klasse *ELEMENT* muß in der Prozedur *COMPARE* das Sprachkonstrukt *QUA* verwendet werden, um Zugriff auf die Erweiterung (den Dateninhalt) von Baumknoten zu erhalten. Das *QUA* ist notwendig aufgrund der Parametrisierung der Prozedur, ist aber im Prinzip ein statisch (zur Kompilationszeit) zu überprüfender Zugriff und stellt deshalb keinen Konflikt mit einer hierarchischen Begriffsbildung dar. Die *INSPECT*-Anweisung bei der Anwendung der Baumspezialisierung ist notwendig, da in Simula-67 Fernzugriff auf lokale Klassen über Punktnotation nicht möglich ist. Auch hier ist jedoch eine statische Typüberprüfung möglich.

Eine von unserer Implementierung abweichende 'traditionelle' Variante der Realisierung polymorpher Strukturen (wie sie zum Beispiel in <Birtwistle73, S.243> vorgeschlagen wird) kommt ohne *QUA* und *INSPECT* aus, weil der allgemeine Teil der Strukturdefinition zur Präfigierung von Blöcken benutzt wird, in denen die Spezialisierung und Anwendung erfolgt. In unserer Implementierung können die allgemeine Struktur, ihre Spezialisierungen und ihre Anwendungen textuell getrennt behandelt werden; sie stellen Definitionen allgemeiner Typen dar.

5.1.5 Simula-67-Koroutinen

Simula-67 verfügt über genau ein Ausdrucksmittel für Nichtsequentialität: Das Simula-67-Koroutinenkonzept, das ebenso ausdrucksstark wie unser im Kapitel 3.2.1 dargestelltes abstraktes Koroutinenkonzepts ist. Das in Simula-67 verwirklichte Koroutinenkonzept ist mächtig genug, konzeptionelle Parallelität, d.h. quasiparallele Prozesse zu realisieren und so beliebige alternierende und parallele Systeme auf verschiedene Arten von Koroutinen- und Prozeßmodellen abzubilden. Speziell für die diskrete Simulation enthält Simula-67 eine Implementierung eines einfachen Prozeßmodells auf einer höheren Abstraktionsstufe als die der Koroutinen. Dieses Modell werden wir aber erst in den folgenden Kapiteln (siehe 6.1) ausführlicher behandeln.

In Simula-67 werden die Koroutinen nicht wie in Kapitel 3.2.1 über eine Unterscheidung von verschiedenen Objektarten eingeführt, sondern jede Instanz einer Klasse, d.h. jedes Objekt wird bereits als Koroutine aufgefaßt. In Simula-67 kann der algorithmische Teil einer Klasse als eine Koroutine benutzt werden. Zur **Koordinierung des Ausführungsflusses** der Anweisungen zwischen verschiedenen Koroutinen und dem Hauptprogramm dienen die Primitiven *DETACH* und *RESUME*. Bei der Generierung eines Objektes *X* der Klasse *A* durch *X :- NEW A* werden üblicherweise alle im Rumpf von *A* notierten Aktivitäten ausgeführt. Während dieser Zeit befindet sich das Objekt im Zustand *ATTACHED*. Taucht in der Anweisungsfolge von *A* der Befehl *DETACH* auf, wird die Ausführung der *A*-Aktivitäten abgebrochen, das Hauptprogramm fortgesetzt, und das Objekt *X* geht in den Zustand *DETACHED* über. Dieser Zustand entspricht einer passiven oder 'schlafenden' Koroutine.

Das Hauptprogramm kann nun mehrere Objekte der Klasse *A* erzeugen, die die Funktion von Koroutinen übernehmen. Generieren wir die Objekte *X, Y, Z* als Koroutinen wie oben beschrieben, so überträgt danach ein Aufruf von *RESUME (X)* die Aktivität auf die Koroutine *X*, unabhängig davon, ob er von *Y, Z* oder *M* erfolgt. Von nun an ist es sinnvoll, auch das generierende Programm *M* als eine Koroutine zu betrachten, auch wenn in der Regel *RESUME (M)* nicht möglich ist (weil *M* kein referenzierbares Objekt sein muß). Ein **Aufruf von** *RESUME (X)* in einem Objekt *Y* hat folgende Wirkungen:

1) Die Ausführung der Aktivitäten von *Y* wird angehalten, sein Zustand gewissermaßen 'eingefroren'.
2) *Y* geht in den Zustand *DETACHED* über.
3) *X* geht in den Zustand *ACTIVE* über.
4) Die Ausführung der Aktivitäten von *X* wird an der Stelle fortgesetzt, wo sie beim letzten *DETACH* oder *RESUME* unterbrochen wurde.

Das Hauptprogramm dient in der Regel der Erzeugung der Koroutinen und der Aktivierung des Systems. Diese Unterscheidung von Hauptprogramm und aktiven Objekten (i.b. Koroutinen) erfordert die Erweiterung unseres abstrakten Koroutinenkonzepts bei seiner Konkretisierung in Simula-67 um die zusätzliche Direktive *DETACH*. Die Semantik von *DETACH* entspricht einem *RESUME* zum Hauptprogramm. Ein **Aufrufschema** für das oben angegebene Modell ist

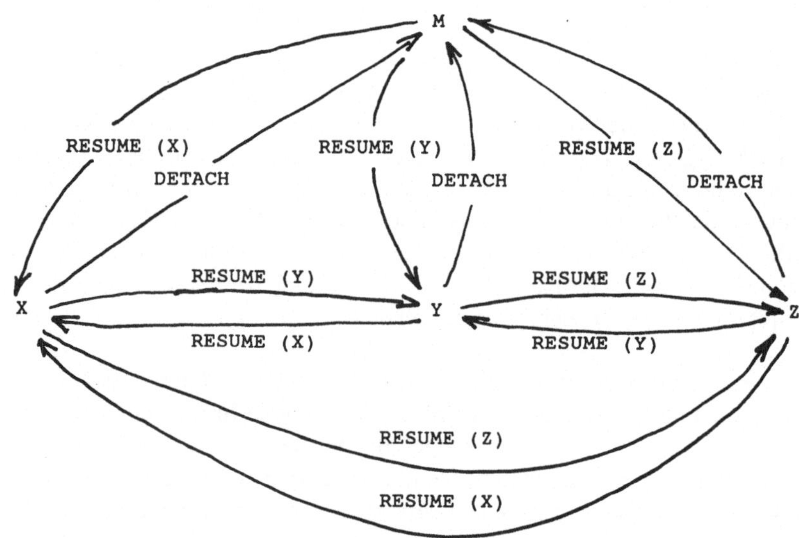

Zur Bedeutung des Koroutinenkonzepts für die Programmierung im allgemeinen und sie systemorientierte Programmierung im besonderen möchten wir wieder auf den Abschnitt der abstrakten Sprachkonzepte (vor allem Kapitel 3.2.1 Das Koroutinenkonzept) hinweisen.

5.2 Modula-2-Sprachbeschreibung

5.2.1 Allgemeines

Modula-2 ist eine von Niklaus Wirth in Zürich an der ETH entwickelte imperative Programmiersprache, deren Vorgänger in Algol-60 und Pascal zu sehen sind. Modula-2 wurde in zwei verschiedenen Sprachreporten definiert <Wirth82> <Wirth85>. Wir beziehen uns, sofern nicht anders angegeben, auf die Version 2 definiert im Report von 1982. Wir beschränken uns bei der Beschreibung der Sprache in dieser Arbeit auf die für uns interessanten Aspekte und beziehen uns außerdem auf vorher bereits vorgestellte Konzepte (in Kapitel 3).

Wir beschreiben im folgenden das Typkonzept von Modula-2, die Strukturierung der Anweisungen, das Block-, Prozedur- und Funktionskonzept. Ein **Klassenkonzept** zur allgemeinen Abstraktion von Objekten ist in Modula-2 im Gegensatz zu den anderen von uns betrachteten Sprachen **nicht enthalten**. Dafür enthält diese Sprache ein vollständiges **Konzept zur Modularisierung**, das auch Ansprüchen beim Einsatz in großen Softwareprojekten genügt.

Es schließt sich eine Beschreibung des **Koroutinenkonzepts** von Modula-2 an. (Man sollte sich nicht dadurch verwirren lassen, daß Koroutinen in Modula-2 Prozesse heißen.) Schließlich beschreiben wir anhand einiger Beispiele **Aspekte der Pragmatik** dieser Sprache, die entweder für ihren Gebrauch typisch oder für unser besonderes Interesse am Einsatz für die diskrete Simulation von besonderer Wichtigkeit sind (abstrakte Typen und Datenstrukturen, polymorphe Typen).

5.2.2 Das Typkonzept in Modula-2

Das **Typkonzept** von Modula-2 ist eine Weiterentwicklung des in Pascal enthaltenen Konzeptes und damit im wesentlichen eine Realisierung der Ideen C.A.R. Hoares zur Typisierung und Strukturierung von Daten <Hoare72>. Das Modula-2-Typkonzept orientiert sich sehr stark an dem in Kapitel 3.1.2.2 vorgestellten Typkonzept. Es erlaubt eine vielfältige Bildung von Typschablonen auf der Basis echter Werteabstraktionen; polymorphe Abstraktionsmöglichkeiten sind leider sehr stark eingeschränkt.

Ein Typ steht allgemein für eine Menge von Werten, die eine Variable oder allgemeiner eine Größe innerhalb eines Programmes annehmen kann, sowie über diesen Werten definierten Operationen. In Modula-2 gibt es Möglichkeiten der Realisierung sowohl endlicher als auch potentiell unendlicher Wertemengen und verschiedene Arten der Strukturierung dieser Mengen (siehe auch 3.1.2.2). Grundlegend sind jeweils einige vordefinierte Standardtypen und Strukturen.

5.2.2.1 Einfache Typen

Als **einfache Typen** (simple types) werden die durch die Bezeichner *INTEGER*, *CARDINAL*, *BOOLEAN*, *CHAR* und *REAL* gemeinten Wertemengen sowie Aufzählungs- und Unterbereichstypen bezeichnet. Alle einfachen Typen sind geordnet.

Vordefinierte Typen (standard types): Vordefiniert sind die Typen *INTEGER*, *CARDINAL*, *BOOLEAN*, *CHAR* und *REAL* mit der üblichen Semantik ihrer Operationen und Denotationen. Vordefinierte Typen beschreiben atomare Datenobjekte.

Bei der Definition eines **Aufzählungstyps** (enumeration type) wird die Wertemenge explizit angegeben, das heißt, alle Werte werden notiert und können im Programm wie konstante Bezeichner verwendet werden. Ein Aufzählungstyp entspricht damit einer direkten Denotation der Extension der Typschablone.

Unterbereichstypen (subrange types) definieren einen Ausschnitt aus dem Wertebereich eines anderen Typs. Als Grundtypen kommen *INTEGER*, *CARDINAL* und Aufzählungstypen in Frage. Unterbereichstypen dienen der typbezogenen Begriffsbildung durch Einschränkung der Extension von Wertemengen.

5.2.2.2 Strukturierte Typen

Modula-2 kennt vier Möglichkeiten der strukturierten Anordnung von Wertemengen zur Definition neuer Typen (structured types): Reihungen (*ARRAYs*, Felder), Verbunde (*RECORDs*) und Mengen (*SETs*) und variante Verbunde (variant records). Reihungen und Verbunde können beliebig kombiniert und geschachtelt werden, dagegen sind Mengen nur sehr eingeschränkt zu verwenden. Die Modula-2-Sprachkonstrukte zur Definition nichtrekursiver strukturierter Typen unterstützen alle im Kapitel 3.1.2.2 beschriebenen Begriffsbildungsprozesse für Typen.

Eine **Reihung** von Elementen gleichen Typs wird in Modula-2 durch die Definition

`ARRAY <simple type> OF <type>` beschrieben.

Dabei ist *<type>* der Typ der Elemente der Reihung und *<simple type>* der Indextyp, durch den auf einzelne Elemente des Feldes zugegriffen werden kann. Der Indextyp kann natürlich nur eine endliche Wertemenge besitzen und muß außerdem geordnet sein; deshalb ist dort auch nur ein einfacher Typ erlaubt. Für den Elementtyp der Reihung gelten keine Einschränkungen, insbesondere kann er wieder ein strukturierter Typ (z.B. eine Reihung oder ein Verbund) sein. Der **Zugriff auf ein Element** der Reihung geschieht durch Indizierung. Dabei wird der Indexausdruck direkt hinter dem Objektnamen in eckigen Klammern notiert.

Verbunde (records) dienen dazu, Elemente unterschiedlichen Typs zu einem gemeinsamen Datenobjekt zusammenstellen zu können. Da auf die einzelnen Komponenten des

Ergebnistyps nicht über Indizierung zugegriffen werden kann, muß jede Komponente benannt werden. Der Zugriff auf Elemente eines Verbundes heißt Selektion und wird notiert durch den Objektnamen gefolgt von einem Punkt und dem Komponentenbezeichner. (Man vergleiche die Selektion in Modula-2 mit dem Fernzugriff in Simula-67.)

Die Wertemenge, die durch den Verbund beschrieben wird, ist das kartesische Produkt der Wertemengen der Komponententypen. Für die Komponententypen gibt es keinerlei Einschränkungen. Verbunde sind die direkte Umsetzung der Abstraktionsfunktionen der Komposition und Dekomposition auf Datenebene.

Bei der Definition eines Verbundtyps können alternative Komponentenfolgen zu **Verbundvarianten** zusammengestellt werden. Eine Verbundvariante, die an Stelle einer Verbundkomponente notiert wird, hat folgendes Aussehen:

```
CASE <variantenname> : <einfachertyp> OF
       <marke1>      : <verbundkomponente1>
    |...
    |  <markeN>      : <verbundkomponenteN>
    ELSE               <verbundkomponenteE>
END
```

Der Variantenname ist dabei optional. Jede Marke ist entweder ein konstanter Ausdruck, oder eine Folge konstanter Ausdrücke (durch Kommata getrennt) oder ein Bereich, der durch zwei konstante Ausdrücke begrenzt wird. Für die Verbundkomponenten hinter den Marken bestehen keinerlei Einschränkungen. Insbesondere können sie wieder Verbund- oder Variantendefinitionen sein. Durch Verbundvarianten werden disjunkte Vereinigungen von Wertemengen modelliert. Verbunde entsprechen der Verallgemeinerung von Datenobjektmengen und stellen eine der wenigen Möglichkeiten dar, eine beschränkte Art von Polymorphie in Modula-2 auszudrücken.

Die Deklaration *SET OF <simple type>* definiert einen **Mengentyp** (set type), dessen Wertebereich die Potenzmenge des Grundtyps *<simple type>* ist. Die maximale Größe eines Mengentyps ist in der Regel implementierungsabhängig stark eingeschränkt. Mengenkonstanten können in der üblichen Schreibweise mit geschweiften Klammern notiert werden. Als **Standardoperationen** sind *INCL (elem, set)*, *EXCL (elem, set)* sowie das Prädikat *elem IN set* für alle Mengen definiert.

5.2.2.3 Zeigertypen

Um Wertemengen definieren zu können, deren Wertebereich potentiell unendlich ist, für deren Repräsentation sich also keine feste Größe angeben läßt, existiert in Modula-2 wie in Pascal das **Konzept der dynamischen Variablen**. Eine dynamische Variable ist ein unbenanntes Datenobjekt, das erst zur Laufzeit des Programms erzeugt wird und auf das nur über einen indirekten Namen (Zeiger, Pointer) zugegriffen werden kann. Im

Zusammenhang mit dem Verbundkonstrukt ermöglichen Zeigertypen die Definition rekursiver Datentypen.

Die Zeiger auf dynamische Objekte beliebigen Typs werden als

```
TYPE <ptrname> = POINTER TO <type>
```

deklariert. Zeiger sind typgebunden und verweisen immer nur auf Objekte eines einzigen Typs. Der **Wert eines Zeigers** ist entweder *NIL*, was heißt, daß der Zeiger undefiniert ist und auf kein Objekt zeigt, oder die Adresse eines Objektes des entsprechenden Typs im Speicher, d.h. ein Verweis auf die Substanz eines Objektes. Die dynamische Generierung eines Objektes geschieht durch die Prozedur *NEW (ptr)*. Dabei ist *ptr* eine deklarierte Zeigervariable und zeigt nach der Ausführung dieser Anweisung auf ein Objekt des in der Zeigerdeklaration angegeben Typs. Nun ist zwar *ptr* definiert, der Inhalt des Objektes selbst aber unbestimmt. Zugriff auf das Objekt erhält man durch **Dereferenzierung** des Zeigers, die syntaktisch durch den Hochpfeil ^ angegeben wird.

Nach den Definitionen

```
TYPE ptr = POINTER TO t;
VAR  p   : ptr
```

variiert *ptr* über die möglichen Adressen von Objekten des Typs *t*, *p^* über die Werte der Menge *t*, sofern *p* < > *NIL* gilt.

Um den durch dynamische Variablen belegten Speicherplatz wieder für andere Zwecke verfügbar zu machen, ist die Prozedur *DISPOSE (ptr)* vorgesehen. *NEW* und *DISPOSE* sind in Modula-2 keine echten Prozeduren, sondern werden vom Compiler auf Aufrufe der Prozeduren *ALLOCATE* und *DEALLOCATE* abgebildet, die von einem Speicherverwaltungsmodul (*Storage*) importiert werden müssen. Die Speicherverwaltung (siehe auch 3.1.6.2) liegt bei Modula-2 weitgehend in den Händen des Benutzers; eine Speicherbereinigung (garbage collection), die eine Verschiebung von Objekten im Speicher und damit eine **virtuelle Speicherverwaltung** erfordern würde, **läßt sich nicht implementieren.**

5.2.2.3.1 Potentiell unendliche Datenstrukturen in Modula-2

Zur **Realisierung von Datenstrukturen**, deren Speicherbedarf zur Übersetzungszeit nicht festliegt, wird in Modula-2 wie in Pascal das Konzept der dynamischen Variablen verwendet. Die potentielle Unendlichkeit der Struktur wird dadurch modelliert, daß Komponenten der dynamischen Objekte wiederum Zeiger auf gleichartige dynamische Objekte sein können (Auflösung der Rekursion) und so eine Verkettung von Objekten ermöglichen. Als **Beispiel** soll hier die **Definition eines binären Baumes** dienen:

1) NIL ist ein binärer Baum
2) (VAL LEFT RIGHT) ist ein binärer Baum, falls
   LEFT und RIGHT binäre Bäume sind.

Eine solche Datenstruktur läßt sich in Modula-2 durch folgende Definitionen realisieren:

```
TYPE
   VAL        = INTEGER;  (* oder jeder andere Typ *)
   BINTREE    = POINTER TO BINTREEREC;
   BINTREEREC = RECORD
                   val   : VAL;
                   left,
                   right : BINTREE
                END
```

Operationen auf dieser Datenstruktur sollten dabei nur mit den Typen *VAL* und *BINTREE* realisiert werden, während die Repräsentation in der Implementierung verborgen bleiben sollte (Verbergen der Typen *BINTREE* und *BINTREEREC*). Durch geeignete Auswahl von Zugriffs-, Einfüge- und Löschoperationen kann dann sichergestellt werden, daß die Integrität der Struktur von Objekten des Typs *BINTREE* gewahrt bleibt. Eine Ausformulierung dieses Beispiels folgt in Kapitel 5.2.10.

5.2.2.4 Prozedurtypen

Prozedurtypen sind Abstraktionen von Schnittstellen parametrisierter Teilalgorithmen, also Prozedur- und Funktionsspezifikationen. Die Definition eines Prozedurtyps hat folgendes Aussehen:

```
PROCEDURE [ ( <formal types> ) ] [ : <type> ]
```

In der Parameterliste müssen die Übergabeart und der Typ aller formalen Parameter (unter Auslassung der Namen) auf die übliche Weise angegeben werden (siehe 5.2.3.1 und 5.2.5.1).

Mit Prozedurtypen soll die Möglichkeit eröffnet werden, **Prozeduren und Funktionen als Parameter** für andere Prozeduren und Funktionen zu verwenden. Die Benutzung wird allerdings durch die Bedingung eingeschränkt, daß als Parameter nur solche Prozeduren und Funktionen übergeben werden können, die im äußersten Gültigkeitsbereich eines Moduls deklariert sind (siehe auch 5.2.8). Standardmäßig ist der Typ *PROC* für eine parameterlose Prozedur vordefiniert. Da Modula-2 leider kein eigenständiges parametrisches Blockkonstrukt zur Verfügung stellt, **sind Blockparameter nicht realisierbar**. So gibt es keine Möglichkeit der Spracherweiterung um neue Kontrollstrukturen. Auch Typparameter sind nicht vorgesehen.

5.2.2.5 **Abstrakte Typen** (opake Typen) **in Modula-2**

Modula-2 erlaubt das Verbergen der Feinstruktur von Typen in Modulen. Diese Technik eignet sich hervorragend zur Realisierung **(dynamischer) abstrakter Datentypen** (Typen mit potentiell unendlichem Wertebereich und verborgener Repräsentation). Methodisch wird die Realisierung von Datenstrukturen in drei Ebenen getrennt: in **Definition, Repräsentation** und **Implementierung** (siehe auch <Hoare72>). Dem Anwender einer Datenstruktur werden nur die Informationen zur Definition von Werten und Operationen zur Verfügung gestellt, während ihm die Wahl der Repräsentation und deren konkrete Implementierung verborgen bleibt. Aus der Sicht des Anwenders wird von Repräsentation und Implementierung abstrahiert; in diesem Sinne spricht man von **abstrakten Datentypen** (siehe zunächst Anhang C2 Abstrakte vs. konkrete Datentypen). Der Definition eines abstrakten Datentyps können dabei verschiedene Repräsentationen entsprechen, die ihrerseits wieder auf unterschiedliche Art und Weise implementiert werden können (<Coleman78> oder <Eggers/Zimmermann87>).

Die **Definition eines abstrakten Datentyps** würde in Modula-2 zusammen mit den zugehörigen Operationen ein **Definitionsmodul** für diesen Datentyp ergeben, während die Repräsentation und Implementierung von Typ und Operationen im entsprechenden **Implementationsmodul** festgeschrieben würden (zum Modulkonzept siehe 3.3.1, als konkretes Beispiel siehe 5.2.8).

Das **Verbergen der Struktur von Typen** wird dadurch erreicht, daß bei der Typdefinition im Definitionsmodul nur ein Typbezeichner angegeben wird. Als Beispiel soll im folgenden die weiter oben bereits begonnene Realisierung eines binären Baumes dienen:

```
TYPE BINTREE;
```

Ein solcher Typ wird in Modula-2 auch **opaker Typ** genannt.

Die Ausformulierung eines Beispiels für einen opaken Typ ist im Kapitel 5.2.10 zu finden, da dazu zunächst das Modulkonzept von Modula-2 (5.2.8) ausführlich erläutert werden muß.

5.2.3 Das Blockkonzept in Modula-2

In Kapitel 3.1.4 werden Blöcke als konzeptionelle Elemente einer Programmiersprache vorgestellt. Diese Blöcke stellten syntaktisch eine Klammerstruktur dar und konnten zur hierarchischen Strukturierung von Programmen verwendet werden; der semantisch wichtigste Aspekt war die Verbindung von Anweisungen mit Deklarationen von Größen, deren Gültigkeitsbereich sich aus der Verschachtelung der Blöcke ergibt. Damit war es möglich, lokale Größen zu deklarieren, deren Gültigkeit an den Grenzen des Blockes endet.

Wie bereits erwähnt, existiert ein solches **eigenständiges Blockkonzept in Modula-2** nicht. Die Semantik von Gültigkeitsbereichen ist nun freilich aus der Sprache nicht völlig entfernt. Blockstrukturen in Modula-2 werden ausschließlich durch Prozeduren und Funktionen und mit abgewandelter Semantik durch Module realisiert. Blöcke und die damit verbundenen Gültigkeitsbereiche tauchen also nicht mehr als selbständiges Konstrukt in der Sprache auf, sondern nur in Form von Prozedur- und Funktionsdeklarationen bzw. Moduldeklarationen.

Die Semantik der Gültigkeit von Größen und der Überdeckung von Bezeichnern entspricht bei Prozeduren und Funktionen im wesentlichen der in Kapitel 3.1.4.1 dargestellten Semantik; Module hingegen haben eine andere Bedeutung, obwohl auch sie wie Prozeduren geschachtelt werden können. Module bilden einen in sich abgeschlossenen Gültigkeitsbereich; Verbindungen zwischen den Gültigkeitsbereichen verschiedener Module können nur über explizite Import- und Exportschnittstellen geschaffen werden (siehe 3.3.1). Genaueres hierzu ist dem Abschnitt 5.2.8 zu entnehmen.

Wir halten den Verzicht auf ein zusätzliches konkretes Blockkonzept in Modula-2, insbesondere im Hinblick auf die Pragmatik des Blockkonzepts (siehe 3.1.4.2) und die Möglichkeit von Blöcken als Parameter, für unnötig und bedauerlich.

5.2.3.1 Gültigkeitsbereiche und Deklarationsarten in Modula-2

Die Schachtelung von Gültigkeitsbereichen durch Blockstrukturen ist in Modula-2 auf der Ebene von Prozedurdeklarationen gegeben. Hierbei ist der Deklarationsteil einer Prozedur textuell von ihrem Anweisungsteil abgetrennt.

```
PROCEDURE <name> <parameterliste>;
   <deklarationen>
BEGIN
   <anweisungen>
END <name>
```

Es werden fünf verschiedene **Arten von Deklarationen**:

Durch eine **Konstantendeklaration** (eingeleitet durch *CONST*) wird einem Namen der Wert eines konstanten Ausdrucks zugeordnet. Durch eine Konstantendeklaration können nun bestimmte konstante Werte innerhalb eines Programms benannt werden, was sich sehr positiv auf die Lesbarkeit und Änderungsfreundlichkeit von Programmen auswirken kann. Eine Konstantendeklaration entspricht einer zusätzlichen Werteabstraktion durch Einführen von synonymen Bezeichnern (siehe 3.1.1.6).

Durch eine **Typdeklaration** (eingeleitet durch *TYPE*) wird einem Typnamen ein Datentyp zugeordnet. Die Vielfalt der in Modula-2 existierenden Datentypen wurde ausführlich in Kapitel 5.2.2 dargestellt. Die Benennung von Typen ist im wesentlichen ein Abkürzungsmechanismus; der Typname hat im folgenden die gleiche Bedeutung wie der ihm zugeordnete Datentyp. Dies entspricht der Einführung einer Typschablone und der Erweiterung der algorithmischen Basis der Sprache (siehe 3.1.1.4 und 3.1.2.4).

Eine **Variablendeklaration** (eingeleitet von *VAR*) definiert eine oder mehrere variable Datengrößen eines festen Typs. Die so eingeführten Größen variieren über die Werte des angegebenen Typs. Variablennamen können auf der linken und rechten Seite von Zuweisungen sowie als variable Prozedurparameter (siehe 5.2.2.1) auftreten. Variablendeklarationen bewirken die Generierung statischer, an Blöcke als Gültigkeitsbereiche gebundener Datenobjekte entsprechend einer Typschablone (siehe 3.1.1.6).

Prozedurdeklarationen (siehe 3.1.5.1) beschreiben benannte Teilalgorithmen mit einem Gültigkeitsbereich und der Möglichkeit der Parametrisierung (5.2.5). Prozedurdeklarationen führen Schablonen für die algorithmische Abstraktion ein.

Moduldeklarationen (siehe 3.3.1.1) schließlich beschreiben statische Programmteile mit abgeschlossenem Gültigkeitsbereich und definierten Import- und Exportschnittstellen (5.2.8).

Der **Gültigkeitsbereich von Deklarationen** ist in Modula-2 die gesamte Prozedur bzw. der gesamte Modul, in dem die Deklaration steht, mit Ausnahme aller Untermodule, sofern diese nicht die deklarierte Größe importieren, sowie mit Ausnahme aller Prozeduren, die eine Größe gleichen Namens deklarieren und somit eine vorhergehende Deklaration überdecken. Eine Einschränkung ergibt sich auch dadurch, daß in Konstanten- und Typdeklarationen angewandt auftretende Bezeichner textuell vorher definiert werden müssen, mit Ausnahme von Zeigerdeklarationen (siehe 5.2.2.3). Alle Deklarationsarten können beliebig gemischt und auch mehrfach hintereinander auftreten.

5.2.4 Strukturierung von Anweisungen in Modula-2

Die **hierarchische Strukturierung von Programmen** auf der untersten Ebene wird in Modula-2 durch eine von Simula-67, Algol-60 und Pascal abweichende syntaktische Struktur erreicht. Anweisungen wie die Verzweigung, die Iteration oder die mehrfache Fallunterscheidung beziehen sich nicht jeweils auf eine einzelne zugrundeliegende Anweisung, die dann wieder ein Block sein kann, sondern direkt auf eine Folge von Anweisungen. Ein Beispiel soll die Unterschiede verdeutlichen:

```
WHILE <expr> DO                              WHILE <expr> DO
BEGIN                  entspricht               <stmtseq>
   <stmtseq>                                 END
END
```

Dabei ist zu beachten, daß die Bedeutung nur in Bezug die auf Anweisungsfolgen (*<stmtseqY>*) die gleiche ist; die Möglichkeit lokaler Deklarationen z.B. im *THEN*- und *ELSE*-Teil einer Verzweigung, die durch das Blockkonzept in Algol-60 und Simula-67 gegeben ist, existiert in Modula-2 nicht.

5.2.5 Das Prozedurkonzept in Modula-2

Eine Prozedurdeklaration hat die Form

```
PROCEDURE <name> <parameterliste> ;
   <deklarationen>
BEGIN
   <anweisungen>
END <name>
```

Die Parameterliste kann leer sein oder eine geklammerte Folge von formalen Parameterdeklarationen enthalten, die durch Semikolon voneinander getrennt werden. Jede Deklaration eines formalen Parameters verbindet einen oder mehrere formale Bezeichner mit einem festen Typ und einer Parameterübergabeart. Ein formaler Typ kann ein gewöhnlicher Typbezeichner oder ein offener Reihungsparameter sein (siehe 5.2.5.1). Soll keine Wert-, sondern eine Referenzübergabe erfolgen, so wird vor die formale Parameterdeklaration das Symbol *VAR* eingefügt (siehe 5.2.5.1).

Die **Semantik einer Prozedurdeklaration** ist die Definition einer Größe, die einen benannten Teilalgorithmus mit eigenem Gültigkeitsbereich bezeichnet. Die Semantik eines Prozeduraufrufs wird beschrieben durch durch den Eintritt in einen neuen Gültigkeitsbereich, die Übergabe von Parametern (5.2.5.1) sowie die Ausführung der Anweisungen der Prozedur in deren Deklarationsumgebung (siehe 3.1.5.1).

Prozeduren und Funktionsprozeduren können sich in Modula-2 direkt und indirekt rekursiv aufrufen.

5.2.5.1 Parameterübergabe in Modula-2

Es gibt in Modula-2 nur zwei Arten der Parameterübergabe: die **Wertübergabe** (call by value) und die **Referenzübergabe** (call by reference vgl. 3.1.5.1). Das Standardübergabeverfahren für alle Datentypen ist die **Wertübergabe,** die nicht extra spezifiziert werden muß (Defaultübergabeart). Die Typen der formalen und aktuellen Parameter müssen 'zuweisungskompatibel' sein (siehe 5.2.9). Wird vor einem formalen Parameter das Schlüsselwort *VAR* notiert, so wird nicht der Wert eines Ausdrucks, sondern eine Referenz auf eine Variable (ein interner Variablenname) übergeben. Bei einer Referenzübergabe müssen aktueller und formaler Parameter 'kompatibel' (siehe 5.2.9) sein. Die Referenzübergabe bewirkt, daß auf den aktuellen Parameter in der Prozedur über den Namen des formalen Parameters zugegriffen werden kann. Der Effekt ist der dynamische Import einer globalen Variablen in die Prozedur.

Zwei **Besonderheiten bei der Parameterübergabe** in Modula-2 stellen offene Reihungsparameter und Prozedurparameter dar. Ein formaler **offener Reihungsparameter** wird spezifiziert durch

```
ARRAY OF <type>
```

Er ermöglicht die Übergabe von Feldern beliebiger Länge. Dabei muß der Komponententyp des aktuellen Parameters mit dem des formalen Parameters übereinstimmen. Hat der formale Parameter den Namen *A*, so wird der Indexbereich des aktuellen Parameters auf den Bereich *[0..HIGH(A)]* abgebildet. *HIGH* ist eine Standardprozedur, die innerhalb einer Prozedur die obere Grenze von Feldern ermittelt, die als offene Reihungsparameter übergeben worden sind. Das Konzept der offenen Reihungsparameter stellt eine Einschränkung des strengen Typisierungszwangs formaler Parameter dar. Durch die Abstraktion von Kardinalität und Typ des Indexbereichs der Feldstruktur wird die Formulierung einer eingeschränkten Form generischer Prozeduren (polymorphe Operationen, siehe Anhang C3) über Feldern möglich.

Werden **Prozeduren als Parameter** übergeben, so müssen die Spezifikationen aller Parameter und bei Funktionsprozeduren zusätzlich die Ergebnistypen übereinstimmen. Prozedurtypen wurden bereits in 5.2.2.4 genauer beschrieben. Der aktuelle Parameter darf nur eine Prozedur der oberen Schachtelungsebene in einem Modul bzw. eine Variable sein, die auf eine solche Prozedur verweist. Standardprozeduren sind in jedem Fall ausgeschlossen.

Prozeduren in Modula-2 dienen der Strukturierung von Anweisungsfolgen gemäß dem Prinzip der schrittweisen Verfeinerung und nicht einer objektorientierten Begriffsbildung, in der Prozeduren als Schablonen für aktive Objekte aufgefaßt werden. Spezialisierungen und Generalisierungen von Prozedurschablonen sind deshalb nicht möglich. Weitere Unterschiede zur Pragmatik des in Kapitel 3.1.5.2 vorgestellten Prozedurkonzepts ergeben sich aus den folgenden Punkten: Die Parameterarten werden nur in Wert- und Referenzparameter unterschieden. Typen und Blöcke können nicht als formale Parameter auftreten. Wegen des strengen monomorphen Typkonzepts ist die Abstraktionsfähigkeit von den parametrischen Größen einer Prozedur geringer.

5.2.6 Funktionsprozeduren

Funktionsprozeduren sind Prozeduren, die als Ergebnis einen Wert liefern. Der Aufruf ist deshalb keine Anweisung, sondern ein Ausdruck. Gültigkeitsbereich und Parameterübergabeverfahren entsprechen denen gewöhnlicher Prozeduren.

Kopf einer Funktionsdeklaration:

```
PROCEDURE <name> <parameterliste> : <type>
```

Der **Ergebniswert**, den eine Funktionsprozedur liefert, ist der Wert eines Ausdrucks, der hinter der *RETURN*-**Anweisung** notiert wird. Eine *RETURN*-Anweisung beendet die Ausführung der Anweisungen einer Prozedur, einer Funktionsprozedur oder eines Moduls. Jede Funktionsprozedur muß mindestens eine *RETURN*-Anweisung enthalten, wobei der Typ des Ausdrucks hinter der *RETURN*-Anweisung zuweisungskompatibel zum Ergebnistyp der Prozedur sein muß. Wird eine Funktionsprozedur nicht durch eine *RETURN*-Anweisung beendet, wird bei der Ausführung des Programms ein Laufzeitfehler erkannt.

Version 2 des Modula-2-Reports, die die Grundlage fast aller derzeit verfügbaren Implementierungen sowie die Grundlage der Beschreibungen in dieser Arbeit darstellt, erlaubt als Ergebnistypen einer Funktionsprozedur **keine Reihungen und Verbunde** (geändert in Version 3), wodurch die Ausdrucksmöglichkeiten in einem sehr wichtigen Punkt zugunsten von Überlegungen einfacher Implementierbarkeit entscheidend eingeschränkt werden.

Da für Funktionsprozeduren in Modula-2 keine Einschränkungen bezüglich der Seiteneffekte gelten, stellen sie keine direkte Umsetzung des in Kapitel 3.1.5.1 beschriebenen Funktionskonzepts dar. Wie der Name bereits deutlich macht, stellen Funktionsprozeduren in Modula-2 eine Mischung der dort beschriebenen Konzeption von Prozeduren und Funktionen dar.

5.2.7 Das Koroutinenkonzept in Modula-2

Koroutinen werden in Modula-2 (fälschlicherweise im Sinne unserer Festlegung in Kapitel 3.2.1 und 3.2.2) als **Prozesse** bezeichnet. Koroutinen sind in Modula-2 quasiparallele Prozeduren, die unabhängig voneinander zeitlich verzahnt, aber nicht parallel ausgeführt werden. Es gibt jedoch einige wichtige **Unterschiede zu unserem abstrakten Koroutinenkonzept** aus Kapitel 3.2.1: Der Programmtext einer Koroutine kann nur eine parameterlose Prozedur der obersten Deklarationsebene sein, Koroutinenobjekte haben immer den (abstrakten) **Typ** *PROCESS* und sind von **fester Größe.** Insgesamt sind Koroutinen damit in Modula-2 auf einem niedrigeren Abstraktionsniveau angesiedelt als z.B. in Simula-67, was einerseits zwar die Möglichkeit eröffnet, systemnah zu programmieren, andererseits aber für einen Benutzer, der nicht gerade ein Betriebssystem schreiben will, einige ausgesprochen unerfreuliche Auswirkungen hat.

Koroutinen zählen in Modula-2 zu den **maschinennahen Objekten**, die nicht explizit in der Sprachdefinition spezifiziert werden, sondern die in einem systemabhängigen Modul beschrieben werden. Alle für Prozesse notwendigen Typen und Strukturen stehen im Modul *SYSTEM*, der in jedem Modula-2-System vorhanden sein muß und laut Sprachreport mindestens folgende Größen zur Verwaltung von Prozessen definieren sollte:

```
DEFINTION MODULE SYSTEM;

EXPORT QUALIFIED WORD, ADDRESS, PROCESS, NEWPROCESS, TRANSFER, ... ;

TYPE
   WORD;    ADDRESS;    PROCESS;

PROCEDURE NEWPROCESS ( p : PROC;          a : ADDRESS;
                       n : CARDINAL; VAR k : PROCESS );

PROCEDURE TRANSFER   ( VAR p, q : PROCESS );
  ...
END SYSTEM.
```

WORD und *ADDRESS* beziehen sich auf die Speicherstruktur des Computersystems: Es wird angenommen, daß der Speicher vom Typ *ARRAY [1..n] OF WORD* ist.

Die **Prozedur** *NEWPROCESS* erzeugt einen neuen Prozeß, der in dem Variablenparameter *k* zurückgegeben wird. *NEWPROCESS* ist damit vergleichbar dem Objektgenerator *NEW* in Simula-67. Allerdings werden für die Einrichtung eines Prozesses in Modula-2 einige zusätzliche Informationen benötigt. Da ist zunächst der Prozedurparameter *p*, der die Prozedur angibt, die als Koroutine in dem neu zu schaffenden Prozeß ablaufen soll. Sodann muß für jeden Prozeß der ihm zugeteilte Speicherbereich explizit angegeben werden: Die Adresse *a* zeigt auf den Anfang dieses Speicherbereichs, der Parameter *n* gibt die Größe (in Bytes) an. Die Angaben sind für die gesamte Lebensdauer des Prozesses fest, sie können nicht mehr geändert werden.

Der **Speicher eines Prozesses** wird im wesentlichen für die prozeßlokale Halde und den lokalen Keller benötigt. Die Verwaltung des Prozeßspeichers entspricht dabei der normalen Speicherverwaltung des Modula-2-Systems. Aufrufe der Prozeduren *ALLOCATE* und *DEALLOCATE* des Standardspeicherverwaltungsmoduls *Storage* allozieren und deallozieren Speicherplatz jeweils auf der Halde des gerade aktiven Prozesses. Prozesse sind also bezüglich ihrer dynamischen Datenobjekte völlig voneinander isoliert. Daß der Speicherplatz eines Prozesses nicht nachträglich erweitert bzw. wieder komprimiert werden kann, hat seine Begründung wieder in der **fehlenden virtuellen Speicherverwaltung**, die ein virtuelles Zusammenfügen physisch unzusammenhängender Speicherbereiche gestatten würde. Dies stellt aus unserer systemorientierten Sicht der Programmierung einen wesentlichen Nachteil für die Umsetzung stark dynamischer Modelle dar (siehe auch 3.1.6.2).

Das Äquivalent zur Anweisung *RESUME* schließlich ist die **Prozedur** *TRANSFER*. Sie überträgt die Ablaufsteuerung von Prozeß *p* auf Prozeß *q*. Dabei muß *p* der gerade aktive Prozeß sein. Die Angabe des aktiven Prozesses ist nötig, um den Status des unterbrochenen Prozesses im richtigen Prozeßdeskriptor aufbewahren zu können.

Die meisten Realisierungen von Modula-2 bieten ein **Standardmodul** *Processes* an, wie es auch N. Wirth selbst in <Wirth82> vorschlägt. Dieses Modul bietet eine Schnittstelle an, die konzeptionell ein echtes Prozeßmodell realisiert. Prozesse werden dabei als unabhängig voneinander ablaufende Aktionsfolgen betrachtet, die über das Senden von Signalen (*Send* und *Wait*, *TYPE SIGNAL*) synchronisiert werden. Kommunikation erfolgt durch Benutzung gemeinsamer Variablen unter Verwendung des Monitorkonzepts. Bei der Generierung eines neuen Prozesses muß jedoch wieder seine Speichergröße fest angegeben werden. Ähnlich wie in Smalltalk-80 (siehe hierzu 5.4.11) ist auch hier die Parallelität rein konzeptioneller Art: uns ist keine Implementierung bekannt, die echt unabhängig laufende Prozesse (durch Verwaltung mehrer Prozessoren oder Realisierung eines zeitorientierten Schedulers) anbietet. Prozesse werden direkt auf Koroutinen (Typ *PROCESS* aus dem Modul *SYSTEM*) abgebildet, ihre Generierung auf *ALLOCATE* aus *Storage* und *NEWPROCESS* aus *SYSTEM*. Aus zwei Gründen gehen wir auf dieses Modul in unseren Ausführungen nicht weiter ein und haben auch in unserer Implementierung eines niederen prozeßorientierten Simulators in Modula-2 keinen

Gebrauch davon gemacht: Erstens bringt die durch dieses Modul angebotene Abstraktion keinen wesentlichen Vorteil für die Realisierung eines Simulators (und auch keine größere Ausdruckskraft, da Parallelität nur scheinbar existiert) und zweitens werden im definierenden Sprachreport (im Anhang von <Wirth82>) nur die Eigenschaften der systemnahen Koroutinenobjekte aus dem Modul *SYSTEM* beschrieben. Wir gehen davon aus, daß die dort enthaltenen Informationen verbindlich für alle Implementierungen der Sprache sind, während die Standardmodule durchaus in ihrer Syntax und Semantik voneinander abweichen können.

Insgesamt läßt sich sagen, daß das **Modula-2-Prozeßmodell** wohl eindeutig im Hinblick auf die **Implementierung von Betriebssystemen** entwickelt wurde. Feste Prozeßgrößen, die völlig eigenständige Speicherverwaltung jedes Prozesses und die Verwendung systemabhängiger Parametertypen auf unterstem Abstraktionsniveau lassen kaum einen anderen Schluß zu. Für die Realisierung abstrakterer Prozeßmodelle ergeben sich durch die fehlende virtuelle Speicherverwaltung leider wesentliche Einschränkungen; insbesondere ist es ärgerlich, daß der Benutzer immer die Größe eines Prozesses angeben und sich damit im vorhinein über den zu erwartenden Speicherbedarf eines Prozesses Gedanken machen muß. Dies ist im allgemeinen Fall, der die Ausführung rekursiver Prozeduren in einer Koroutine einschließt, prinzipiell nicht möglich. Nur bei festgelegter Aufrufreihenfolge und bekannter Schachtelungstiefe kann anhand der Angaben eines Compilerhandbuchs der benötigte Speicherplatz abgeschätzt werden.

5.2.8 Das Modulkonzept in Modula-2

Modula-2 stellt ein Konzept zur Modularisierung von Programmen zur Verfügung, daß fast alle in Kapitel 3.3.1 genannten Aspekte aufweist und insofern eine syntaktische und semantische Konkretisierung dieses Konzeptes darstellt.

5.2.8.1 Arten von Modulen

In Modula-2 werden vier Arten von Modulen unterschieden: **Programmodule, Definitionsmodule, Implementationsmodule** und **lokale Module.** Jedes komplette Programmsystem muß genau einen Programmodul besitzen; Definitions- und Implementationsmodule kommen immer paarweise vor, ihre Zahl ist beliebig.

Ein **Programmodul** hat in Modula-2 die Form

```
MODULE <name>;
   <importlisten>
   <eigene deklarationen>
BEGIN
   <anweisungen>
END <name>.
```

Das Programmodul bildet die Spitze der Benutzthierarchie des Programmsystems, demzufolge darf er nur Größen importieren, aber nicht exportieren. Die Ausführung der Anweisungen des Modulrumpfes ist gleich der Ausführung des gesamten Programms.

Ein Programmodul kann im Deklarationsteil eigene lokale Größen deklarieren oder Größen aus anderen Modulen importieren (dort definierte und exportierte Größen benutzen). Durch die Vereinbarung

```
IMPORT M
```

werden alle vom Modul *M* exportierten Größen zugänglich gemacht, d.h. der Gültigkeitsbereich dieser Größen auf das importierende Modul erweitert. Durch

```
FROM M IMPORT b1, b2, ... , bn
```

werden aus dem Modul *M* die durch b_1, b_2 bis b_n bezeichneten Größen importiert.

Namenskonflikte beim Import können durch den qualifizierten Export von Größen aufgelöst werden. Das importierende Modul muß die Herkunft der von ihm verwendeten Größen explizit bei jeder Anwendung benennen. Dies geschieht bei der zweiten Form des Imports bereits in der Importliste. Wird die erste Form des Imports im Zusammenhang mit qualifiziertem Export verwendet, so muß jeder Bezeichner einer von *M* importierten Größe mit dem Modulnamen und einem Punkt präfigiert werden: $M.b_1$

Definitionsmodule haben die Form

```
DEFINTION MODULE <name>;
   <importlisten>
   <exportliste>
   <eigene deklarationen>
END <name>.
```

Sie enthalten keine Algorithmen und dienen im wesentlichen der Spezifikation exportierter Größen. Sie entsprechen damit dem in 3.3.1 beschriebenen *public module*.

Es können alle deklarierbaren Größen exportiert werden: Konstanten, Typen, Variablen, Prozeduren und Funktionsprozeduren und Module. Alle zu exportierenden Größen müssen in der Exportschnittstelle des Moduls angegeben werden (in Version 3 ist diese Exportliste optional).

```
EXPORT [QUALIFIED] b1, b2, ... , bn
```

b_1 bis b_n sind dabei Bezeichner von Größen, die im Modul gültig sind, d.h. entweder dort spezifiziert oder importiert werden. Wird in der Exportschnittstelle *QUALIFIED* angegeben, so muß bei jeder Verwendung einer der exportierten Größen in einem importierenden Modul die Herkunft des Bezeichners eindeutig festgelegt sein, entweder durch Präfigierung des Modulnamens oder durch selektiven Import.

Ein Definitionsmodul kann auch Größen aus anderen Definitionsmodulen importieren, die Schnittstellen hierfür haben die gleiche Form wie in Programmodulen. Zu exportierende Konstanten, Typen und Variablen werden im Definitionsmodul in der gewohnten Art und Weise deklariert. Bei Prozeduren und Funktionen wird nur der Prozedurkopf angegeben.

Nur Aufzählungs- und Zeigertypen können opak deklariert werden (siehe 3.3.1). Das Verbergen der Feinstruktur von Typen ist aber über den Umweg über Zeiger indirekt für alle Typen möglich. Alle in einem Definitionsmodul exportierten Größen sind auch im zugehörigen Implementationsmodul gültig (ohne dort explizit importiert zu werden).

Besonders sinnvoll wird die Benutzung von Definitions- und Implementationsmodulen dann, wenn die Bedeutung der exportierten Größen eindeutig aus dem Definitionsmodul hervorgeht, was formal nicht erzwungen werden kann, sondern nur durch präzise Spezifikationen in Form von Kommentaren oder im Idealfall durch formale Spezifikationen erreicht wird.

Implementationsmodule enthalten die Implementierungen der in Definitionsmodulen spezifizierten Größen (private modules). Sie haben die Form

```
IMPLEMENTATION MODULE <name>;
   <importlisten>
   <eigene deklarationen>
BEGIN
   <anweisungen>
END <name>.
```

Für alle im Definitionsmodul gleichen Namens spezifizierten Prozeduren und Funktionen muß die vollständige algorithmische Ausformulierung im **Deklarationsteil** des Implementationsmoduls angegeben werden, ebenso für eventuell im Definitionsmodul exportierte opake Typen die vollständige Definition der Feinstruktur, die ja einzig im Implementationsmodul bekannt sein soll. Zur Realisierung der spezifizierten Exporte können im Implementationsmodul natürlich beliebige weitere lokale Größen deklariert werden.

Die **Anweisungen im Modulrumpf** dienen der Initialisierung lokaler Größen. Es wird garantiert, daß vor der Benutzung irgendeiner exportierten Größe die Anweisungsfolge des zugehörigen Implementationsmoduls genau einmal ausgeführt wird. Über die Reihenfolge der Ausführung bei mehreren Implementationsmodulen werden keine weiteren Angaben gemacht.

Wie bereits erwähnt, gibt es in Modula-2 zwei Arten von 'Blöcken', Prozeduren und Module, die sich durch die Abgrenzung ihrer Gültigkeitsbereiche unterscheiden. Innerhalb eines Prozedurblocks sind alle Größen der umgebenden Prozedurblöcke sichtbar, während eine Modulgrenze zunächst eine völlige Trennung von Gültigkeitsbereichen bedeutet. Diese Trennung kann nur durch den expliziten Import und Export von Größen aufgehoben werden.

Ist ein Modul im Vereinbarungsteil eines anderen Moduls oder einer Prozedur deklariert, spricht man von einem **lokalen Modul**. Lokale Module haben die Form

```
MODULE <name>;
   <importlisten>
   <exportliste>
   <eigene deklarationen>
BEGIN
   <anweisungen>
END <name>.
```

In Definitionsmodulen sind lokale Module nicht erlaubt.

Import- und Exportschnittstellen in lokalen Modulen haben die gleiche Form und Bedeutung wie bereits bei den anderen Modularten beschrieben. Bei den Importen ergibt sich eine Erweiterung, da dort nun alle im umgebenden Block gültigen Größen aufgeführt werden können (Konstanten, Typen, Variablen, Prozeduren, Funktionen und Module). **Anweisungsfolgen lokaler Module** werden vor der den Anweisungsfolgen umschließender 'Blöcke' (Module oder Prozeduren) ausgeführt.

Lokale Module dienen der übersichtlichen Strukturierung von Programmen, sie können insbesondere aus softwaretechnischer Sicht zur Realisierung der **Enthält-Relation** (siehe 3.3.1.2) verwendet werden; allerdings entfällt dabei die getrennte Übersetzbarkeit. Deshalb kann ein Modul mit einer Menge lokaler Module nicht als eine direkte Umsetzung des Begriffs des Modulensembles verstanden werden. In der Praxis hat sich deshalb die Verwendung lokaler Module unseres Wissens nicht durchsetzen können. So sind sie aus neueren Sprachentwicklungen N. Wirths auch aufgrund einiger Schwierigkeiten, die bei der Implementierung eines Compilers entstehen, wieder verschwunden. Uns erscheint eine Benutzung dieses Sprachmittels nur in einigen speziellen Fällen angeraten; üblicherweise werden lokale Module in Modula-2 zur Strukturierung von Programmen nicht benötigt; die Enthält-Relation ist nur eingeschränkt realisierbar.

5.2.8.2 System- und Anwendungsmodule

Zu jedem Modula-2-System gehört eine Anzahl von Definitionsmodulen, die Schnittstellen zu computerspezifischen Größen und Objekten enthalten. Dies sind insbesondere die **Module** *SYSTEM* **und** *Storage*, aber auch Ein-/Ausgabemodule wie *Terminal*, *InOut* usw. Die zugehörigen Implementationsmodule stehen dem Anwender in der Regel nicht zur Verfügung. Daher werden diese Module Systemmodule genannt. Alle anderen Module sind Anwendungsmodule. Systemmodule enthalten in der Regel die Sprachelemente, die die grundlegenden Abstraktionen von der verwendeten Maschine realisieren. Sie erweitern den Sprachumfang von Modula-2 um die aus der Sprache selbst ausgelagerten implementierungsabhängigen Elemente.

5.2.8.3 Übersetzungsregeln

Programm-, Definitions- und Implementationsmodule bilden Übersetzungseinheiten. Bei der Übersetzung müssen folgende Regeln eingehalten werden:

1) Ein Definitionsmodul muß vor dem zugehörigen Implementationsmodul übersetzt werden. Änderungen und erneute Übersetzungen des Implementationsmoduls haben keinen Einfluß auf die Übersetzung der übrigen Einheiten.

2) Ein Definitionsmodul muß vor allen anderen Modulen übersetzt werden, die Größen aus ihm importieren. Eine Änderung eines Definitionsmoduls zieht eine Rekompilation aller von ihm direkt oder indirekt abhängigen Module nach sich.

Diese Regeln implizieren, daß der (evtl. kollabierte) Baum der Benutzthierarchie, die aus Programm- und Definitionsmodulen besteht, in Endordnung (entsprechend einer topologischen Sortierung) übersetzt werden muß, und daß alle Implementationsmodule mit Sicherheit nach diesem Vorgang übersetzt werden können (weil dann alle benutzten Exporte bekannt sind).

5.2.9 Typ- und Zuweisungskompatibilität in Modula-2

Modula-2 hat im Vergleich zu anderen Sprachen sehr strenge Regeln für die Korrektheit von Zuweisungen und der Parameterübergabe. Es ist insbesondere darauf zu achten, daß zwei Datentypen unterschiedlich sind, obwohl sie die gleiche Struktur haben, wenn sie unabhängig voneinander definiert worden sind.

Ein Typ T_1 heißt **kompatibel** mit einem Typ T_2, wenn gilt:

1) Es gibt eine Typvereinbarung $T_1 = T_2$.
   oder
2) T_1 ist ein Unterbereichstyp mit Basistyp T_2.
   oder
3) T_1 und T_2 sind Unterbereichstypen mit gleichem Basistyp.

Der Datentyp T_V einer Variablen und der Ergebnistyp T_A eines Ausdrucks heißen **zuweisungskompatibel**, wenn gilt:

1) T_V und T_A sind kompatibel (s.o.).
   oder
2) T_V und T_A sind die Basistypen *INTEGER* oder *CARDINAL* bzw. Unterbereichstypen mit *INTEGER* und *CARDINAL* als Basistyp.
   oder

3) T_V ist ein Zeichenreihentyp mit N Zeichen und T_A ein Zeichenreihentyp mit M <= N Zeichen. (Ein Zeichenreihentyp ist ein Typ der Form *ARRAY [0..n] OF CHAR*).

Die Regeln 2) und 3) dieser Definition schwächen die im Vergleich zu anderen Sprachen sehr strenge Monomorphie des Modula-2-Typkonzepts ab.

Ein **Beispiel** hierfür ist nachfolgend angegeben: Die ersten vier Zuweisungen sind erlaubt, da die Typen der Variablen gleich sind. Die fünfte und sechste Zuweisung sind fehlerhaft, da die Typen *FeldTyp1* und *FeldTyp2* bzw. *RecordTyp1* und *RecordTyp2* zwar die gleiche Struktur haben, aber nicht zuweisungskompatibel sind.

Beispiel Zuweisungskompatibilität in Modula-2:

```
MODULE Test;

TYPE
   FeldTyp1   = ARRAY [1..10] OF INTEGER;
   FeldTyp2   = ARRAY [1..10] OF INTEGER;

   RecordTyp1 = RECORD
                   a, b: INTEGER
                END;

   RecordTyp2 = RECORD
                   a, b: INTEGER
                END;

VAR
   f1, ff1 : FeldTyp1;
   f2, ff2 : FeldTyp2;
   r1, rr1 : RecordTyp1;
   r2, rr2 : RecordTyp2;

BEGIN
   f1 := ff1;
   f2 := ff2;
   r1 := rr1;
   r2 := rr2;
   f1 := f2;
     ^ 128
 * 128: type incompatibility
   r1 := r2
     ^ 128
 * 128: type incompatibility
END Test.
```

5.2.10 Realisierung abstrakter Datenstrukturen in Modula-2

In Kapitel 5.2.2 wurde zweimal auf die Realisierung einer abstrakten potentiell unendlichen Datenstruktur *BINTREE* verwiesen. Zum dort definierten binären Baum sollen folgende Operationen realisiert werden:

NewBinTree: --> BINTREE
liefert einen neuen, leeren binären Baum

TreeDelete: BINTREE VAL --> BINTREE
löscht einen Wert in dem binären Baum

TreeInsert: BINTREE VAL --> BINTREE
fügt einen Wert in den binären Baum ein

TreeIsPresent: BINTREE VAL --> BOOLEAN
wahr, falls der Wert im Baum enthalten ist

Im weiteren gehen wir davon aus, daß die Baumdefinition aus Kapitel 5.2.2 dergestalt erweitert worden ist, daß sie geordnete Bäume beschreibt. Ein **Definitionsmodul** für die so spezifizierte Datenstruktur könnte z.B. so aussehen:

```
DEFINITION MODULE BinaryTree;

EXPORT QUALIFIED
   (* TYPE  *) VAL, BINTREE,
   (* PROC  *) NewBinTree, TreeInsert, TreeDelete, TreeIsPresent;

TYPE
   VAL = INTEGER;
   BINTREE;

PROCEDURE NewBinTree () : BINTREE;
PROCEDURE TreeIsPresent (bt : BINTREE; val : VAL) : BOOLEAN;
PROCEDURE TreeDelete (VAR bt : BINTREE, val : VAL);
PROCEDURE TreeInsert (VAR bt: BINTREE; val : VAL);

END BinaryTree.
```

Die Definition des abstrakten Datentyps, insbesondere der Operationen sollte dabei als Kommentare mit in das Definitionsmodul übernommen werden; sie sind hier nur der Länge wegen weggelassen worden.

Als **Repräsentation** kann, wie oben bereits beschrieben, eine Verkettung einzelner Baumknoten durch Zeiger gewählt werden. Im Implementationsmodul müssen dann die fehlenden Typdefinitionen sowie die Implementierung der Operationen angegeben werden:

```
IMPLEMENTATION MODULE BinaryTree;

FROM Storage IMPORT
   ALLOCATE, DEALLOCATE;

TYPE
   BINTREE = POINTER TO BINTREEREC;
   BINTREEREC = RECORD
                   val   : VAL;
                   left,
                   right : BINTREE
                END;

PROCEDURE NewBinTree () : BINTREE;
BEGIN
   RETURN NIL
END NewBinTree;

  ...

PROCEDURE TreeInsert (VAR bt : BINTREE; val : VAL);
BEGIN
   IF bt = NIL THEN
      NEW(bt);
      bt^.val := val
      bt^.left := NIL;
      bt^.right := NIL
   ELSIF val < bt^.val THEN
      TreeInsert(bt^.left, val)
   ELSE
      TreeInsert(bt^.right, val)
   END (* if *)
END TreeInsert;

END BinrayTree.
```

Die Implementierung der übrigen Prozeduren ist hier aus Platzgründen nicht mehr aufgeführt, weil an dieser Stelle einzig die Darstellung des Gebrauchs abstrakter Datentypen in Modula-2 wichtig war.

Leider kann in Modula-2 nicht die Feinstruktur beliebiger Typen verborgen werden, sondern (aus sprachimplementierungstechnischen Gründen) nur einer kleinen Auswahl von Typen. Als opake Typen sind erlaubt *INTEGER*, *CARDINAL*, Unterbereiche von *INTEGER* und *CARDINAL* sowie *POINTER*. Abstrakte Datentypen, deren Wertebereich sich nicht auf *INTEGER* oder *CARDINAL* abbilden läßt, werden daher - wie in diesem Beispiel zu sehen ist - als dynamische Variable realisiert, auf die über den Umweg der Dereferenzierung von Zeigern zugegriffen wird.

5.2.11 Realisierung polymorpher Datenstrukturen in Modula-2

Wir beziehen uns im folgenden im wesentlichen auf den Artikel von Czyzowicz und Iglewski <Czyzowicz/Iglewski85>, in denen die beiden Autoren ein Modula-2-Konzept zur Implementierung polymorpher abstrakter Datentypen vorschlagen. Dieses Konzept ist als eine geeignete Kombination der vorteilhafteren Ideen zweier Realisierungsvarianten hervorgegangen, die von R.S. Wiener und R.F. Sincovec in <Wiener/Sincovec85> ein erstes Mal vorgestellt wurden.

Um es anfangs gleich noch einmal hervorzuheben: Modula-2 stellt im Gegensatz zu Simula-67, Smalltalk-80 und Beta (oder anderen objektorientierten Programmiersprachen) keine Sprachmittel zur Verfügung, mit denen polymorphe abstrakte Datentypen direkt implementiert werden können (Dies gilt übrigens auch für ADA, obwohl dort so etwas wie ein 'generic-feature' zur Datenstrukturierung angeboten wird <Ada80>). Zur Begriffsbestimmung der polymorphen Datentypen, sowie zur Darstellung der wichtigen Vorteile dieses Konzeptes im Zusammenhang mit der Programmierung sei erneut auf Anhang C3 verwiesen.

Polymorphie wird in Modula-2 durch die Verwendung wiederverwendbarer, 'polymorpher' Module zur Datenabstraktion realisiert. Diese Module werden als ausgetestete Komponenten eines Softwaresystems in einem Pool zur Verfügung gestellt und dienen dem Anwendungsprogrammierer insbesondere bei der Benutzung von Datentypen (Listen, Keller, Bäume) über allgemeinen Informationsstrukturen (Basis- oder Elementtypen). Der Benutzer verwendet die Module, deren Gesamtheit eine polymorphe Datenstruktur realisieren, indem er den prozeduralen Rahmen besonderer Schnittstellenmodule übernimmt und diese Module im wesentlichen um die Strukturinformation erweitert, die Module umbenennt und neu übersetzt.

Als **Beispiel** für einen polymorphen Datentyp wird die Struktur 'polymorpher Suchbaum' angegeben (Die Angabe des Listings findet man auch in <Czyzowicz-/Iglewski85>). Dieses Konzept sieht folgende Modulrelation vor:

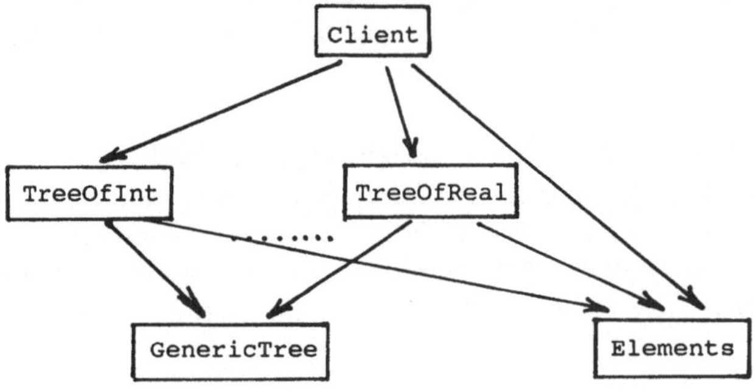

Zu den einzelnen Modulen: Das Modul *GenericTree* realisiert die Operationen der Datenstruktur auf einer maschinennahen algorithmischen Ebene. Es ist das umfangreichste Modul und als einziges als ständiges Kompilat vorgesehen. Es exportiert die allgemeinen Operationen auf Bäumen (*New*, *Delete*, *Insert*, *Display*, *IsPresent*) über beliebigen Basistypen, d.h. über Adressen (Nur Adressen können Objekte beliebigen Typs benennen), z.B.

```
PROCEDURE Insert ( VAR t    : GTree;
                       item : ADDRESS;
                       eq   : ComparisonFunc;
                       lt   : ComparisonFunc )
```

Man sieht, daß die für den besonderen Basistyp notwendigen Informationen (Adresse des Objekts) und Algorithmen (hier: Ordnungsrelation über dem Basistyp) der Prozedur *Insert* als Parameter übergeben werden müssen. Das Modul *GenericTree* ist nicht für eine Benutzung durch den Anwendungsprogrammierer (auf der Ebene des Moduls *Client*) vorgesehen, da durch seine allgemeine, aber maschinennahe Schnittstelle keine Typüberprüfung und somit keine sichere Handhabung möglich ist.

Die Module *TreeOfInt* und *TreeOfReal* realisieren Bäume über festen Basistypen (*Integer* und *Real*). Sie sind als Schnittstelle zwischen dem Klientenmodul und dem *GenericTree*-Modul gedacht und haben so zur Aufgabe, die sichere Benutzung des polymorphen Baumes zu gewährleisten, indem sie für eine korrekte Abbildung von den abstrakteren, d.h. weniger maschinennahen *IntegerTree*- bzw. *RealTree*-Operationen (die sie exportieren) auf die Operation des *GenericTree*-Moduls sorgen. Die Einfügeoperation hat nun folgendes Aussehen:

```
PROCEDURE Insert ( VAR t    : Tree;
                       item : Element )
```

Über eine *Define*-Operation wird bei der Erzeugung des Baums einmalig die Ordnungsrelation über dem Basistyp festgelegt durch die Übergabe der in dem *Client*-Modul definierten Vergleichsoperationen als Funktionsparameter. Die Module *TreeOfInt* und *TreeOfReal* sind durch Umbenennung des allgemeinen Schnittstellenmoduls *Tree* entstanden, stellen also kein ständiges Kompilat dar, sondern werden erst bei der Definition des Baumes über festem Basistyp einmalig erzeugt bzw. kompiliert.

In dem Modul *Element* wird die Menge der Basistypen definiert. Diese Typdefinitionen werden von den spezielleren Baummodulen (*TreeOfInt* und *TreeOfReal*) wie auch von dem *Client*-Modul importiert, können aber konzeptionell auch innerhalb der speziellen Baummodule deklariert und exportiert werden - eine Möglichkeit, die wir eigentlich für besser halten, da so bei Erweiterung des *Element*-Moduls eine Rekompilation aller speziellen Baum-Module unnötig wird, d.h. jedes Modul tatsächlich genau einmal übersetzt werden muß.

Dieses Konzept erlaubt also eine sprachunabhängige (da auf dem Modulkonzept basierende), aber eingeschränkte Realisierung polymorpher Datenstrukturen nur durch Kopie und Umbenennung eines gegebenen Moduls (das *Tree*-Modul) sowie der Deklaration des Basistyps und anschließender Kompilation. Aus Benutzersicht ermöglicht es bei strenger Typüberprüfung den eingeschränkten Gebrauch polymorpher Datenstrukturen über einer unbeschränkten Anzahl und Art von Elementtypen.

5.3 Pascal

Die Programmiersprache Pascal wurde ebenfalls von Niklaus Wirth an der ETH Zürich entwickelt und zuerst in <Pascal71> vorgestellt. Ein revidierter, von der ISO anerkannter Report von Standard-Pascal ist in <Pascal74> enthalten. Pascal war die erste Hochsprache, für die nicht nur die Syntax formal festgelegt wurde, sondern in <Hoare-/Wirth73> auch eine axiomatische Definition der Semantik vorgelegt wurde; außerdem ist sie die einzige uns bekannte in Europa entwickelte Sprache, die eine weite internationale Verbreitung und Anerkennung gefunden hat.

Pascal kann als der Vorläufer von Modula und Modula-2 gelten. In Modula wurden die meisten Konzepte von Pascal übernommen sowie einige wesentliche Erweiterungen vorgenommen. Da Standard-Pascal nicht direkt für Simulationszwecke eingesetzt werden kann (siehe unten sowie 6.3) und konzeptionell vollständig in Modula-2 enthalten ist, haben wir uns für eine ausführliche Beschreibung von Modula-2 entschieden. Gleichwohl verlangt die Verbreitung und Bekanntheit von Pascal sowie seine wichtige Stellung in der Geschichte der Entwicklung der Programmiersprachen hier zumindest eine kurze Erwähnung, zumal viele Implementierungen und Programmierumgebungen von Pascal über den Sprachstandard hinausgehen und teilweise gut für Simulationszwecke einsetzbar sind. Wegen der Vielfalt der Dialekte können diese hier im einzelnen nicht vorgestellt werden; alle konzeptionell verschiedenen Aspekte sollten sich jedoch in den Beschreibungen der übrigen Sprachen, insbesondere denen von Modula-2 und Simula-67, wiederfinden.

5.3.1 Ein Überblick

Programme als konkrete Algorithmen werden in Pascal als die Beschreibung von Aktionen kombiniert mit einer Beschreibung der manipulierten Daten (-objekte) verstanden. Aktionen werden durch Anweisungen denotiert, die Struktur von Daten durch Typdefinitionen. Der algorithmische Teil von Pascal entspricht Algol-60 mit einigen Einschränkungen und Erweiterungen; die Datenstrukturierung entspricht dem von Hoare entwickelten Typkonzept (siehe <Hoare72> sowie 3.1.2.2). Pascal ist eine blockorientierte Sprache; die Zusammenfassung von Daten und Algorithmen findet nicht nur auf Programm-, sondern auch auf Prozedurebene statt.

Standard-Pascal enthält kein polymorphes Typkonzept, keine Möglichkeit einer echten Datenabstraktion (im Sinne abstrakter Typen), kein Modulkonzept, keine Möglichkeit getrennter Übersetzung und keine Ausdrucksmittel für Nichtsequentialität.

5.3.2 Kurzbeschreibung

Pascal als eine imperative Sprache enthält als grundlegende Anweisung die Zuweisung *<var> := <expr>*, zur sequentiellen Zusammenfassung von Anweisungen die Verbundanweisung *begin...end*, sowie eine Sprunganweisung *goto <label>*. Strukturierte

Anweisungen für die Verzweigung sind *if <expr> then <stmt> else <stmt>* sowie die *case*-Anweisung; Wiederholungsanweisungen sind *while <expr> do <stmt>*, *repeat <stmtseq> until <expr>* sowie *for <var> := <expr> to <expr> do <stmt>*.

Das **Typkonzept** von Pascal enthält die skalaren Typen *Boolean*, *Char*, *Integer*, *Real*, sowie Aufzählungs- und Unterbereichstypen. An strukturierten Typen stehen Felder (*array*), Verbunde und Varianten (*record*), Sequenzen (*file*) und Mengen (*set*) zur Verfügung. Zur Realisierung rekursiver oder anderer potentiell unendlicher Datenstrukturen sind Zeigertypen (*pointer*) und dynamische Variable vorgesehen. Die Verwaltung des dynamischen Speichers durch die Prozeduren *new* und *dispose* ist Aufgabe des Benutzers. Es gibt keine Prozedurtypen.

Pascal ist wie Modula-2 eine streng getypte monomorphe Sprache, d.h. jeder Variablen wird ein fester eindeutiger Typ zugeordnet, der nicht geändert werden kann. Typkonflikte können zur Kompilationszeit erkannt werden.

Auch das **Blockkonzept** von Pascal entspricht dem von Modula-2. Es gibt nur benannte Blöcke (Prozeduren und Funktionen); die Verbundanweisung denotiert (leider) keinen eigenen Gültigkeitsbereich. Im Unterschied zu Modula-2 sind Bezeichner erst textuell nach ihrer Deklaration bzw. Definition in einem Block gültig.

Auch das **Prozedur- und Funktionskonzept** entspricht weitgehend dem von Modula-2. Funktionen werden durch das Symbol *function* deklariert und können nur skalare und Zeigertypen als Ergebnis liefern. Die Parameterübergabe erfolgt über einen Wert- und einen Referenzmechanismus (*call by value*, *call by reference*, siehe 3.1.5.1). Es gibt keine dynamischen Felder oder offenen Reihungsparameter. Prozedurparameter sind immer ungetypt.

5.3.3 Sprachdialekte

Verschiedene Implementierungen von Pascal enthalten Spracherweiterungen, die wesentliche neue Konzepte einführen und die Sprache für andere Anwendungsgebiete einsetzbar machen.

In **Concurrent Pascal** <Brinch-Hansen75> wurde Nebenläufigkeit durch Einführung echter Prozesse realisiert. **UCSD-Pascal** <Clark/Koehler82> enthält ein Koroutinenkonzept und Möglichkeiten der Modularisierung und getrennten Übersetzung. Synchronisation erfolgt über Semaphore. **ModPascal** <Olthoff86> enthält auf der Basis eines Modulkonzepts Möglichkeiten zur objektorientierten Begriffsbildung. **Path-Pascal** <Campbell/Kolstad81a,b> bietet Abstraktionsmöglichkeiten für Synchronisation (Pfadausdrücke) und Nebenläufigkeit (Prozesse) an, ein Objektkonzept als Erweiterung des Typkonzepts ermöglicht Modularisierung und Datenabstraktion.

5.4 Das Smalltalk-80-System

5.4.1 Einleitung

Das Smalltalk-80-System wird hier im wesentlichen aus zwei Gründen untersucht:

1) Smalltalk war in den siebziger und Anfang der achtziger Jahren **die** objektorientierte Programmiersprache. Konzepte der objektorientierten Programmierung sind nicht nur hinsichtlich der Programmierung im allgemeinen von größerer Bedeutung, sondern wie bereits mehrfach erwähnt im Zusammenhang mit unserer Auffassung des Simulationsbegriffs von besonderem Interesse.

2) Die Smalltalk-80-Sprache kann als eine Weiterentwicklung der Programmiersprache Simula-67 aufgefaßt werden und ist als solche zunächst sicherlich auch ein interessantes Implementierungswerkzeug für diskrete Simulationsmodelle.

Insbesondere durch das Erscheinen der Smalltalk-Bücher <Goldberg/Robson83a,b> und <Krasner83> wurde eine breite Schicht von Informatikern, Anwendern und Wissenschaftlern auf das Smalltalk-Projekt bzw. allgemein auf objektorientierte Systeme aufmerksam. Erst zu dieser Zeit und im engen Zusammenhang mit der Entstehung von Smalltalk wurde der Begriff *objektorientierte Programmierung* geprägt und die amerikanische Schule in diesem Forschungsbereich begründet. Ihre Entwicklungsschwerpunkte sind bisher jedoch wesentlich durch die 'code sharing idea' und die Konzepte der Vererbung, Polymorphismen und Datenabstraktion motiviert, als durch eine übergeordnete pragmatische oder systemorientierte Sichtweise der Programmierung, wie wir sie in der skandinavischen Schule (insbesondere im Beta-Projekt) vorfinden. Einige der populärsten objektorientierten Sprachen sind neben den von uns betrachteten Sprachen Flavors <Cannon83>, C++ <Stoustrup86a,b>, SCOOP <LaPalme/Malenfant/Vaucher88>, Eiffel <Meyer88> und andere.

Geschichte

Die **Entwicklung des Smalltalk-80-Systems** und der Smalltalk-80-Sprache geht in ihren Ursprüngen im wesentlichen von **Alan Kay** aus. Dieser Wissenschaftler beschäftigte sich zuerst 1968 in seiner MS Thesis mit dem Design und der Implementierung der Programmiersprache *FLEX* ('Flexible extensible language', University of Utah, May '68), einer frühen Weiterentwicklung der Sprache Simula-67. In seiner folgenden PhD. Thesis 'The Reactive Engine' (University of Utah, Sept. '69) entwickelte er die Idee des *Dynabook*, eines Personal Computers, den der Benutzer entsprechend seinen Anforderungen und Vorstellungen modifizieren, weiterentwickeln und bei seinen speziellen Tätigkeiten einsetzen kann. Diese Vision umfaßt einen leicht handhabbaren, 'high performance personal computer' mit hochauflösender Graphik, Ein/Ausgabegeräte zur Unterstützung von 'visual and audio communication path' und Netzverbindungen zu allgemein zugänglichen Informationsbeständen <Goldberg81a>. Diese Ideen wurden von der **Learning Research Group** am **XEROX Palo Alto Research Center (PARC)** aufgegriffen (nachdem diese Gruppe von Alan Kay gegründet und geleitet wurde) und in einer langen Serie von aufeinander aufbauenden objektorientierten Programmierumgebungen (Smalltalk-72/76/78/80) weitergeführt, modifiziert und realisiert.

Ideen

Mit *Dynabook* sollte es vor allem möglich sein, einen einfachen, überschaubaren, bald spielerischen Zugang zu der Funktionsweise eines Rechners und der Programmierung finden zu können. Es war ursprünglich vor allem auch darauf ausgelegt, Kindern das Arbeiten mit dem Computer auch auf der Ebene ihrer Programmierung leicht erlernbar zu machen - wir wollen an dieser Stelle von einer Diskusion über den Sinn solcher Ziele absehen.

Das allgemeine **Ziel des Designs des Smalltalk-80-Systems** war es zunächst, die konventionelle Software-Entwicklung zu überwinden, in welcher eine starke Trennung zwischen dem Entwickler von Software-Entwicklungsumgebungen (Sprachdesign, Compilerbau, 'Tools-kits', Editoren etc.) und dem Programmierer von Anwendungsprogrammen sowie schließlich dem nichtprogrammierenden Benutzer besteht. Stattdessen sollte eine auf einem einheitlichen Konzept basierende integrierte Programmierumgebung entwickelt werden, die neben den Werkzeugen zur Programmentwicklung und der Sprache, in der diese Programme geschrieben werden sollen, auch die Programme selbst zu einer Einheit zusammenfaßt. Eine kritische Anmerkung zur Begründung dieser Entwurfsziele sei hier bereits erlaubt, indem wir auf die Fragwürdigkeit der Idee vom 'programmierenden Benutzer' hinweisen.

Konzepte

Um dies zu erreichen, sollte das Computersystem in viele voneinander weitgehend unabhängige Einheiten gegliedert werden (sozusagen einzelne virtuelle Maschinen), über deren spezielle Leistungen und Dienste der Anwender im eigenständigen Dialog verfügt. Das Smalltalk-80-System wurde so geschaffen, daß es durch den Programmierer leicht modifiziert werden kann. Die Umgebung gleicht einem **Bausteinkasten** (application kit), den der Programmierer im Hinblick auf besondere Anwendungen erweitern kann. Dieser Bausteinkasten soll auch und vor allem von Nichtprogrammieren für spezielle Erweiterungen oder als Teilmenge eines Systems benutzt werden können, um kundengerechte Versionen einer Applikation zu schaffen.

Aus solchen Bausteinen, einer Menge von autonomen Einheiten, den **Objekten**, ist das ganze Smalltalk-80-System aufgebaut. Alles, was ein leistungsfähiges (konventionelles) System ausmacht, wird in Smalltalk-80 durch verschiedene Objekte realisiert: Betriebssystemfunktionen (wie Dateiverwaltung, Gerätetreiber, Prozeßverwaltung etc.), Programmierumgebungen (wie Graphikwerkzeuge, Editoren, Compiler etc.), aber auch programmiersprachliche Elemente (wie Wertemengen - Integer, Float -, Kontrollstrukturen - Blöcke, Prozeduren - etc.). Der Benutzer findet im Smalltalk-80-System eine **Objektwelt** vor, die er sich im Umgang (Dialog) mit einzelnen Objekten erschließen kann. Umgang mit einem Objekt heißt: der Benutzer sendet eine Nachricht an das

Objekt, dieses empfängt die Nachricht, führt bestimmte Aktionen aus, ändert ggf. seinen internen Zustand und liefert als Antwort ein Ergebnisobjekt.

Programmierung in Smalltalk-80 ist ein interaktiver Prozeß, d.h. ein Vorgang, der im Dialog zwischen dem Programmierer und dem gesamten Smalltalk-80-System abläuft. Dabei wird das System modifiziert und erweitert, indem schrittweise neue Objekte spezifiziert, implementiert und generiert werden.

Die große Beachtung, die Smalltalk innerhalb der Informatiker- und Anwenderkreise gefunden hat, lag aber bisher weniger in seiner neuartigen System- und Sprachkonzeption begründet, als darin, daß hier unter einer einheitlichen Architektur fortgeschrittende Konzepte zur **Gestaltung von Benutzerschnittstellen** in Hard- und Software realisiert wurden, z.B. Hochauflösender Graphik-Bildschirm, Maus als Zeige- und Eingabegerät, Fenstertechniken (Windowing), leistungsfähige Graphik-Tools, 'modeless editing', Menue-Steuerung. Diese modernen Formen der Mensch-Maschine-Interaktion haben die Entwicklung heutiger leistungsfähiger Personal-Computer und Workstations (z.B. als Arbeitsplatzrechner im modernen Büro) stark beeinflußt. Erst seit den letzten Jahren kann sich auch das mit Smalltalk-80 untrennbar verbundene Konzept der objektorientierten Programmierung in wissenschaftlichen Kreisen einer großen, aber der Bedeutung dieses Ansatzes angemessenen Aufmerksamkeit erfreuen.

5.4.2 Allgemeines zur Programmierung in Smalltalk-80

Entsprechend der Einheitlichkeit, mit der die grundlegenden Konzepte (object-message orientation) beim ganzen Systemdesign realisiert wurden, gibt es nur wenige Sprachkonzepte zu erlernen. Diese Konzepte können vorgestellt werden, indem man fünf Begriffe einführt: **Objekt, Klasse, Instanz, Nachricht** und **Methode**.

Wir wollen im folgenden eine kleine Einführung in diese Konzepte und die Programmierung in Smalltalk-80 geben. Dabei sollte man sich nicht dadurch verwirren lassen, daß diese fünf Begriffe teilweise in Terminologie der jeweils anderen Begriffe definiert sind. Manchmal hat gerade der erfahrende Programmierer verhältnismäßig große Schwierigkeiten, sich diese Konzepte anzueignen, da das Algol/Lisp/Simula-Erbe, das er in der Smalltalk-80-Sprache aufzufinden glaubt, ihm häufig die Sicht für die Einfachheit und Geschlossenheit des Systems versperrt.

5.4.3 Objekte in Smalltalk-80

Das ganze Smalltalk-80-System besteht aus einer Menge von unabhängigen, global zugänglichen Objekten, die miteinander nur über das Senden und Empfangen von **Nachrichten** (messages) interagieren.

Zu jedem **Objekt** gehören eine Menge lokaler Daten (privater Speicher) und eine Menge von Operationen. Objekte bieten nach außen hin ein **Protokoll** (interface) an, d.h. eine Menge von **Nachrichtenmustern** (message pattern) für Nachrichten, die das Objekt 'verstehen' kann. Zu jedem dieser Nachrichtenmuster sind dem Objekt eigene **Methoden** (methods) zugeordnet. Diese Methoden denotieren Algorithmen, die bei dem Empfang der entsprechenden Nachricht durch das Objekt ausgeführt werden. Jede Anwendung einer Methode liefert ein Ergebnis (wiederum ein Objekt), das an den Sender der Nachricht als Antwort zurückgegeben wird.

Auf die lokalen Daten eines Objekts hat nur das Objekt selbst Zugriff. Lokale Daten eines Objekts sind ausschließlich Instanzvariablen, die Referenzen zu anderen Objekten darstellen. Nach außen hin abstrahiert das Objekt von der Repräsentation seiner Werte und von der Implementierung der auf ihnen operierenden Algorithmen. Die **Lebensdauer eines Objektes** währt so lange, wie Verweise auf dieses Objekt existieren, d.h. das Objekt zugreifbar ist. (Dies erfordert eine geeignete Speicherverwaltung mit *garbage collector* und *reference counting* durch die Smalltalk-Maschine.)

Es ist selbstverständlich, daß dieses Objektkonzept in Smalltalk-80 sehr verschieden ist von dem, was man insbesondere in der imperativen Programmierung unter dem Begriff 'Objekt' versteht. Es bestehen auch einige wesentliche **Unterschiede zu unserem in Kapitel 3.1.1.3 geprägten Objektbegriff**: Objekte in Smalltalk-80 sind immer passive Objekte; ihnen ist kein Anweisungsteil zugeordnet. Sie bestehen nur aus einer Zusammenfassung von Instanzvariablen und Methoden. Smalltalk-80-Objekte können also im Gegensatz zu unseren allgemeinen Objekten nicht agieren, sondern nur auf Nachrichten durch die Ausführung einer lokalen Methode reagieren (einzige Ausnahme bilden Objekte als Blockinstanzen, siehe 5.4.5.4). Smalltalk-80-Objekte haben keine nach außen hin sichtbaren Attribute, sondern nur ein Nachrichtenprotokoll. Die nach innen sichtbaren Attribute bestehen aus den Instanzvariablen und dem Nachrichtenprotokoll, d.h. auch auf Ebene der Methoden besteht kein direkter Zugriff auf andere Methoden des Objekts. In diesem Sinne können wir die Smalltalk-80-Objekte in unserer Terminologie am besten als **abstrakte allgemeine Datenobjekte** charakterisieren.

Die interne Struktur bleibt weitgehend verborgen. Operationen werden durch Methoden beschrieben, die durch Nachrichten aktiviert werden. Alle Objekte des Smalltalk-80-Systems sind global, d.h. es gibt keine lokalen Objekte (Teilobjekte). Deshalb müssen auch alle Objekte dynamisch generiert werden. Eine statische Deklaration wie z.B. in Beta ist nicht möglich. Der **Zustand eines Objekts** ist gegeben durch die Werte seiner Instanzvariablen (Externe Relationen zu anderen Objekten) und den Ausführungsstatus (Wird gerade eine Methode ausgewertet und wenn ja, welches ist die aktuelle Anweisung?). Smalltalk-80-Objekte weisen Substanz nur in Form von Instanzvariablen auf. Interpretationen der Substanz entsprechen immer Referenzen zu anderen globalen Objekten und können nicht im Sinne eines allgemeinen Wert- oder Typkonzepts (siehe 3.1.1.1 bzw. 3.1.2.1) verwendet werden. Werte als Abstraktionen meßbarer Eigenschaften der Substanz, wie sie zur Fundierung einer imperativen oder systemorientierten Programmierung eingeführt worden sind, gibt es in der Smalltalk-80-Welt nicht (siehe auch 5.2.5.1).

Die geschilderten Differenzen liegen unserer Ansicht wesentlich in einem anderen Verständnis von Programmierung begründet, das eine abweichende intensionale Sicht der Bedeutung von Programmen voraussetzt. Außerdem ist zu berücksichtigen, daß Smalltalk-80 der erste Versuch der Implementierung einer solchen Sichtweise war. Zur genaueren Erläuterung und Bewertung dieser Sicht verweisen wir auch auf die Schlußbemerkungen zu Smalltalk-80 in Kapitel 8.3.

5.4.4 Klassen in Smalltalk-80

Klassen (classes) beschreiben die strukturellen Eigenschaften von Objekten, die alle die gleiche Art von Systemkomponente repräsentieren. Wie bereits in Kapitel 3.1.6 dargestellt, sind auch Smalltalk-80-Klassen zunächst intensionale Beschreibungen von Objektmengen. Jedes Objekt ist Element einer Klasse, genannt **Instanz** (instance) oder **Ausprägung** einer Klasse. Jede Instanz hat eine Menge von **Instanzvariablen** (instance variables). Die Klasse stellt eine Menge von Namen zur Verfügung, die von den Objekten benötigt werden, um auf diese objektlokalen Größen zuzugreifen. Objekte einer Klasse unterscheiden sich nur in ihrem Zustand und in ihren externen Relationen (siehe wieder 3.1.1.2). Variablen dienen ausschließlich dem Zugriff auf andere Objekte, stellen also immer Objektreferenzen dar (siehe 5.4.5.2). Über sie ist es möglich, Dienste (Methoden) anderer Objekte über Nachrichten anzufordern.

Smalltalk-80 wird grundsätzlich in einer **interaktiven Programmierumgebung** benutzt. Um neue Applikationen zu schaffen oder bereits existierende zu verändern, gilt es Klassen zu definieren oder zu modifizieren und Objekte zu kreieren. Hierbei interagiert der Benutzer genauso mit dem System wie die Systemkomponenten (Objekte) untereinander.

Bei der Begriffsbildung durch die Klassen können auch die Abstraktionsfunktionen der Spezialisierung bzw. Generalisierung verwendet werden, d.h. Klassen können in Vererbungshierarchien organisiert werden (siehe 5.4.7). Im Deklarationsteil einer Klasse können nur Instanzvariablen eingeführt werden. Eine Verschachtelung von Gültigkeitsbereichen (z.B. durch lokale Klassen) ist leider weder auf Klassen- noch auf Methoden- oder Blockebene möglich. Abgesehen von Unterschieden zwischen dem Smalltalk-80- und unserem Klassenkonzept (siehe 3.1.6), die sich aus der unterschiedlichen Konzeption des zugrundeliegenden Objektbegriffs ergeben, sind Klassen in Smalltalk-80 nicht nur Begriffsschablonen, die einem Metaformalismus (der Programmiersprache) zuzuordnen sind, sondern selbst wieder Objekte des Smalltalk-80-Systems. So können Klassen wieder durch sogenannte Metaklassen beschrieben werden (weiteres siehe 5.4.10).

Die Smalltalk-80-Sprache stellt eine einheitliche Syntax für die Handhabung von Objekten, das Senden von Nachrichten und die Definition von Klassen zur Verfügung. Damit ein sinnvolles Programmieren in Smalltalk-80 möglich ist, gibt es eine Reihe globaler Klassen und Objekte, die ein Smalltalk-80-System im ganzen erst ausmachen. Die Klassen, die dort standardmäßig definiert und zum Teil direkt durch die virtuelle Smalltalk-Maschine implementiert sind, heißen **Systemklassen** (*system classes* oder *basic classes*).

Die Systemklassen realisieren die algorithmische Basis (sofern dieser Begriff auf konzeptionell völlig andere Sprachen übertragbar ist) von Smalltalk-80 (weiteres siehe 5.4.9 Vordefinierte Klassen).

5.4.5 Ausdrücke (Expressions)

Ausdrücke sind Sequenzen von Zeichen, die der Smalltalk-80-Syntax entsprechen; sie denotieren Algorithmen innerhalb von Methoden. Ihre Auswertung liefert einen Wert, d.h. genauer eine Referenz auf ein Objekt. Ausdrücke können im einfachen Fall Literale oder Variablen und Zuweisungen und im komplizierteren Fall Nachrichten oder Blöcke sein.

5.4.5.1 Literale

Literale können als Konstanten angesehen werden, da ihre Auswertung immer dasselbe Objekt liefert. Literale können sein:

1) Zahlen
2) Zeichen
3) Zeichenketten
4) Symbole
5) Felder anderer Literale

So ergibt die Auswertung des Literals 30.5 eine Referenz auf das Objekt (Instanz der Klasse *Float*), das die reelle Zahl 30,5 darstellt. D.h. auch Literale, z.B. zur Angabe von Wahrheits- oder Zeichenkettenwerten, benennen konzeptionell nicht direkt Werte; innerhalb von Ausdrücken bezeichnen sie Namen von Objekten entsprechender Werte. Insofern können Nachrichten auch an Literale gesendet werden.

Hier fällt sofort auf, daß der objektorientierte Ansatz in Smalltalk-80 Schwierigkeiten hat, eine abstrakte Vorstellung von **Werten** (siehe hierzu 3.1.1.1) in das Gefüge der verwendeten Konzepte zu integrieren. Werte erscheinen in Smalltalk-80 nur implizit in Gestalt von globalen, über die gesamte Lebensdauer des Systems existierenden Objekten, deren festgelegtes funktionales Verhalten das Dasein bestimmter Werte vorspiegelt. Z.B. bezeichnet das Literal '6' ein Objekt, das solche Nachrichten wie '+' oder '-' interpretieren kann. Eine '+'- Nachricht mit dem Argument '4' an dieses Objekt gesendet, veranlaßt genau dieses Objekt zum Zurücksenden eines bestimmten Ergebnisobjektes, nämlich '10'.

Werte als abstrakte Größen, als Ergebnis der Interpretation von Zuständen von Datenobjekten gibt es also in Smalltalk-80 nicht. Dementsprechend ist auch eine reine Datenabstraktion im Sinne einer Werte- und Typabstraktion, wie sie im Kapitel 3.1.2.2 beschrieben ist, nur eingeschränkt möglich. Obwohl dieses Problem z.B. in Beta wesentlich besser gelöst ist, scheint es doch ein generelles Problem objektorientierter Programmiersprachen zu bleiben. Umgekehrt entsprechendes können wir auch bei Sprachen aus der Familie der werteorientierten oder funktionalen (*value-oriented, functional or applicative languages*) Sprachen feststellen, die häufig als der objektorientierten Programmierung genau entgegengesetzt betrachtet werden (Aus unserer systemorientierten Sichtweise teilen wir diese Ansicht aber nicht uneingeschränkt, siehe auch 2.3): Hier besteht die Schwierigkeit der Integration eines ausreichend mächtigen Objektkonzepts.

5.4.5.2 Variablen

Jede Variable ist eine Referenzvariable und kann auf ein beliebiges Objekt zeigen, so daß Smalltalk-80 als eine **typenfreie Sprache** bezeichnet werden kann. Allerdings ergibt sich eine gewisse Typisierung der Objekte dadurch, daß auf ihre interne Struktur nicht zugegriffen werden kann, sondern Interaktionen zwischen Objekten ganz der Kontrolle durch den Nachrichtenmechanismus unterworfen sind. In diesem Sinne könnte man von operationsdefinierten Datentypen in Smalltalk-80 reden. Eine ungültige Nachricht erzeugt einen Laufzeitfehler. Dennoch gilt es hervorzuheben: Smalltalk-80 hat kein echtes Typkonzept; dynamische oder statische Typüberprüfung findet nicht statt; Referenzen auf Objekte sind nicht qualifiziert. Bei der Instanziierung einer Klasse zeigen die Referenzen des Objekts initial auf das globale Objekt *nil*.

Die Auswertung eines Ausdrucks, der eine Variable ist, liefert ein Objekt. Variable werden benötigt, um Zugriffe auf Objekte zu ermöglichen. Eine Variable (ihr Wert, d.h. ein Verweis auf ein Objekt und damit indirekt das Objekt selbst) kann innerhalb eines Ausdrucks als Empfänger (receiver) oder als Argument einer Nachricht (message argument) verwendet werden. Der Wert einer Variablen kann innerhalb eines **Zuweisungsausdrucks** verändert werden, z.B.:

```
variable <-- 19.
```

Wird ein Zuweisungsausdruck ausgewertet, so nimmt die Variable links des Zuweisungsoperators den Referenzwert des Objektes an, das durch die rechte Seite (ebenfalls ein Ausdruck) beschrieben ist. In diesem Fall benennen das Literal *19* und der Ausdruck *variable <-- 19.* ebenso wie die Variable *variable* nach der Auswertung das gleiche Objekt (nämlich das Objekt, das die natürliche Zahl neunzehn mit den entsprechenden arithmetischen Operationen als Instanz der Klasse *Integer* repräsentiert).

Es sei hier darauf hingewiesen, daß es insgesamt **sechs verschiedene Arten von Variablen** gibt:

1) **Instanzvariable** (instance variable):
   Lokale Variable des Objekts

2) **Pseudovariable** (pseudo variable):
   Dies sind Variable, die global verfügbar sind, aber als Konstanten behandelt werden (d.h. nicht auf der linken Seite eines Zuweisungsoperators stehen dürfen):
   a) *nil*: bezeichnet ein Objekt, das immer benutzt wird, wenn der Wert einer Variablen undefiniert ist
   b) *true, false*: bezeichnen die beiden Instanzender Klasse *Boolean*
   c) *self*: bezeichnet das Objekt selbst. Über diese Variable kann jedes Objekt auf eigene Methoden zugreifen.
   d) und andere ...

3) **Nachrichtenargumente** (message arguments):
   Formale Parameter für Methoden

4) **temporäre Variablen** (temporary variables):
   Methodenlokale Variablen

5) **Klassenvariablen** (class variables):
   Dies sind Variablen, die von allen Instanzen einer Klasse sowie von der Klasse selbst benutzt werden können.

6) **Globale Variablen** (global variables):
   Auf globale Variablen können nicht nur alle Objekte einer Klasse zugreifen, sondern überhaupt alle Objekte innerhalb des Systems. Mit Ausnahme von Variablen, die Systemressourcen benennen, gibt es nur sehr wenige globale Variablen, da ihre Verwendung dem modularen Programmierstil in Smalltalk-80 widerspricht.

5.4.5.3 Nachrichten

Nachrichten (messages) repräsentieren die Interaktionen zwischen den einzelnen Komponenten des Smalltalk-80-Systems. Wird ein Nachrichtenausdruck ausgewertet, so wird die Nachricht an das entsprechende Objekt gesandt. Dort veranlaßt sie die Ausführung einer Methode, die ihrerseits ein Ergebnis liefert. Dieses Ergebnisobjekt ist schließlich der Wert des Nachrichtenausdrucks. Nachrichtenaustausch wird in Smalltalk-80 also als eine Zweiwegkommunikation verstanden. Eine Nachricht kann beliebig parametrisiert werden und liefert immer ein Ergebnisobjekt an den Sender zurück. Alle Berechnungen in einem Smalltalk-80-System werden über das Senden und Empfangen von Nachrichten beschrieben.

Nachrichten können aus drei Komponenten bestehen: **Empfänger** (receiver), **Nachrichtenbezeichner** (selector) und **Nachrichtenargumente** (message arguments). Der Empfänger bezeichnet das die Nachricht empfangende Objekt (eine Variable oder ein anderer Ausdruck). Der Selektor bezeichnet die Nachricht an das Objekt und damit die Methode, die durch dieses Objekt ausgeführt werden soll. Die Nachrichtenargumente dienen der Übergabe aktueller Parameter (sie sind natürlich optional) an das Objekt.

Ein Beispiel:

An das Objekt *3* wird die Nachricht + gesandt mit dem Argument *6*. Das Objekt *3* wendet die Methode für die Nachricht + mit dem aktuellen Parameter *6* an. Ergebnis der Auswertung dieser Nachricht ist das Objekt *9*.

Andere Beispiele für Nachrichten:

```
index + 1
index > 1
frame moveto: NewLocation
list at: index put: element
```

Der Selektor der letzten Nachricht ist die Konkatenation der beiden Teilstrings *at:* und *put:*, wobei es zwei Argumente gibt. Nachrichten werden immer 'left-most inner-most' ausgewertet, z.B.:

```
index + offset * 2
```

Das Ergebnisobjekt des Sendens der Nachricht + *offset* an *index* ist der Empfänger der Nachricht * *2*. Es kann auch geklammert werden:

```
index + (offset * 2)
```

Hier wird das Ergebnis der Nachricht * *2* an *offset*, das Argument der Nachricht mit dem Selektor + an *index* gesendet.

Der Nachrichtenmechanismus entspricht in Smalltalk-80 aus Benutzersicht gesehen also noch weitgehend dem Konzept des Funktionsaufrufs aus den Algol-Sprachen (bzw. dem Fernzugriff aus Simula-67 oder Beta) in dem Sinne, daß das sendende Objekt solange suspendiert wird, bis das adressierte Objekt seine Aktivität beendet hat (blockierendes Senden). Sowohl Prozeduren als auch Methoden können als Attribute von Objekten aufgefaßt werden.

Konzeptionell bestehen aber deutliche **Unterschiede zwischen dem Nachrichtenaustausch** von Smalltalk-80 **und dem Prozeduraufruf** z.B. von Simula-67: Prozeduren werden objektintern durch einen gewöhnlichen Aufruf bzw. objektextern über den Fernzugriff aktiviert. Aus Benutzersicht entscheidet in Smalltalk-80 nur der Empfänger, wie er auf eine Nachricht reagiert. Eine Nachricht ist nur eine 'Bitte' zur Erfüllung eines bestimmten Dienstes. Der Sender kann insbesondere überhaupt keine Annahmen darüber machen, wie diese Funktionalität zur Verfügung gestellt wird (auch *call by desire* genannt, siehe <Rentsch86>). Dieselbe Nachricht an unterschiedliche Objekte gesendet kann ganz andere Methoden aktivieren. Aus diesem Grund auch können Methoden einander nicht selbst aufrufen - wie dies objektintern natürlich in Simula-67 oder Beta möglich ist -, sondern kommunizieren ebenfalls über den Nachrichtenmechanismus (über die objekteigene Variable *self*). Die Auswertung von Nachrichten liefert - anders als beim Prozeduraufruf, aber entsprechend dem Funktionsprozeduraufruf - immer einen Wert (Referenz auf ein Ergebnisobjekt). Da Variablen immer als Referenzen auf beliebige dynamische Objekte erscheinen, stellt die Übergabe der Nachrichtenargumente in Terminologie des Prozedurkonzepts immer eine ungetypte Referenzübergabe dar.

5.4.5.4 Blöcke

Bisher haben wir zwei verschiedene Formen algorithmischer Konstrukte kennengelernt:

1) die sequentielle Auswertung von Ausdrücken in Methoden
2) das Senden von Nachrichten aktiviert andere Methoden, die Ergebnisse zurückliefern.

Alle anderen Kontrollstrukturen sind in Objekten realisiert, die **Blöcke** (blocks) heißen. Wie eine Methode, so sind auch Blöcke im wesentlichen eine Klammerung um eine Menge lokaler Variablen und eine Sequenz von Ausdrücken, die bei Auswertung ein Ergebnis liefern (d.h. ein Block selbst ist auch wieder ein Ausdruck). Der Unterschied zu den Methoden ist einerseits, daß Blöcke nicht über ein Nachrichtenmuster benannt werden können, und andererseits, daß sie als (singuläre) Objekte aufgefaßt werden.

5.4.5.4.1 Einfache Blöcke

Der Beginn und das Ende eines Blocks werden syntaktisch durch *[* und *]* gekennzeichnet. Ausdrücke eines Blockes werden durch Punkte getrennt. Blöcke werden nicht sofort ausgewertet, wenn sie innerhalb von Ausdrücken auftreten, sondern zunächst als einfache durch Zeichenketten benannte algorithmische Objekte behandelt, wobei die Zeichenketten der Blocksyntax genügen müssen, z.B.:

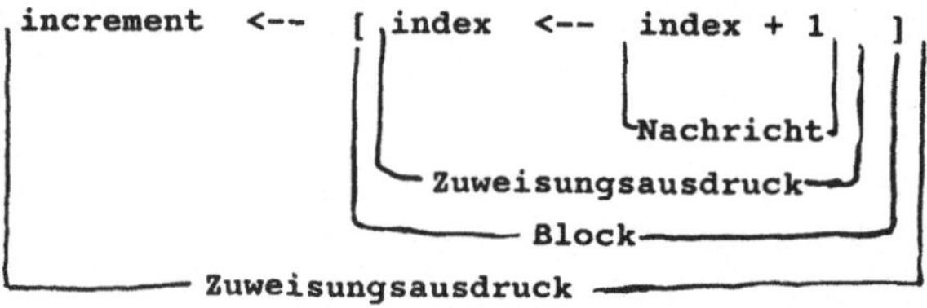

Nach Auswertung dieses Ausdrucks zeigt die Variable *increment* auf ein Blockobjekt mit der beschriebenen Struktureigenschaft

```
[ index <-- index + 1 ]
```

Ein Block wird erst ausgewertet, d.h. das algorithmische Objekt wird erst aktiviert, wenn es die Nachricht mit dem Selektor *value* empfängt. Die jedem Objekt zugeordnete Methode *value* veranlaßt also dasselbe, sich selbst auszuwerten. So hat jetzt die Nachricht

```
increment value
```

dieselbe Wirkung wie

```
[ index <-- index + 1 ] value
```

nämlich die Auswertung des Zuweisungsausdrucks

```
index <--  index + 1
```

Smalltalk-80-Blöcke stellen die einzigen algorithmischen Objekte der Smalltalk-80-Sprache dar (siehe 3.1.1.3). Sie sind durchaus mit den im Kapitel 3.1.4.1 dargestellten Blockausdrücken vergleichbar. Unterschiede bestehen jedoch einerseits in dem nicht ausschließlich funktionalen Charakter der Smalltalk-80-Blöcke (Seiteneffekte) und andererseits darin, daß Blockbeschreibungen wiederum auch als Objekte aufgefaßt werden, d.h. zwischen Kode und Daten keine Trennung besteht (vgl. auch <Allan78> und <Moon/Weinreb81>). Dies ist Grundlage für die Zuweisbarkeit von Blöcken und damit Voraussetzung für Blockparameter und die Realsierung von Kontrollstrukturen in Smalltalk-80. Blöcke stellen auch in Smalltalk-80 direkt beschriebene singuläre Objekte dar (siehe wieder 3.1.4.1).

5.4.5.4.2 Blockparameter und Kontrollstrukturen

Kontrollstrukturen sind durch Nachrichten realisiert, deren Empfänger oder Argumente Blöcke sind. Die Methoden, die diese Kontrollstruktur-Nachrichten realisieren, beinhalten das Senden von Auswertungsnachrichten an den Block (d.h. sie veranlassen die Auswertung des Blocks, die Anwendung eines Algorithmus'). Im Smalltalk-80-System gibt es zwei Arten solcher primitiver Kontrollnachrichten: bedingte Auswahl (conditional selection) von Blöcken (*ifTrue:ifFalse:*) und bedingte Wiederholung (conditional iteration) von Blöcken (*whileTrue:* und *whileFalse:*).

Fallunterscheidungen werden über die globalen Booleschen Objekte *true* und *false* realisiert. Ein Beispiel:

```
queue  isEmpty  ifTrue:  [index <-- 0]
                ifFalse: [index <-- queue next]
```

Wenn die Nachricht *isEmpty* an das Objekt *queue* das Objekt *true* liefert, bewirkt das Senden der Nachricht *ifTrue:ifFalse:* das Auswerten des ersten Arguments (Blocks), sonst des zweiten. Empfänger dieser *conditional selection messages* sind also **immer** die beiden Booleschen Objekte (die einzigen Instanzen der Klasse *Boolean*).

Die zweite Art primitiver Kontrollnachrichten, hier die **abweisende Schleife**, wiederholt die Auswertung der Ausdrücke eines Blocks so lange, wie eine gegebene Bedingung wahr ist. Diese Nachrichten werden an Blöcke gesendet.

Ein Beispiel:

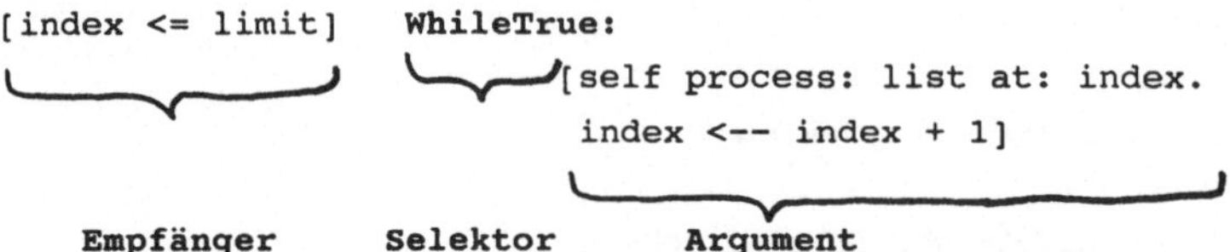

Die Methode des Empfängerblocks für das Nachrichtenmuster *whileTrue:* wertet erst den Empfängerblock aus (durch Senden der Nachricht *value* an sich selbst). Falls dieser das *true*- Objekt liefert, wird mit der Ausführung des Argumentblocks fortgefahren. Dies wird solange wiederholt, wie das Ergebnisobjekt der Auswertung des Empfängerblocks *true* ist. Es gibt auch noch eine zweite Form der bedingten Wiederholung:

```
[queue isEmpty]  whileFalse:
                     [self process:queue next]
```

Kontrollstrukturen werden in Smalltalk-80 nicht, wie in Kapitel 3.1.3 dargestellt, als Anweisungen im Sinne einer elementaren algorithmischen Abstraktion über algorithmische Operatoren aufgefaßt. Die vollständige Fallunterscheidung wird über blockparametrisierte Standardnachrichten an die beiden globalen Booleschen Objekte und die Schleife über blockparametrisierte Standardnachrichten an Blockobjekte realisiert. Sie erlaubt eine einfache Erweiterung der Sprache um neue Kontrollstrukuren. Aufgrund der Zuweisbarkeit und Übergabemöglichkeit von Blöcken **können so leicht neue Kontrollstrukturen** eingeführt werden.

Ein **Beispiel** ist die Implementierung einer zusätzlichen Kontrollnachricht für Objekte der Klasse *Integer* zum mehrmaligen Wiederholen von Blöcken, d.h. die Kontrollstruktur **Zählschleife**:

```
timesRepeat:  aBlock  | index |

              index  <--  1.
              [index <= self]  whileTrue:
                                   [aBlock value.
                                    index  <--  index + 1]
```

Auch solche recht komplizierten, aber ausdrucksstarken Kontrollstrukturen wie die **ereignisgesteuerte Wiederholung** (event-driven case statement - eingeführt von Zahn und Knuth <Knuth74>) können in Smalltalk-80 durch den Programmierer realisiert werden <Shock78>. Diese Flexibilität der Smalltalk-80-Sprache erscheint uns ein wesentlicher Vorteil (vgl. auch Beta), da sie eine zusätzliche Abstraktion auch auf der Ebene einer elementaren Kontrolle des Ausführungsflusses ermöglicht. Die Auffassung der Kontrollstrukturen als Operationen, die mit Blöcken parametrisiert werden, halten wir für eine allgemeinere Sicht (siehe 3.1.3).

5.4.5.4.3 Parametrisierbare Blöcke

Es gibt auch die Möglichkeit, Blöcken Argumente bei ihrer Auswertung zu übergeben. Die **formalen Blockparameter** (block arguments) werden syntaktisch gekennzeichnet, indem sie einzeln mit einem Doppelpunkt präfigiert und von der Ausdruckssequenz durch einen vertikalen Strich getrennt werden, z.B.:

```
[:array | total <-- total + array size]
```

Die **aktuellen Blockparameter** sind die Nachrichtenargumente der Auswertungsnachricht an den Block. D.h. bei Auswertung des Blocks findet die Parameterübergabe dergestalt statt, daß die formalen Parameter innerhalb des Blocks durch die aktuellen Parameter der *value*-Nachricht substituiert werden. Dabei ist die Identifikation der aktuellen Parameter mit den formalen Parametern nur durch die Reihenfolge der Bekanntmachung der formalen Parametern mit der Reihenfolge der Parametrisierung der *value*-Nachricht gegeben.

Die gewöhnliche Verwendung parametrisierter Blöcke ist die Programmierung unbenannter Funktionsprozeduren, die auf eine Reihe von Elementen einer Datenstruktur angewandt werden sollen, d.h. als **Funktionsparameter** - ähnlich dem Gebrauch von unbenannten Lambda-Ausdrücken in Lisp (<Allan78> <Moon/Weinreb81>).

Ein **Beispiel** möge dies verdeutlichen: Klassen, deren Objekte indizierbare Instanzvariablen (Felder) verwenden, könnten u.a. eine Nachricht mit dem Selektor *do:* implementieren. Diese Nachricht erhält als Argument eine Funktion (Block), die dann in der entsprechenden Methode auf alle Elemente des Feldes angewandt wird. Der Block selbst hat infolgedessen ein Blockargument, in welchem der Wert der jeweiligen Indexvariable (Feldelement) übergeben wird. Eine Anwendung einer solchen *do:* - Nachricht könnte wie folgt aussehen:

```
list do: [:element | ^element + 1 ]
```

Durch diesen Ausdruck werden alle Feldelemente in dem Feldobjekt ausgegeben.

Die Methode zum Nachrichtenmuster *do:* in der Klasse, dessen Instanz *list* ist, könnte folgendermaßen implementiert werden:

do: aBlock | index element |

```
    index  <--  1.
    [index <= self size]  whileTrue:
                          [element <-- self at: index.
                           element <-- aBlock value: element.
                           self put: element at: index.
                           index  <--  index + 1]
```

5.4.6 Methoden

Methoden (methods) beschreiben Sequenzen von Aktionen, die ausgeführt werden, wenn eine Nachricht mit einem bestimmten Muster von einer Instanz einer bestimmten Klasse empfangen wird. Diese Aktionen werden durch Ausdrücke denotiert. Sie bestehen aus dem Senden anderer Nachrichten, dem Ändern von Variablenwerten und dem Rücksenden eines Ergebnisobjektes. Jede Implementierung von Algorithmen kann in Smalltalk-80 nur innerhalb solcher Methoden erfolgen.

Eine Methode besteht aus drei Teilen:

1) **Nachrichtenmuster**
   (message pattern)
2) **methodenlokale Variablendeklaration**
   (temporary variable names)
3) **Sequenz von Ausdrücken**
   (some expressions)

Diese drei Teile werden syntaktisch durch einen vertikalen Strich getrennt. Das Nachrichtenmuster ist aus den Selektoren zusammengesetzt, gefolgt von den formalen Parametern, d.h. den Namen für die Nachrichtenargumente. Die Ausdrücke innerhalb des Methodenrumpfs sind wie bei Blöcken durch Punkte voneinander getrennt.

Ein Beispiel: Definition einer Klasse *Point*

```
class name                    Point
instance variable names        x y
methods

      x: xCoordinate  y: yCoordinate  ||
         x  <--  xCoordinate.
         y  <--  yCoordinate

      x  ||
         ^x
```

```
* scaleFactor   | scaledX scaledY |
      scaledX  <--  x * scaleFactor.
      scaledY  <--  y * scaleFactor.
      ^Point new  x: scaledX y: scaledY
```

Nehmen wir an, daß die Variable *point* auf eine Instanz der Klasse *Point* zeigt, so bewirkt die Auswertung der Nachricht

```
point * 10
```

grundsätzlich folgende Aktionen der Smalltalk-80-Maschine (Sie realisiert im wesentlichen die Klasse *Object*):

1) **Suchen einer Methode** des Objekts *point*, deren Nachrichtenmuster mit der Nachricht * *10* übereinstimmt (matching).
2) **Parameterübergabe**, d.h. Kreierung lokaler Variablen (hier *scaleFactor*) und Zuweisung des Nachrichtenarguments (hier *10*) an diese Variable.
3) **Kreierung** weiterer **lokaler Variablen** entprechend den Namen lokaler Variablen (hier *scaledX* und *scaledY*)
4) **Auswertung des Methodenrumpfs**
5) Entfernen der lokalen Größen und **Rückgabe des Ergebnisses** der Auswertung des Methodenrumpfs an den Sender der Nachricht.

Die **Auswahl der Methode** bei Empfang einer Nachricht durch ein Objekt geschieht also nach dem Prinzip der **Mustererkennung** (pattern matching). In der Literatur wird dieses Konzept auch mit *call time binding* benannt. Dabei kann eine Nachricht an die verschiedensten Objekte gesendet werden und dort entsprechend die Auswertung der unterschiedlichsten Methoden veranlassen. Beim Senden einer Nachricht an ein Objekt, das kein übereinstimmendes Nachrichtenmuster hat, wird eine Laufzeitfehlerbehandlung durchgeführt (vergleichbar einem dynamischen Typfehler). Bei mehreren gleichnamigen Methoden wird willkürlich eine ausgewählt. Über das **Konzept des Nachrichtenmusters** bei der Auswahl der zugehörigen Methode ist es in Smalltalk-80 möglich, Aktionen (das Senden von Nachrichten) in einer beliebigen, übersichtlichen mehrfachen Infixschreibweise zu notieren. Prozeduren hingegen erlauben nur die einfache (Postfix-) Notation der aktuellen Parameter. Methoden unterscheiden sich konzeptionell von Prozedurattributen, indem sie nicht über Fernzugriff (wie in Simula-67 oder Beta), sondern nur über den Nachrichtenmechanismus aktiviert werden können (siehe auch 5.4.5.3).

Wenden wir uns kurz der **Auswertung der Ausdruckssequenz** unseres Beispiels zu und begeben uns in die Rolle eines Smalltalk-80-Interpreters: Zuerst werden die beiden lokalen Variablen *scaledX* und *scaledY* initialisiert mittels einer *-Nachricht an die Objekte in den beiden Instanzvariablen *x* und *y*. Daraufhin wird mit der **Nachricht** *new* an die Klasse *Point* ein neues Objekt generiert. Über die Nachricht *x:y:* werden die Instanzvariablen dieses Objekts mit unseren Zwischenergebnissen aus *scaledX* und *scaledY* initialisiert. Schließlich wird dieses Objekt als Ergebnis der Methode zurückgegeben (Dies kennzeichnet der Hochpfeil vor dem letzten Ausdruck. Hat eine Methode keinen mit solch einem Hochpfeil versehenen Ausdruck, so ergibt die Auswertung dieser Methode immer das undefinierte Objekt *nil*).

Wie bereits erwähnt hat es zunächst den Anschein, als ob die Sprache Smalltalk-80 die Konzepte der abstrakten Datenobjekte (im Sinne unseres allgemeinen Typbegriffs) konsequenter realisiert als Simula-67 oder Beta, da auf die lokalen Daten prinzipiell kein Zugriff besteht, und Methoden über Nachrichten aktiviert werden. Doch muß im Zusammenhang mit den abstrakten Datentypen bemerkt werden, daß es das Smalltalk-80-Nachrichten- bzw. Methodenkonzept bei der Implementierung von Objekten innerhalb von Klassen nicht erlaubt, zwischen objektlokalen und exportierten Methoden zu unterscheiden. Jede Verfeinerung auf objektlokaler Ebene ist nach außen hin sichtbar. Man versteckt zwar die Daten der Objekte und mittels des Nachrichtenkonzepts auch die Implementierung der auf ihnen operierenden Algorithmen, hat aber andererseits Einblick in die Verfeinerungen dieser Algorithmen, wenn man nicht auf die schrittweise algorithmische Konkretisierung überhaupt verzichten will.

5.4.7 Vererbung: Ober und Unterklassen

In Smalltalk-80 ist ebenso wie in Simula-67 und Beta das Konzept der **einfachen Vererbung** realisiert (siehe hierzu 3.1.6.3). Eine Klasse kann beschrieben werden als eine Erweiterung und Modifikation einer anderen Klasse, genannt ihre **Oberklasse** (superclass). Alle Klassen, die eine spezielle Klasse modifizieren, werden **Unterklassen** (subclasses) genannt.

Unterklassen erben die Instanzvariablen und Methoden ihrer Oberklassen, d.h. diese sind Instanzen der Unterklassen ganz normal zugänglich. Zusätzlich können natürlich neue Instanzvariablen und Methoden in der Unterklasse eingeführt werden. Jede Klasse kann zu einer Unterklasse gemacht werden, indem nach der Klassennamendeklaration der Name der Oberklasse präfigiert durch das Schlüsselwort *superclass* angegeben wird.

Um eine vollständige Klassenbeschreibung zu instanziieren ist es notwendig, sich ihre Oberklasse, die Oberklasse der Oberklasse, usw. anzusehen, bis schließlich eine Klasse ohne Oberklasse gefunden wird. Es gibt im Smalltalk-80-System nur eine Klasse, die keine Oberklasse hat; ihr Name ist *Object*. Alle Klassen erben zumindest von dieser Klasse. Empfängt ein Objekt eine Nachricht, so wird entlang der Oberklassenkette beginnend mit der untersten (d.h. eigentlich objekt-definierenden) Klasse nach der dazugehörigen Methode gesucht.

Auf diese Weise ist es möglich, die Methoden der Oberklasse durch die Einführung neuer Methoden mit gleichem Selektor in der Unterklasse zu **überdecken** (overriding of methods). Dabei kann von der Ebene der Unterklasse auf die überdeckten Methoden über die Nachricht *super* (bezeichnet den Teil eines Objekts, der durch die direkte Oberklasse definiert wird) zugegriffen werden. Dieser Mechanismus ermöglicht sowohl eine einfache Spezialisierung ererbter Methoden als auch eine völlige Neudefinition der Methode.

Aus unserer systemorientierten Sichtweise der Programmierung ist damit eine hierarchische objektorientierte Begriffsbildung möglich (siehe 3.1.6.4). Klassen können spezialisiert (bzw. verallgemeinert) werden, indem sie durch zusätzliche Instanzvariablen in der Unterklasse erweitert werden, bzw. indem ihre Methoden in der Unterklasse überdeckt werden. Die Möglichkeit der Redefinition von Methoden durch den Überdeckungsmechanismus ist allerdings nicht im Sinne einer strengen spezialisierenden Abstraktion. So ist sie z.B. in Simula-67 oder Beta wohl mit Bedacht nicht vorgesehen (vergleiche virtuelle Attribute). Algorithmische Spezialisierungen sind nur eingeschränkt auf die Methoden realisierbar, da Smalltalk-80-Objekte als Instanzen gewöhnlicher Klassen keine algorithmischen Objekte darstellen.

5.4.8 Abstrakte Klassen

Wir wenden uns im folgenden kurz dem Begriff der abstrakten Klassen zu, der zwar erst mit der Entwicklung von Smalltalk geprägt wurde, aber das Vererbungskonzept im allgemeinen betrifft. Im Smalltalk-80-System gibt es eine Klasse *Set* zur Beschreibung von Mengendatentypen. Diese Klasse ist eine Unterklasse der Klasse *Collection*, die die gemeinsamen Eigenschaften aller Objektansammlungen beschreibt. Da in der Programmierung allgemeine Ansammlungen keinen Sinn ergeben, kann man auch keine Instanzen der Klasse *Collection* generieren. Solche Klassen heißen deshalb **abstrakte Oberklassen**. Sie sind die disjunkte Vereinigung aller ihrer direkten Unterklassen. Objekteigenschaften, die unabhängig von der Zugehörigkeit einer spezielleren Unterklasse sind, können in der Oberklasse ein für allemal spezifiziert werden. Abstrakte Klassen dienen der begrifflichen Strukturierung einer Menge von Klassen, indem die strukturell ähnlichen Eigenschaften unter einem neuen Oberbegriff zusammengefaßt werden.

Dieser Oberbegriff ist aber so abstrakt, daß er keine echten Phänomene des Systems beschreibt, wohl aber zur Erklärung der Phänomenwelt herangezogen wird.

5.4.9 Vordefinierte Klassen (Systemklassen)

Das Smalltalk-80-System hat eine große Menge vordefinierter Klassen. Zu ihnen gehören insbesondere die Systemklassen, die einerseits die Fundierung des Systems und andererseits die wesentlichen Abstraktionen von der Hardware realisieren; d.h. sie stellen eine Betriebssystemumgebung oder Betriebssystemschnittstelle bereit.

Der **Kern des Smalltalk-80-Systems** enthält einerseits Systemklassen, welche die Smalltalk-80 einheitliche Syntax unterstützen (Klassenbeschreibungen für *Object*, *Class*, *Message*, *CompiledMethod* und *Context* mit den Unterklassen *BlockContext* und *MethodContext*), sowie anderseits Klassenbeschreibungen für die Verwaltung paralleler Prozesse (*ProcessorScheduler*, *Process*, *Semaphore*).

Ebenfalls im System enthalten sind Klassen für elementare Datentypen (*Integer*, *Real*, *Character* u.a.) sowie für strukturierte Datentypen (*Bag*, *Array*, *Set*, *String* u.a.). Beide Arten von Datentypen sind abstrakt und größtenteils dynamisch realisiert, so daß z.B. ganze Zahlen, Felder oder Zeichenketten praktisch beliebig groß werden können. Im weiteren gibt es Klassen, die Schnittstellen zur Hardware realisieren, indem sie die Kommunikation mit Geräten ermöglichen (Plattenein-/ausgabe, Netzwerke, Drucker u.a.).

Zusätzlich zu diesen Systemklassen beinhaltet das Smalltalk-80-System Klassenbeschreibungen zur Unterstützung interaktiver Graphik (Fenstertechnik, Editoren u.a.), Standarddateien, Computerkommunikation. Auch Programmierumgebungen (Versionsverwalter, Compiler u.a.) gehören dazu.

Insgesamt gibt es über 250 Klassen im Smalltalk-80-System (mit über 4500 Methoden), wobei fast jede dieser Klassenbeschreibungen in der Smalltalk-80-Sprache selbst implementiert ist. Nur wenige dieser Klassenbeschreibungen sind durch sog. **primitive Methoden** (primitive methods) implementiert. Diese primitiven Methoden sind meist in Assembler geschrieben und realisieren die **virtuelle Smalltalk-80-Maschine**. Jede Klassenbeschreibung kann von dem Programmierer untersucht und nach Bedarf modifiziert werden. Daß die Programmierer völligen Zugriff auf das System haben, ist ein fundamentaler Teil der Philosophie der System-Designer.

Die folgende Seite zeigt einen Teil der vordefinierten Klassen in Smalltalk-80. Die Klasse *Magnitude* und ihre Unterklassen realisieren die elementaren Werteabstraktionen und die auf ihnen definierten Operationen (Basisdatentypen). Es handelt sich im wesentlichen um skalare, d.h. geordnete Typen. Interessanter ist die bereits erwähnte abstrakte Klasse *Collection* und ihre Unterklassen: Hier wird bereits eine größere Menge polymorpher Datenstrukturen zur Verfügung gestellt, wie sie in den meisten anderen Programmiersprachen standardmäßig nicht vorhanden ist.

Weitere Klassenhierarchien dienen der Ein-/Ausgabe auf Dateien und Bildschirm und der Prozeßverwaltung. Ferner gibt es Klassen, die Klassenobjekte und Metaklassen beschreiben, und schließlich solche, die die Kontrollstrukturen und Booleschen Objekte definieren.

Ausschnitt der vordefinierten Klassen in Smalltalk-80
(entnommen <Goldberg/Robson83a>):

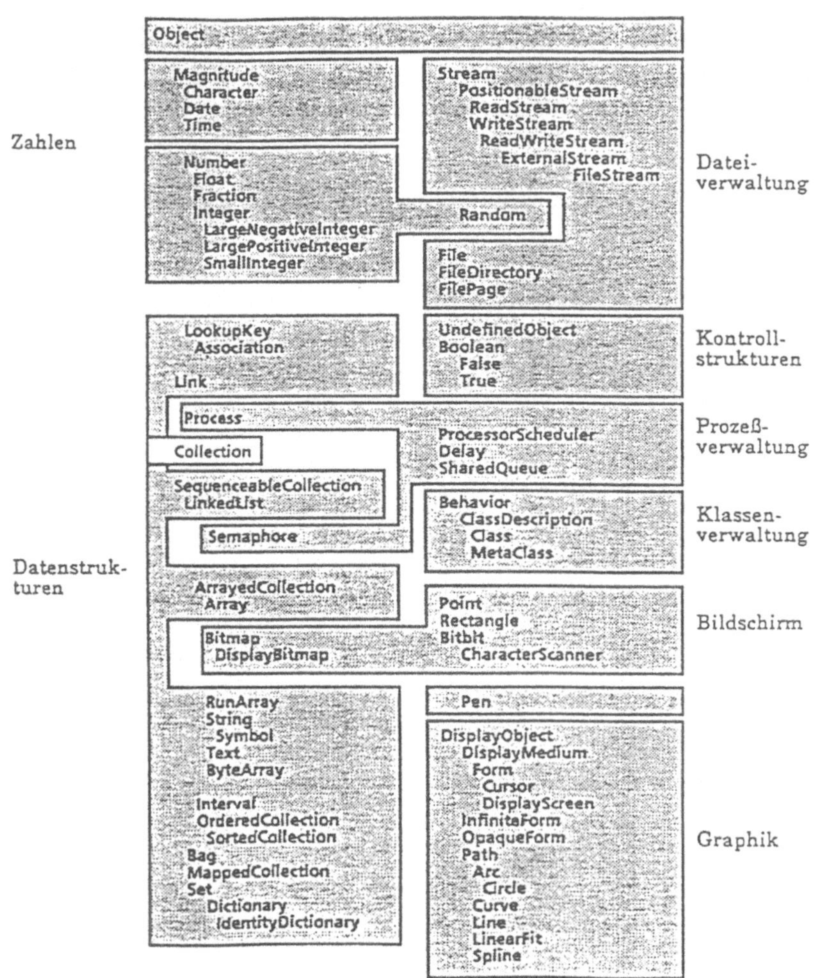

5.4.10 Metaklassen

Da in einem Smalltalk-80-System **alle** Komponenten als Objekte repräsentiert sind und alle Objekte wiederum Instanzen von Klassen sind, müssen auch Klassen selbst als Instanzen von Klassen dargestellt werden, will man die Einheitlichkeit und Orthogonalität der Sprachkonzepte wahren. Eine Klasse, deren Instanzen Klassen sind, wird **Metaklasse** (metaclass) genannt. Das Konzept der Metaklassen stellt auch eine Neuheit im Vergleich zu Simula-67 dar. Es trägt aber kaum zur Steigerung der Ausdrucksfähigkeit der Sprache gegenüber Simula-67 bei, da Simula-67-Objekte ohnehin immer als algorithmische Objekte aufgefaßt werden (näheres folgt).

Eine Klasse ist also selbst ein Objekt, das Objekte beschreibt bzw. entsprechend einer Beschreibung erzeugt. Als solches hat es seine eigenen Instanzvariablen, die der Beschreibung seiner Instanzen dient. Das Klassenobjekt reagiert auch auf Nachrichten, welche der Initialisierung und Modifikation dieser Beschreibung dienen. Im besonderen antwortet eine Klasse auf die Nachricht *new* mit der Kreierung eines neuen Objekts.

Alle Klassen des Systems könnten Instanz von nur einer Metaklasse sein. Dies würde aber unberücksichtigt lassen, daß eigentlich jede Klasse ein häufig recht unterschiedliches Nachrichtenprotokoll verwenden möchte, um initialisierte Instanzen zu erzeugen. Sendet man einem Klassenobjekt die Nachricht *new*, so erwartet man im Grunde ein vollständig initialisiertes Objekt. Z.B. haben wir bei der Beschreibung der Methode * (siehe Beispiel Kapitel 5.4.6) als letzten Ausdruck ein neues Objekt generiert:

```
Point new  X: scaledX Y: scaledY
```

Sinnvoller wäre eine speziell auf die Klasse *Point* ausgelegte Generierungmethode *newX:Y:*

```
Point newX: scaledX Y: scaledY
```

so daß man innerhalb der Beschreibung der *Point*-Instanzen auf die initialisierende Methode *X:Y:* hätte verzichten können und Generierung und Initialisierung in einer Methode zusammengefaßt hätte.

Alle Klassenobjekte haben sehr viel gemeinsam (prinzipieller Aufbau von Klassenbeschreibungen), so daß ihre beschreibenden (Meta-) Klassen alle Unterklassen der gleichen (Metameta-) Klasse sind. Diese Klasse heißt *Class* (hier ist die Methode für die Nachricht *new* definiert). Alle ihre Unterklassen sind dann natürlich Metaklassen.

Der wie wir gesehen haben wichtigste **Grund zur Einführung der Metaklassen** ist neben der Verallgemeinerung der objektorientierten Sichtweise in Smalltalk-80 der Bedarf an einer besonderen Menge von Methoden für jede Klasse, die der Initialisierung von Instanzen der Klasse bei ihrer Generierung dienen. Metaklassen werden nicht explizit beschrieben (dann müßte es ja wiederum Meta-Metaklassen usw. geben). Die Klassenbeschreibung 'gewöhnlicher' Objekte gliedert sich in zwei Teile: 1) Klassen - Nachrichten und Methoden und 2) Instanz - Nachrichten und Methoden. Die Methoden im ersten Teil werden der Metaklasse zugeordnet, dienen also der Beschreibung der Klasse selbst. Der zweite Teil beschreibt wie gehabt eine Menge von Objekten, die Instanzen der Klasse. Die Einführung der Metaklassen in Smalltalk erfolgte erst in der Smalltalk-80-Version und erlaubt nun aus Benutzersicht eine konzeptionell indirekte Formulierung algorithmischer Objekte. Die Metaklassen dienen im wesentlichen einer Parametrisierung bei der Instanziierung, wie wir sie bereits aus Simula-67 (oder Beta) kennen.

Zu jeder Klasse gibt es also genau eine Metaklasse, deren einzige Instanz sie selbst ist. Ein Ausschnitt der Hierarchie der vordefinierten Klassen und ihrer Metaklassen zeigt das folgende Bild:

Ausschnitt der Hierarchie der vordefinierten (Meta-) Klassen:

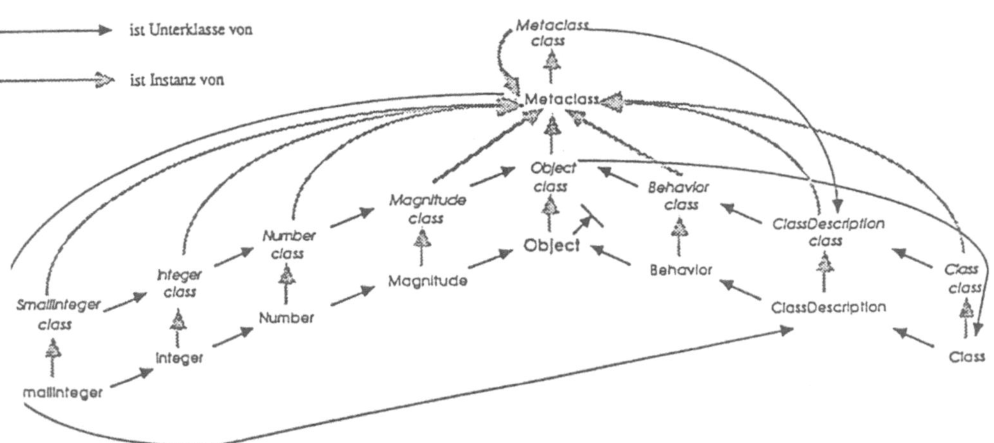

5.4.11 Ausdruckmöglichkeiten für Nichtsequentialität

In Smalltalk-80 ist ein abstraktes Prozesskonzept realisiert. Prozesse werden in Smalltalk-80, wie wir es auch in Kapitel 3.2.2 beschrieben haben, als Blockinstanzen (singuläre algorithmische Objekte), deren Aktivitäten parallel zu denen anderer Objekte ausgewertet werden, eingeführt. Es muß an dieser Stelle bereits erwähnt werden, daß es sich hier nur um eine konzeptionelle Parallelität handelt, da das ganze Smalltalk-80-System als Einprozessoranlage ohne 'time sharing' entworfen und realisiert ist und insofern nur Quasiparallelität zur Verfügung stellt. Wir haben es also im Smalltalk-80-System, wie wir im weiteren noch detaillierter ausführen werden, faktisch mit 'alternierenden Prozessen' zu tun.

Das Smalltalk-80-System unterstützt unabhängige (quasi-) parallele Prozesse, indem es drei Klassenbeschreibungen definiert: *Process*, *ProcessorScheduler* und *Semaphore*.

Smalltalk-80-Prozeßobjekte sind immer aktive, d.h. in der Auswertung durch die virtuelle Smalltalk-Maschine befindliche Blockobjekte. Der Prozeßscheduler verwaltet die virtuelle Smalltalk-Maschine, die die Aktionen tatsächlich ausführt. Er bestimmt, welchem Prozeß die Maschine zur Verfügung gestellt wird, wenn ein Prozeßwechsel veranlaßt wird. Dies wird im Prinzip durch eine priorisierte Prozeßwarteschlange realisiert. Die Vergabe der Rechenaktivität kann dabei durch vielfältige Priorisierungsmöglichkeiten der Prozesse vom Prozeßerzeuger geeignet beeinflußt werden (näheres siehe 5.4.11.2).

5.4.11.1 Die Klasse *Process*

Man muß sich die Klasse *Process* als Oberklasse der die Block-Objekte definierenden Klassen (insbesondere die Klasse *BlockContext*) denken. Die Klasse *Process* definiert die folgenden Nachrichten:

- **newProcess**
  erklärt einen Block zu einem Prozeß
- **fork**
  Diese Nachricht ist als *self newProcess resume* implementiert
- **resume**
  Fortführung der Auswertung des empfangenden Prozeßobjekts
- **suspend**
  suspendiert den empfangenden Prozeß
- **terminate**
  terminiert den empfangenden Prozeß

Empfänger der ersten beiden Nachrichten sind also gewöhnliche Blöcke, Empfänger der anderen Nachrichten Prozesse, d.h. aktive, in der Auswertung befindliche Blöcke. Ergebnis jeder Auswertung dieser Nachrichten sind die entsprechenden Empfänger-Prozeßobjekte.

5.4.11.2 Die Klasse *processorSchedule*

Da die virtuelle Smalltalk-Maschine nur über einen Prozessor verfügt, der zu einem Zeitpunkt die Aktionssequenzen von nur einem Prozeß auswerten kann, ist es nötig, diesen Prozessor zu befähigen, den Auswertungskontext wechseln zu können. Diese Aufgabe übernimmt die einzige Instanz der Klasse *ProcessorSchedule* des Systems, referenzierbar über die globale Variable *Processor.* Dieser Prozessorverwalter führt eine Liste von Prozessen mit Hilfe der exportierten Nachrichten. Er verwendet keine Scheduling-Algorithmen, sondern vergibt den Prozessor erst, wenn dieser vom gerade aktiven Prozeß freiwillig aufgegeben wird (z.B. durch *terminateActive* und *activeProcess Suspend* bzw. *activeProcess terminate* oder *wait*, siehe 5.4.11.3). Ein Prozeß kann also den Prozessor monopolisieren. Dadurch wird in Smalltalk-80 die in Kapitel 3.2.2 beschriebene (konzeptionelle) Parallelität stark eingeschränkt. Der Pozeßverwalter akzeptiert die folgenden Nachrichten:

Zugriffsmöglichkeiten
- **activePriority**
  Liefert die Priorität des aktiven Prozesses
- **activeProcess**
  Liefert das aktive Prozeßobjekt

Prozeßstatusänderungen
- **terminateActive**
  Der aktive Prozeß wird abgebrochen
- **yield**
  Der aktive Prozeß wird suspendiert

Prioritäten
- **highIOPriority**
- **lowIOPriority**

  :
  :

5.4.11.3 Die Klasse *Semaphore*

Das Semaphorkonzept (siehe auch 3.2.3) dient der Synchronisation paralleler Prozesse zum Schutz kritischer Abschnitte. In einem System echt paralleler Prozesse ermöglichen Semaphore den koordinierten Zugriff auf globale Ressourcen. Semaphore stellen nur eine sehr einfache Form der Synchronisation dar, die aber benutzt werden kann, kompliziertere synchrone Interaktionen aufzubauen.

Semaphore erlauben auch eine Synchronisation mit den asynchronen Hardware-Geräten wie Tastatur, Platte oder Realzeituhr. Sie werden z.B. in den Klassen *SharedQueue* und *Delay* benutzt. Erstere realisiert einen Pipeline-Mechanismus von beliebigen Objekten zwischen beliebigen Prozessen, letztere erlaubt die Synchronisation von Prozessen mit der Realzeituhr. Diese Klassen werden auch von den Klassen benutzt, welche die normalen Betriebsystemfunktionen im Smalltalk-80-System realisieren.

wait und *signal* als einzige Nachrichten der Klasse *Semaphore* (die beiden Operationen des Monitorkonzepts aus <Hoare74>) entsprechen den P- und V-Operationen beim bekannten, durch Dijkstra eingeführten Semaphorkonzept <Dijkstra68>:

- **signal**
  signalisiert die Freigabe einer Ressource, d.h. der nächste Klient (Prozeß) wird aus der Warteliste, die der Ressource zugeordnet ist, entfernt und aktiviert.

- **wait**
  reiht den Klienten in die Warteliste der Ressource ein und suspendiert ihn, falls die Ressource gerade von einem anderen Prozeß benutzt wird. Bei der Reaktivierung (durch eine *signal*-Nachricht) weiß der Klient, daß die Ressource zu seiner alleinigen Verfügung steht.

5.4.12 Zusammenfassende Charakterisierung von Smalltalk-80

Smalltalk-80 fällt aus den Rahmen der untersuchten Sprachen etwas heraus, da es aufgrund der hohen Integration der Konzepte nur im Zusammenhang mit dem ganzen Smalltalk-80 System betrachtet werden kann. **Objekte in Smalltalk-80** sind einheitlich und die einzigen Bewohner in einer ansonsten leeren Welt. Sie besitzen alle dieselben Eigenschaften bezüglich der Nachrichten-Kommunikation, der Fähigkeit zur Aktion, der Erscheinung, des Status und der Benennung. Objekte sind immer gleichberechtigt, d.h. es wird nicht unterschieden zwischen verschiedenen Ebenen einer Hierarchie von Objekten, z.B. atomare Objekte, System-Objekte und benutzerdefinierte Objekte. Selbst die Sprachkonstrukte als Beschreibungsformalismen für Objekte werden in Smalltalk-80 wieder als Objekte aufgefaßt. Für alle Objekte existiert ein einheitliches Benennungsschema, d.h. im besonderen, daß jede Variable beliebige Objekte benennen kann, daß es keine Möglichkeit gibt, ein Objekt einzusehen, es von 'außen' zu manipulieren (Werte erscheinen nur implizit als atomare Objekte). Objekte dienen der einheitlichen Beschreibung aller Arten von Informationsstrukturen und der auf ihnen operierenden Algorithmen.

Jede **Berechnung in Smalltalk-80** erfolgt über ein ebenso einfaches wie allgemeines Konzept: der Kommunikation zwischen Objekten über **Nachrichtenaustausch**. Alle Nachrichten zwischen beliebigen Objekten sind darüber hinaus einheitlich in dem Sinne, daß sie eine allgemeine Dienstanforderung mit einer einheitlichen Syntax darstellen. Allgemein heißt, daß erstens dieselbe Nachricht an unterschiedliche Objekte ganz andere Methoden aktiviert (z.B. '+'-Nachricht an *Integer* oder *Dictionary*) und zweitens keine Annahmen über die Realisierung gemacht werden können. Jede Nachricht veranlaßt über das Nachrichtenmuster die Auswertung einer Methode durch den Empfänger, die ihrerseits wieder über das Senden von Nachrichten Algorithmen beschreibt. Diese scheinbar unendliche Kette von einander aufrufender Nachrichten terminiert mit der Aktivierung primitiver Methoden innerhalb der System-Objekte, die durch die virtuelle Smalltalk-Maschine (sozusagen die algorithmische Basis der Smalltalk-Sprache) realisiert sind.

Objekte sind **in Smalltalk-80** völlig eigenständige Einheiten: Zum einen empfangen sie Nachrichten und entscheiden über deren Behandlung, zum anderen haben nur sie Zugriff auf ihre lokalen Daten. Die Objekte sind streng gegeneinander abgegrenzt; sie haben zwei unterschiedliche Seiten: Von außen (aus der Sicht des Benutzers und der anderen Objekte) kann man an Objekte nur Nachrichten senden, um sie zu veranlassen, bestimmte Antworten zurückzusenden. Von innen (aus der Sicht des Programmierers und des Objektes selbst) wird das Verhalten eines Objekts innerhalb von Methoden implementiert und Zustände über Instanzvariablen abgespeichert. Diese lokale und globale Sicht der Smalltalk-80-Objekte ist das wesentliche Charakteristikum eines offenen Verarbeitungsmodells, wie es das :objektorientierte Paradigma darstellt (siehe 2.5). Dics ist dic Voraussetzung für einen geringen konzeptionellen Abstand in der Formalisierung physischer Modelle auf Grundlage einer systemorientierten Sichtweise der Programmierung.

In der lokalen Sicht der Smalltalk-80 Sprache wird man mehr oder weniger deutliche **Parallelitäten zu funktionalen oder applikativen Programmiersprachen**, etwa Lisp, feststellen können: Das grundlegende Konzept der Sprache ist über einer kleinen Anzahl von Begriffen fundiert. Aktionen werden durch Ausdrücke beschrieben, die bei ihrer Auswertung durch die virtuelle Smalltalk-Maschine (vergleichbar einem Lisp-Interpreter) Ergebnisse liefern. Daten und denotierte Algorithmen (Blöcke) werden durch ein einheitliches Konzept (Objekte) repräsentiert (ähnlich den S-Ausdrücken in Lisp). Smalltalk-80 ist wie Lisp auch eine typenfreie Sprache. Blöcke ähneln sehr den aus Lisp bekannten unbenannten Lambda-Ausdrücken. Seiteneffekte sind zwar nicht abgeschafft, aber immerhin im wesentlichen auf die Manipulation von objektlokalen Daten durch objekteigene Methoden eingeschränkt. Parallelitäten bestehen auch in dem Bau der die Sprachen interpretierenden Maschinen, indem auf die Realisierung eines leistungsfähigen Speicherverwaltungssystems (mit *garbage collector*) nicht verzichtet werden kann, um einerseits Objekte (innerhalb der Smalltalk-Maschine oder auch des Simula-67 Laufzeitsystems) und andererseits S-Ausdrücke (innerhalb des Lisp-Interpreters) verwalten zu können.

5.5 Beta

Die Beschreibung der Sprache Beta ist etwas anders gegliedert als die Beschreibungen der Sprachen Simula-67, Modula-2 und Smalltalk-80, die sich sehr stark an den im Kapitel 3 vorgestellten allgemeinen Sprachkonzepten orientieren. Beta unterstützt jedoch in viel direkterer Weise als diese Sprachen einen systemorientierten Programmierstil. Die Entsprechungen zu den in den Kapiteln 2 und 3 erläuterten Prinzipien und Konzepten sind unserer Meinung offensichtlich.

5.5.1 Entstehung und Einordnung

Die Programmiersprache Beta ist als Teil des **Beta-Projektes** entstanden, dessen Ziel die Entwicklung von modernen objektorientierten Konzepten, Konstrukten und Werkzeugen im Bereich der Programmierung und der Programmiersprachen waren. Das Beta-Projekt wurde in Zusammenarbeit des Norwegischen Rechenzentrums in Oslo und der Universität Aarhus (Dänemark) seit 1975 durchgeführt.

Beta ist eine **objektorientierte Programmiersprache** wie Simula-67 und Smalltalk-80. Im Gegensatz zu Smalltalk-80 ist Beta jedoch der Algol-Sprachfamilie zuzurechnen, jedenfalls im Hinblick auf Blockstrukturen, Gültigkeitsbereiche und Typüberprüfung. Wesentliche Idee für die Sprache Beta war die Einführung eines **einzigen allgemeinen Abstraktionsmechanismus**, des Patterns, der speziellere Mechanismen wie Prozeduren, Typen und Klassen ersetzt. In der Sprachbasis gibt es nur sehr wenige, einfache aber universelle Konstrukte, die zudem alle effizient implementiert werden können. Die globale Sicht eines Programms in Beta ist eine **Systemperspektive**, es werden verschiedene Arten von Nichtsequentialität und ein Kommunikationskonzept unterstützt (<Beta83a> <Beta83b> <Beta83c> <Beta87b>).

5.5.2 Programmierung in Beta

In Beta wird ein **Programm als die Beschreibung eines physischen Modells** betrachtet. Ein physisches Modell besteht aus einer Menge interagierender Objekte. Entsprechend ist die Ausführung eines Programms der Simulation des dem Modell zugrundeliegenden Systems gleichzusetzen <Madsen/Moller-Pedersen88>. Jedes Modell besteht aus einer Menge von Objekten, die sequentiell, alternierend oder parallel Aktionen ausführen können. Jedes Objekt hat einen Zustand, der zu jedem Zeitpunkt durch die Werte der internen Größen und die aktuelle Aktion festgelegt ist. Der Zustand eines gerade ausgeführten Programms ergibt sich als die Gesamtheit der Zustände aller Objekte des Modells (siehe 2.2 und 2.3).

Nach der Ausführungsweise der Aktivitäten werden **drei verschiedene Objektarten** unterschieden: **Einzelobjekte** können ihre Aktivitäten sequentiell als Teil einer Auswertungsfolge eines anderen Objektes ausführen (Prozedur- oder Funktionsaufruf), **Komponentenobjekte** dienen der Modellierung alternierender Aktivitätsmuster, und **System-**

objekte können echt nebenläufig und unabhängig voneinander ausgeführt werden. Im folgenden werden die Grundkonzepte von Beta zunächst an Einzelobjekten vorgestellt (Kapitel 5.5.3 bis 5.5.7), erst danach werden Komponenten- und Systemobjekte und der Kommunikationsmechanismus skizziert (Kapitel 5.5.8).

Bei der Beschreibung wird unterschieden zwischen **Basic-Beta** und **Standard-Beta** <Beta85>. Basic-Beta beschreibt die zugrundeliegende Sprachbasis, Standard-Beta ist demgegenüber erweitert um einige vordefinierte Pattern (siehe unten), die Operationen auf Standardtypen (*Integer, Real, Char, Boolean*) und benutzerfreundlichere Konstrollstrukturen (*while-do, repeat-until, ...*) enthalten (z.B. ähnlich dem Unterschied zwischen Basic- und Standard-Lisp).

5.5.3 Pattern als Abstraktionsmechanismus

Der **einzige Abstaktionsmechanismus** der Sprache Beta ist das **Pattern.** Ein Pattern stellt eine Schablone zur Beschreibung eines Begriffs dar. Der Vorgang der Festlegung, Erweiterung und Spezialisierung von Pattern ist analog der Begriffsbildung zur Spezifikation eines Modells eines Systems zu sehen. Die Phänomene auf Modellebene, deren Abstraktionen (begriffliche Beschreibungen) die Pattern sind, heißen Objekte. Bei der Definition von Pattern finden alle im Eingangsteil dieser Arbeit beschriebenen Teilfunktionen der Abstraktion (Klassifikation, Komposition, Generalisierung bzw. Spezialisierung) ihre Anwendung <Madsen/Moller-Pedersen88>.

Wie Phänomene *unter einen Begriff fallen* ist jedem Objekt in einem Beta-Programm in der Regel ein Pattern zugeordnet. Mengen von Objekten sind also die **extensionale Bedeutung von Pattern.** Die **Intension von Pattern** wird durch **Objektdeskriptoren** beschrieben, die auch zur Deklaration von singulären Objekten benutzt werden.

Pattern als Beschreibungsmittel von Objekten entsprechen weitgehend den in Kapitel 3.1.6 vorgestellten Klassen. Ein Klassenkonzept wie in 3.1.6.1 beschrieben wird jedoch in der Regel im Zusammenhang mit anderen Strukturierungkonzepten, wie dem Block-, Funktions- und Prozedurkonzept verwendet. In Beta werden alle diese Aufgaben durch Pattern übernommen. Pattern sind also eine Verallgemeinerung des Klassen-, Block- und Prozedurkonzepts.

5.5.3.1 Objektdeskriptoren und Pattern

Beta-Objekte werden durch **Objektdeskriptoren** beschrieben. (Die Syntax von Beta scheint uns in einigen Punkten leider sehr kryptisch geraten zu sein.) Ein Objektdeskriptor hat die Form

```
(#
   D1; D2; ... ; Dn;                   {Liste von Deklarationen}
   enter      In                       {Eingangsparameter}
   do         Imp                      {Anweisungsteil}
   exit       Out                      {Ausgangsparameter}
#)
```

Die **Deklarationen beschreiben Teilobjekte und Patternattribute**. Teilobjekte können statisch deklariert oder dynamisch über Referenzen angesprochen werden. Teilobjekte sind in der Regel Datenobjekte (z.B. Ausprägungen vordefinierter Pattern wie *Integer* oder *Real*), Komponentenobjekte oder Systemobjekte (Subsysteme). Patternattribute realisieren meist algorithmische Schablonen. Sie beschreiben in der Regel algorithmische Objekte, d.h. objekteigene Prozeduren und Funktionen (ähnlich den Methoden der Smalltalk-80-Objekte), sie können auch Typen darstellen. Patternattribute modellieren (re-) aktive Teilphänomene von Objekten (siehe 3.1.5). **Ein-** und **Ausgangsparameter** sind beim Aufruf eines Objektes als Teil einer Auswertungsfolge wichtig und werden bei jedem Aufruf ausgewertet. Sie beschreiben keine eigenen Größen, sondern bezeichnen nur Teilobjekte des Deklarationsteils. Im **Anweisungsteil eines Objektes** wird eine Folge von Aktivitäten beschrieben, die den Zustand des Objektes verändern.

Pattern sind benannte Objektdeskriptoren.

```
C:  (#
      D1; D2; ... ; Dn;                {Liste von Deklarationen}
      enter      In                    {Eingangsparameter}
      do         Imp                   {Anweisungsteil}
      exit       Out                   {Ausgangsparameter}
    #)
```

Pattern beschreiben die Struktur von Objekten. Sie dienen der Typisierung, Klassen- und Prozedurbildung.

Ein **Beta-Programm** ist ein singuläres Objekt, das das gesamte betrachtete System modelliert. Die Ausführung eines Programms ist operational festgelegt durch die Ausführung der Anweisungen dieses globalen Objektdeskriptors.

5.5.3.2 Statische Deklarationen

Eine **statische Deklaration** eines Objektes hat die Form

```
AnObject:    @ ObjectClass
```

wobei *ObjectClass* der Name eines Patterns oder ein unbenannter Objektdeskriptor ist.

```
Point:     (# x,y : @ Integer #);
P1, P2:    @Point
```

definiert das Pattern *Point* sowie zwei statische Objekte der durch das Pattern definierten Struktur. *Integer* bezeichnet ein in Standard-Beta vordefiniertes Pattern, in dem für Objekte dieses Typs die üblichen arithmetischen Operationen und Prädikate festgelegt sind, die auch in konventioneller Notation benutzt werden können.

Zu Demonstrationszwecken erweitern wir zunächst das oben angegebene Beispiel:

```
Point:     (# x, y  :          @ Integer;          {Objektattribute}
              Move             :                   {Patternattribut}
                 (# dx, dy     :   @ Integer;
                    enter      (dx, dy)
                    do         x + dx -> x;
                               y + dy -> y

                 #)
              #);
P1:        @Point;
```

Jeder Punkt wird nun durch seine Position (x- und y-Koordinate) in einer Ebene beschrieben. Durch *P1.x* erhält man Zugriff auf die x-Koordinate von *P1*, durch *P1.y* auf seine y-Koordinate. Außerdem verfügt jeder Punkt über die Fähigkeit, sich auf der Ebene zu verschieben. Dies wird realisiert durch das Patternattribut Move, dem als Parameter der Vektor *(dx, dy)* mitgegeben wird. Die Anweisung *(14,0) -> P1.Move* bewirkt die horizontale Verschiebung von *P1* um 14 Einheiten. Der Zugriff auf Attribute eines Objektes wird im Englischen gewöhnlich mit **remote access** bezeichnet. Die genaue Funktion der Parameterübergabe und die Bedeutung des '->'-Operators werden in den nächsten Kapiteln behandelt.

5.5.3.3 Objektattribute

In einem Objektdeskriptor oder Pattern können Teilobjekte als Attribute der beschriebenen Objekte statisch deklariert werden (siehe oben: das Pattern *Point* besteht aus den zwei statischen Teilobjekten *x* und *y*, die ganzzahlige Werte repräsentieren), oder Teilobjekte können dynamisch deklariert sein (siehe 5.5.4). Im ersten Fall wird der die Substanz der Objekte bestimmende Speicherplatz fest als Teil des umgebenden Objektes angelegt. Im zweiten Fall wird intern für das Teilobjekt nur eine Referenz erzeugt, und der Speicherplatz des Objektes wird dynamisch zur Laufzeit zugewiesen.

5.5.3.4 Patternattribute

Patternattribute beschreiben abstrakte Operationen bzw. Aktivitätsfolgen, ihre Verwendung entspricht in etwa der von Prozeduren und Funktionen. Im obigen Beispiel erfüllt das Patternattribut *Move* die Aufgabe einer Prozedur, die den internen Zustand von Objekten des Patterns *Point* ändert. Die Semantik des *Move*-Attributes ist intuitiv klar: die Verschiebung eines *Point*-Objektes in der Ebene.

Die Definition eines Patterns durch Aufzählen von Patternattributen und Teilobjekten entspricht der Komposition eines Begriffs durch andere Begriffe.

5.5.3.5 Parameter

Parameter eines Patterns können alle Objektattribute sein. Sie werden formal durch die Notation der entsprechenden Bezeichner in der *enter*- und *exit*-Liste angegeben. Die *enter*-Liste enthält die Eingangsparameter, die *exit*-Liste die Ausgangsparameter. Ist ein Objektattribut in beiden Listen enthalten, fungiert es als Durchgangsparameter.

5.5.3.6 Auswertungen und Parameterübergabe

Eine Kette der Form

$$E_1 \text{ -> } E_2 \text{ -> } E_3 \text{ -> } \ldots \text{ -> } E_n$$

heißt **Auswertungsfolge**. Dabei kann jedes E ein **Objektbezeichner**, ein **Patternname** oder eine **Werteliste** sein. Eine **Werteliste** hat die Form

$$(F_1, F_2, F_3, \ldots, F_m)$$

wobei jedes F wiederum eine Auswertung ist.

Die Semantik der oben dargestellten Auswertung ergibt sich aus

- der Ausführung von E_1
- der Wertübergabe von E_1 nach E_2
- der Ausführung von E_2
- der Wertübergabe von E_2 nach E_3

...

- der Ausführung von E_n.

Die Ausführung eines E ist bei Objekten und Pattern definiert durch die Ausführung des *do*-Teils des Objektdeskriptors, bei Wertelisten findet keine Aktion statt.

Die Wertübergabe von E_n nach E_{n+1} besteht aus dem Zuweisen der Werte der *exit*-Liste von E_n an die Objekte der *enter*-Liste von E_{n+1}. Bei jeder Zuweisung wird der *do*-Teil des entsprechenden Objektes ausgeführt. Ist ein E eine Werteliste, übernimmt diese die Funktion der *enter*- oder *exit*-Liste von Objekten. Zuweisungen sind nur dann zulässig, wenn Anzahl und Typ der Objekte in der *enter*- und *exit*-Liste bzw. der Werteliste übereinstimmen.

Die Auswertung übernimmt in Beta die Rolle der Zuweisung in imperativen Sprachen. Die Parameterübergabe entspricht den Verfahren von Algol-W (argument, result, argument result), bei denen stets Werte kopiert werden (siehe 2.2 Das Prozedur-/Funktionskonzept).

5.5.3.7 Kontrollstrukturen

Basic-Beta enthält als Kontrollstrukturen zur Steuerung der Auswertungsreihenfolge von Anweisungen lediglich zwei Konstrukte sowie eine eingeschränkte Form von Sprunganweisungen. Die **Iteration** entspricht der aus Pascal und Modula bekannten *for*-Schleife; die **Selektion** ermöglicht eine bedingungsabhängige Auswahl (indeterministisches *case*-Konstrukt).

Sowohl einzelne als auch Folgen von Anweisungen können in Beta durch Marken (label) gekennzeichnet werden. Der Gültigkeitsbereich einer Marke ist jeweils die markierte Anweisung bzw. Anweisungsfolge. Im Innern eines markierten Bereiches können die Operatoren *restart* und *leave* auf die Marke angewendet werden, was einen Neustart bzw. ein Verlassen des markierten Bereichs zur Folge hat. Die Operatoren *restart* und *leave* entsprechen einem blockorientierten *goto*.

Kompliziertere, benutzerfreundlichere und **anwendungsspezifische Kontrollstrukturen** lassen sich in Beta leicht als Pattern realisieren, die dann zur Präfigierung von Objektdeskriptoren verwendet werden (siehe 5.5.7.2 Vererbung von Attributen und vgl. 5.4.5.4.2 Blockparameter und Kontrollstrukturen in Smalltalk-80).

Iteration

Syntax	Semantik

`(for Index : Range repeat`
`I1; I2; ... ; In`
`for)`
	Wiederholen der Anweisungen $I_1..I_n$ für *Index* von 1 bis *Range*

Selektion

Syntax	Semantik

`(if` E_0
`//` E_1 `then` I_1
`//` E_2 `then` I_2
`...`
`//` E_n `then` I_n
`if)`
	Auswertung von E_0 und Vergleich mit E_1..E_n in willkürlicher Reihenfolge. Bei Gleichheit wird die erste entsprechende Anweisung hinter then ausgeführt.

Sprünge und Marken

Syntax	Semantik
`Label : Anweisung`	Deklaration einer Marke
`(Label:` I_1`;...;`I_n `:Label)`	benannte Verbundanweisung
`restart L`	Fortsetzung (Wiederholung) der Programmausführung bei der Marke *L*
`leave L`	Verlassen der durch *L* markierten Anweisung

5.5.4 Generierungsweisen

Es wird unterschieden zwischen **statischer** Deklaration, **dynamischer** Generierung und **impliziter** Deklaration. Die zugehörigen Objekte heißen statische, dynamische bzw. eingefügte Objekte.

Statische Objekte:

```
AnObject : @ APattern
Table    : [100] @Integer
```

wie oben

deklariert eine Reihung von 100 Integerobjekten, die über *Table[1]..Table[100]* angesprochen werden können.

Eingefügte Objekte:

Eingefügte Objekte entstehen durch Denotation eines Pattern in einer Auswertung. Sie entsprechen einer impliziten statischen Deklaration. In *E* -> *C* -> *A* wird durch *C* ein eingefügtes Objekt statisch deklariert, sofern *C* ein Patternname ist.

Der Grund für die Einführung von statischen und impliziten Deklarationen ist darin zu sehen, daß so Programme geschrieben werden können, die dynamische Datenverwaltung nur dann benutzen, wenn sie tatsächlich benötigt wird. Eingefügte Objekte dienen hauptsächlich der einfachen Realisierung von Prozeduraufrufen.

Dynamische Objekte:

Dynamische Objekte werden zur Realisierung rekursiver Prozeduren und dynamischer Datenstrukturen benötigt.

```
X : ^P
```

ist die **Deklaration eines dynamischen Objektes.**

```
&P
```

steht für die **Generierung eines Objektes** des Pattern *P*. *&* entspricht dem Simula-67-Objektgenerator *NEW*. *&P* notiert in einer Auswertungsfolge entspricht einem Prozedur- oder Funktionsaufruf.

```
X[]
```

liefert eine Referenz auf das dynamische Objekt *X*. *[]* ist der **Referenzierungsoperator.**

```
&P[] -> X[]
```

steht für die Generierung eines neuen Objektes und die Zuweisung der Referenz an das dynamische Objekt *X* (das vor einer solchen Zuweisung den Wert *NONE* hat). Dereferenzierung erfolgt in Beta im Gegensatz zu Pascal und Modula-2 automatisch und muß nicht extra notiert werden. Eine Ausführung von *P* oder *X* erfolgt dabei nicht.

Dynamische Objekte werden intern durch Referenzen verwaltet. Ein Vergleich von Referenzen auf Gleichheit oder *NONE* ist wie folgt möglich:

```
(if X[]
 // Y[]  then ... (* X und Y sind gleich *)
 // NONE then ... (* X ist eine undefinierte Referenz*)
 ...
 if)
```

5.5.5 Datenabstraktion und algorithmische Abstraktion in Beta

Daten (als Objektattribute) und Algorithmen (als Anweisungsfolgen im Anweisungsteil von Objektdeskriptoren, Patternattributen und Teilobjekten) sind in Beta Bestandteile von Objekten. Zur Beschreibung von Abstraktionen über Daten und Algorithmen wird, wie nicht anders zu erwarten war, der gleiche Mechanismus, das Pattern, benutzt.

Pattern sind Abstraktionen von Objekten, nicht von Werten. Beta enthält **kein Konzept zur reinen Werteabstraktion**, wie wir es in Kapitel 3.1.2 beschrieben haben. Zur Strukturierung von Daten auf Objektebene stehen Reihungen, Verbunde und Rekursion (über dynamische Referenzen) zur Verfügung. Unseres Wissens ist es in Beta nicht möglich, Denotationen von Werten (Konstanten, Aufzählungen) und benutzerdefinierte Wertemengen einzuführen. Folglich gibt es auch keine Strukturierungsmöglichkeiten für

Wertemengen (durch Verbunde, Felder, Mengen, Varianten) und entsprechende Denotationen so strukturierter Werte.

Die Verwendung von Pattern zur Datenabstraktion und zur algorithmischen Abstraktion wird am besten an einem Beispiel erläutert:

```
(#
   Factorial :
   (# n, fac : @Integer
    enter n
    do (if (n <= 1)
        // True  then 1 -> fac
        // False then ((n - 1) -> &Factorial) * n -> fac
        if)
    exit fac
    #)

   Link :
   (# succ : ^Link;
      elem : @Integer;

      Insert :
      (# e : @Integer;
         r : ^Link
         enter e
         do &Link[] -> r[];
            e -> r.elem;
            succ[] -> r.succ[];
            r[] -> succ[]
      #)
    #)

   head : @Link;

   do 0 -> head.elem;
      (for inx : 4 repeat
           inx -> &Factorial -> head.Insert
       for)
#)
```

Das gesamte Programm besteht aus den Pattern *Factorial* und *Link*, der statischen Deklaration eines Listenkopfes *head* und einem Anweisungsteil, in dem für die Zahlen von 1 bis 4 die Fakultät berechnet und ihr Wert vorn in die Liste *head* eingefügt wird.

5.5.5.1 Datenobjekte

Datenobjekte werden in Beta realisiert über Pattern mit leerem Anweisungsteil. Pattern für Datenobjekte enthalten in der Regel eine Anzahl Teilobjekte, die der Repräsentation des zu realisierenden Datentyps entsprechen, und eine Anzahl Patternattribute, durch die Operationen, Funktionen und Prädikate über der Repräsentation modelliert werden. Das Pattern *Link* ist ein Beispiel für die Realisierung einer einfachen dynamischen Liste. Alle Listenelemente sind gleich, die Referenz auf das erste Element fungiert als Referenz auf die ganze Liste. Jedes Listenelement enthält ein Datenobjekt *elem* sowie einen Zeiger auf den Nachfolger *succ*. *elem* kann eine ganze Zahl aufnehmen, *succ* ist eine Referenz auf Objekte des Patterns *Link*. Die einzige Operation auf Listen ist das Einfügen eines neuen Elementes; sie wird durch das Patternattribut *Insert* realisiert. *Insert* erhält als Parameter den einzufügenden ganzzahligen Wert, erzeugt ein neues *Link*-Objekt und fügt es am Kopf der Liste ein.

Die Größe der Repräsentation der durch *Link* beschriebenen Datenstruktur ist nicht festgelegt, sondern unterliegt dynamischen Veränderungen. Die zur Realisierung der mathematisch rekursiv definierten Struktur *Link* angewandte Technik ist die übliche Referenztechnik mit dynamisch zur Laufzeit erzeugten Objekten (unterstützt durch eine dynamische Speicherverwaltung mit *garbage collector*).

5.5.5.2 Prozeduren und Funktionen

Prozeduren und Funktionen werden durch Patternattribute realisiert. Im obigen Beispiel entspricht *Factorial* einer Funktion über den ganzen Zahlen, das Attribut *Insert* des Patterns *Link* entspricht einer Operation, die *Link*-Objekte verändert.

Die Funktion *Factorial* hat den Eingangsparameter *n* und den Ausgangsparameter *fac*. Wenn *n* kleiner *1* ist, wird *1* nach *fac* übertragen, ansonsten wird *Factorial* rekursiv mit *n - 1* aufgerufen (durch *(n - 1) -> &Factorial*), das Ergebnis mit *n* multipliziert und an *fac* zugewiesen. Die Rekursion funktioniert nur, weil durch den Operator *&* jeweils eine neue Instanz der algorithmischen Schablone *Factorial* generiert wird.

Das Pattern *Insert* ist nur bekannt als Attribut von Objekten des Typs *Link*, es realisiert eine Operation auf dynamischen Listen dieses Typs. Als Parameter wird der Wert des neu einzufügenden Elements übergeben; die Liste, in die eingefügt wird, ist stets das aktuelle Objekt. Das Einfügen selbst wird realisiert durch das aus imperativen Sprachen bekannte Umhängen von Referenzen.

Nach diesen Beispielen zur Verwendung von Pattern in mehr oder weniger klassischer Weise zur Datenmodellierung oder als Prozedur oder Funktion wenden wir uns nun wieder etwas allgemeineren Gedanken zu.

5.5.6 Blockstrukturen in Beta

Im Hinblick auf Blockstruktur und Sichtbarkeitsbereiche gehört Beta, auch historisch gesehen, zur Algol-Sprachfamilie. In Algol-60 (und Simula-67) können Blöcke und Prozeduren lokale Blöcke und Prozeduren enthalten; in Beta können Objektdeskriptoren geschachtelt werden. Prozeduren oder Funktionen in Beta wurden bereits oben beschrieben; Blöcke wie in Algol-60 oder Simula-67 werden in Beta durch Singuläre Objekte realisiert.

Singuläre Objekte sind Objekte, die nicht mit einem Patternnamen, sondern durch einen Objektdeskriptor deklariert werden (siehe 3.1.4). Blöcke als Strukturierungsmittel entsprechen singulären Objekten mit Deklarations- und Anweisungsteil. Für Blockstrukturen und Sichtbarkeit gelten im wesentlichen die gleichen Regeln wie in Simula-67: Alle Namen in textuell umschließenden Blöcken sind sichtbar; bei Namensgleichheit erfolgt eine Überdeckung. Attribute von Blöcken sind auch von außen über **Fernzugriff** (remote access) zugreifbar. Im Gegensatz zu Simula-67 (und Smalltalk-80) gibt es in Beta keinen Schutzmechanismus für Attribute (in Simula-67 *HIDDEN* bzw. *PROTECTED*). Zugriffsschutz wird über einen sprachunabhängigen Modularisierungsmechanismus gewährleistet (siehe 5.5.9, <Beta83a>).

Blockstruktur ist eines der wichtigsten Strukturierungskonzepte für die Programmierung (siehe 3.1.4.2 sowie <Madsen86>). Ein Beispiel für einen singulären Block in Beta als Äquivalent eines lokalen Algol-60-Blocks soll die Vertauschung der Koordinaten eines *Point*-Objektes dienen:

```
(#
   ...
   p : @Point;
   ...

   (# z : @Real;        {lokale Deklaration}   \
    do p.x -> z;        {Anweisungsteil}        |  Block
       p.y -> p.x;      {des Blocks}            |  (singuläres
       z   -> p.y                               |  Objekt)
   #)                                           /
   ...
#)
```

5.5.7 Vererbung in Beta

Spezialisierung und Generalisierung von Begriffsschablonen und Objekten werden durch den Vererbungsmechanismus von Beta ermöglicht. Der Vererbungsmechanismus entspricht dem der einfachen Vererbung, wie er auch im Kapitel 3.1.6.3 dargestellt wurde. Eine Objektbeschreibung durch einen Objektdeskriptor kann ein **Superpattern** (Prefix) enthalten, wodurch ausgedückt wird, daß diese Beschreibung alle Attribute und

Größen des Superpatterns übernimmt oder *erbt*. Betrachten wir die zwei folgenden Patterndeklarationen:

```
A :    (# D1A; D2A; ... ; DnA
          enter In_A
          do    Imp_A
          exit  Out_A
       #)

B : A (# D1B; D2B; ... ; DmB
          enter In_B
          do    Imp_B
          exit  Out_B
       #)
```

Ein Objekt des Patterns *B* enthält die Deklarationen $D_{1A};...;D_{nA}$; $D_{1B};...;D_{mB}$, hat die Eingangsparameter I_{nA}, I_{nB} und die Ausgangsparameter Out_A, Out_B. Sein Anweisungsteil besteht aus einer Kombination von Imp_A und Imp_B (siehe 5.5.7.2).

Das Pattern *B* hat also alle Attribute des Patterns *A* geerbt. *A* heißt **Superpattern** von *B*, *B* **Subpattern** von *A*. Objekte des Patterns *B* haben Zugriff auf alle Attribute des Patterns *A*.

Zu jedem Pattern kann maximal ein Superpattern angegeben werden. In Beta ist also nur **einfache und keine mehrfache Vererbung** möglich. Die so entstehenden Abhängigkeiten zwischen den Pattern entsprechen strikten **Begriffshierarchien** (siehe 3.1.6.3).

5.5.7.1 Vererbung von Attributen

Ein Subpattern weist alle Attribute seines Superpatterns und seine eigenen Attribute auf. Von einem Subpattern kann auf alle Attribute eines Superpatterns zugegriffen werden, ein Schutzmechanismus ist in Beta nicht realisiert. Die Listen der Deklarationen, der Eingangs- und Ausgangsparameter kann man sich als Konkatenationen der Listen des Superpatterns und der des Objektdeskriptors des Subpatterns vorstellen. Die Bezeichner der Attribute des Subpatterns müssen sich von denen des Superpatterns unterscheiden; eine völlige Neudefinition eines Attributes ist nicht möglich, wohl aber eine Erweiterung im Sinne einer Spezialisierung (siehe 5.5.7.4 Virtuelle Pattern).

5.5.7.2 Vererbung von Aktionen

Die **Vererbung von Aktionen** findet durch die **Verschränkung der Anweisungsteile** des Superpatterns und des Subpatterns statt. Bei der Ausführung eines Objektes des Patterns *B* wird zunächst immer der Anweisungsteil des Patterns *A* ausgeführt. Jedes Objekt des Patterns *B* erbt also alle Aktionen des Patterns *A*. Ein Wechsel in den Anweisungsteil des Patterns *B* kann durch die Pseudoanweisung *inner* erfolgen.

Die Anweisung *inner* im Anweisungsteil eines Superpatterns *A* bewirkt die Ausführung der Anweisungsfolge des Subpatterns *B* vor der weiteren Ausführung der Anweisungsfolge des Superpatterns *A*. Durch *inner* wird also die Ausführungskontrolle in der Vererbungshierarchie um eine Stufe nach unten verlagert. Ein Wechsel der Abarbeitungsreihenfolge durch *inner* kann beleibig oft erfolgen. Für Objekte, die nur dem Pattern *A* zugehören, hat *inner* die Bedeutung einer leeren Anweisung.

Als ein Beispiel der Anwendung von *inner* sei hier die Definition einer allgemeinen Zählschleife angeführt.

Beispiel Definition einer Zählschleife

```
TimesRepeat: (# from, step, to : @ Integer;
             ActElem : (# exit from #);
             enter (from, step, to)
             do L : (if from > to
                    // True  leave L
                    // False (# do inner;
                                 from + step -> from;
                                 restart L
                             #)
                    if)
           #)
```

Anwendung der Zählschleife

```
(4,2,20) -> TimesRepeat(# k: @ActElem; do k -> DoSomething #)
```

Als lokale Größen werden die Integerobjekte *from*, *step* und *to* deklariert sowie das Funktionsattribut *ActElem*, das den Wert der Variblen *from* liefert. *from*, *step* und *to* werden als Eingangsparameter Instanzen des Patterns *TimesRepeat* mitgegeben. Der Anweisungsteil besteht aus einer benannten Selektionsanweisung. Ist *from > to*, wird die Ausführung der Schleife beendet, andernfalls wird *inner* ausgeführt und damit die Kontrolle an Subpattern von *TimesRepeat* übergeben, danach *from* um die Schrittweite *step* inkrementiert und die Selektionsanweisung erneut ausgewertet.

Im Anwendungsbeispiel durchläuft die "Variable" *k* (die eigentlich eine statische Instanz eines funktionalen Patternattributes ist) nacheinander die Werte 4, 6, 8, 10, 12, 14, 16, 18, 20. Durch die Einführung des Patterns *ActElem* wird eine vom Pattern *TimesRepeat* unabhängige Benennung der "Zählvariablen" ermöglicht.

5.5.7.3 Typüberprüfung und Qualifizierung

Einer der wichtigsten Unterschiede zwischen Smalltalk-80 und Beta liegt in der 'Typisierung' von Variablen. In Smalltalk-80 sind Variablen typlos in dem Sinne, daß sie immer Referenzen auf beliebige Objekte darstellen. In Beta sind Referenzen (wie in Simula-67) qualifiziert durch einen Patternnamen. Diese Qualifizierung legt fest, daß eine Referenz nur auf Objekte verweisen kann, die durch den Patternnamen qualifiziert sind. Die Vorteile typisierter Sprachen (siehe 3.1.2.4) sind allgemein bekannt und nicht umstritten: Bereits zur Kompilationszeit können Fehler in Programmen gefunden werden, die sonst zur Laufzeit zum Absturz oder zu unerklärlichem Programmverhalten führen würden; außerdem kann effizienterer Kode erzeugt werden. Der Bereich der statischen Semantik ist bei typisierten Sprachen gegenüber typfreien Sprachen stark erweitert.

Typüberprüfung erfolgt in Beta einerseits bei der Parameterübergabe in Auswertungen, d.h. bei der Kompatibilitätsprüfung von Werte-, *enter*- und *exit*-Listen; andererseits sind Referenzen zu dynamischen Objekten, eine Beta-Entsprechung von Variablen, durch Pattern qualifiziert.

Ein **Pattern** C_1 heißt **qualifiziert** durch ein Pattern A, falls A gleich C_1 ist, oder das Superpattern C von C_1 durch A qualifiziert wird. C_1 ist also qualifiziert durch A, falls A allgemeiner oder gleich C_1 ist.

Ein **Objekt** ist **qualifiziert** durch ein Pattern A, falls es eine Instanz von A ist oder ein Superpattern, das zur Beschreibung des Objekts benutzt wurde, durch A qualifiziert ist. D.h. ein Objekt ist qualifiziert durch alle Pattern entlang seiner Oberklassenkette.

Im Beispiel

```
c  :    (#...#); r  : ^c;
c1 : c  (#...#); r1 : ^c1;
c2 : c1 (#...#); r2 : ^c2
```

ist c_2 qualifiziert durch c_2, c_1 und durch c, c_1 ist qualifiziert durch c_1 und c und c ist qualifiziert durch c. r kann Instanzen der Pattern c, c_1 und c_2 referenzieren, r_1 kann Instanzen der Pattern c_1 und c_2 referenzieren, r_2 schließlich kann nur Instanzen des Patterns c_2 referenzieren. Dadurch wird sichergestellt, daß jedes dynamisch einer Referenz zugewiesene Objekt wenigstens die Attribute besitzt, die der Qualifizierung der Referenz entsprechen. Eine Referenz kann also bildlich gesprochen immer nur auf 'größere oder gleich große' Objekte verweisen.

Die Qualifizierung von Objekten und Referenzen durch Pattern (-hierarchien) entspricht einer Typisierung (siehe 3.1.2.3). Dieser etwas kompliziert erscheinende Begriff von Qualifizierung wird insbesondere für die im nächsten Kapitel beschriebenen virtuellen Pattern benötigt, um bereits auf der Ebene abstrakter Objektbeschreibungen nachfolgende Spezialisierungen berücksichtigen und überprüfen zu können.

5.5.7.4 Virtuelle Pattern

Patternattribute in Beta können als virtuell deklariert sein. Die Deklaration eines **virtuellen Patterns** besagt, daß vorläufig nur einige Eigenschaften dieses Attributes bekannt sind, eine weitere bzw. vollständige Spezifikation aber in Subpattern erfolgen wird. Virtuelle Pattern werden zur sukzessiven Spezialisierung lokaler Begriffsschablonen verwendet.

Die bekannten Eigenschaften eines virtuellen Patterns werden festgelegt durch eine Objektbeschreibung oder ein Pattern, das in der Deklaration des virtuellen Patterns angegeben wird. Virtuelle Pattern korrespondieren mit der Sicht lokaler präfigierter Pattern, d.h. Patternattributen, deren Spezifikation nur teilweise durch Angabe ihrer 'Oberklasse' erfolgt. Virtuelle Pattern können so als **Patternparameter** des umgebenden Patterns betrachtet werden. Eine andere Sichtweise virtueller Pattern ist die des **Substituts für virtuelle nonterminale Symbole** in der Beta beschreibenden Grammatik <Beta83b>.

Die schon bekannten Eigenschaften eines virtuellen Patterns legen sowohl seine **Qualifizierung** als auch eine **Defaultbindung** fest. Diese Eigenschaften können in einer durch Vererbung erzeugten Begriffshierarchie **nicht verändert, sondern nur erweitert werden.** Erfolgt in einem Subpattern keine neue, spezialisierende Bindung eines virtuellen Patternattributes, so ist dieses Attribut weiterhin durch die bei der Deklaration angegebene Defaultbindung definiert.

5.5.7.4.1 Einfache Spezialisierung

Durch *V: < A* wird ein virtuelles Pattern mit der Defaultbindung *A* deklariert. *V* kann dabei an jedes Subpattern von *A* gebunden werden.

Durch *V :: B* wird das virtuelle Pattern *V* endgültig an das Subpattern *B* von *A* gebunden. Eine erneute Bindung des virtuellen Attributes ist nicht möglich.

Durch *V:: < B* wird das virtuelle Pattern *V* vorläufig an das Subpattern *B* von *A* gebunden. In einer weiteren Spezialisierung kann diese Bindung wieder überlagert werden.

```
Record : (# Key          : @Integer;
            RecDisplay   : (# do Key -> OutInt; inner #);
            Display      : < RecDisplay
         #);
```

Jeder *Record* stellt das virtuelle Attribut *Display* zur Verfügung, das defaultmäßig an das Pattern *RecDisplay* gebunden ist. In *RecDisplay* wird nur der Schlüssel eines Elementes ausgegeben. In Subpattern von *Record* kann nun das virtuelle Attribut *Display* spezialisiert werden.

```
Person : Record
         (# Name            : @String;
            Display         :: RecDisplay
                               (# do Name -> OutStr #)
          #)
```

Hier wird das Attribut *Display* endgültig definiert. Will man weitere Spezialisierungen zulassen, kann dies z.B. folgendermaßen geschehen:

```
Person : Record
         (# Name            : @String;
            PersonDisplay : RecDisplay
                               (# do Name -> OutStr; inner #)
            Display         ::< PersonDisplay
          #)
```

Die Bindung von *Display* an *PersonDisplay* kann nun in Subpattern von *Person* wieder überlagert werden. Jede neue Bindung muß allerdings wenigstens das Pattern *PersonDisplay* enthalten. Das vordefinierte Pattern *Object* steht für eine beliebige Bindung.

5.5.7.4.2 Abkürzungsmechanismus zur Verwendung virtueller Pattern

Um bei der Deklaration und Spezialisierung virtueller Patternattribute nicht auf getrennt definierte Pattern angewiesen zu sein, wurde in Beta ein Abkürzungsmechanismus vorgesehen. In

```
P : (# V :< (# x,y: @Real #)#)
```

wird das virtuelle Attribut *V* deklariert, das vorläufig durch den angegebenen Objektdeskriptor definiert und qualifiziert wird. Eine Spezialisierung von *V* in einem Subpattern P_1 ist nun einfach folgendermaßen möglich:

```
P1 : P (# V ::< (# z: @Real #) #)
```

Dadurch wird *V* an ein Subpattern der Qualifizierung *(# x,y: @Real #)* gebunden, obwohl dieses nicht explizit benannt wird. $P_1.V$ hat also immer die Attribute *x*, *y* und *z* (<Beta87a>).

5.5.7.4.3 Polymorphismen: Typ- und Prozedurparameter

Vererbung kann allgemein als ein Mittel zur Realisierung polymorpher Strukturen (Datenstrukturen und generische Algorithmen) betrachtet werden. Generell läßt sich das Vorgehen dabei wie folgt beschreiben: Die gemeinsamen Attribute einer polymorphen Klasse von Objekten werden in einem Pattern zusammengefaßt, das dann zur Präfigierung von Subpattern verwendet wird, die die verschiedenen Ausformungen der polymorphen Objekte beschreiben. Wie dies z.B. in Simula-67 für eine allgemeine Listenstruktur geschieht, kann der Beschreibung der Klasse *SIMSET* (siehe Anhang A1.1) entnommen werden.

Die aus Simula-67 und Smalltalk-80 bekannten Techniken sind jedoch in Beta nur bedingt verwendbar, um Polymorphismen zu realisieren, da Beta eine streng getypte Sprache ist, in der ein Zugriff auf Attribute, der zur Kompilationszeit nicht überprüfbar ist, nicht erlaubt ist. Eine Referenz kann zwar in Beta genau wie in Simula-67 immer auch auf 'größere' Objekte, d.h. solche mit mehr Attributen, zeigen, in Beta fehlt jedoch das aus Simula-67 bekannte *QUA*-Konstrukt, das dann Zugriffe auf diese hinzugefügten Attribute ermöglicht. Statt des erst zur Ausführungszeit des Programms überprüfbaren 'Durchgreifens' auf virtuelle Attribute wird in Beta eine allgemeine Form der virtuellen Pattern verwendet, um Polymorphismen zu ermöglichen. In der Programmierung interessieren besonders einige eingeschränkte bzw. restringierte Arten von Polymorphismus, die sich in Beta durch virtuelle Attribute realisieren lassen.

Die erste Art ist die Verwendung von **parametrischen Typen**, die sich sowohl zur Realisierung polymorpher abstrakter Datentypen (*STACK OF t*) als auch zur Realisierung allgemeiner algorithmischer Schemata (*FUNCTION Minimum (a, b : t) : t*) einsetzen lassen. Die zweite in der Praxis häufig verwendete Art von Polymorphismus ist die Verwendung **parametrischer Prozeduren**, **Funktionen** oder **Methoden**.

Eine Datenstruktur über einem beliebigen Grundtyp läßt sich in Beta realisieren, indem für den Grunddatentyp ein virtuelles Patternattribut eingeführt wird. Innerhalb des Patterns, das die Datenstruktur beschreibt, wird dieser virtuelle Grundtyp dann zur Konstruktion anderer Pattern verwendet, die die für die Verwaltung der Struktur notwendigen Attribute enthalten.

Als **Beispiel einer polymorphen Datenstruktur** wählen wir die Implementierung eines Kellers, der Werte verwalten soll, wobei wir davon ausgehen, daß ein Pattern *Type* existiert, durch das alle zuweisbaren Objektarten qualifiziert sind. Die vordefinierten Pattern in Beta, die 'Standardtypen' wie *Integer*, *Real* usw. beschreiben, können als Spezialisierungen des Patterns *Type* betrachtet werden (weiteres folgt).

```
Stack : (# ElemType   :< Type;
           StackElem : (# data : @ElemType;
                          next : ^StackElem #);
           top       : ^StackElem;
           tos       : (# exit top.data #);
           push      : (# new  : @ElemType;
                          ...
                          enter new
                          ...
                       #);
           pop       : (#...#);
           init      : (# do NONE -> top #)
        #)
```

Der Keller (*Stack*) besteht aus einer Liste von Elementen, auf der die Operationen *tos*, *push*, *pop* und *init* mit der üblichen, wohl hinreichend bekannten Semantik definiert sind. Das lokale Objekt *top* zeigt auf das oberste Kellerelement. Die Operation *push* ist parametrisiert mit dem Wert eines neuen Elementes; der Keller, auf den sich die Operation bezieht, ist immer das aktuelle Objekt. Der variable Typ *ElemType* ist durch *Type* qualifiziert, was sicherstellen soll, daß eine in *push* benötigte Zuweisung des Wertes erfolgen kann. Keller von Objektinstanzen erfordern an dieser Stelle eine andere Verwaltung, da lediglich eine Referenz auf das einzukellernde Objekt zugewiesen werden muß.

Durch das Pattern *Stack* wird eine vollständige Kellerstruktur beschrieben, deren Elementtyp auf dieser Abstraktionsebene allerdings noch unbestimmt ist. Eine Spezialisierung des Typs *Stack* (*STACK OF t*) zu einem *StackOfInt* (*STACK OF INTEGER*), einem Keller also, der ganze Zahlen als Werte aufnehmen kann, erfolgt einfach durch die Bindung des virtuellen Patterns *ElemType* an das Pattern *Integer*:

```
StackOfInt : Stack (# ElemType :: Integer #)
```

Als **Beispiel für ein allgemeines algorithmisches Schema** wählen wir die oben bereits angesprochene Minimumfunktion. Um das Minimum zweier Werte bestimmen zu können, muß auf ihnen eine Ordnungsrelation definiert sein, die im Beispiel als *LessThan*-Attribut des bereits oben verwendeten allgemeinen Patterns *Type* auftaucht.

```
Type    : (# OpType    :< Type;
             ...
             LessThan :< (# Parameter :< OpType;
                            Result    : @Boolean;
                            enter Parameter
                            do inner
                            exit Result
                         #);
          #);
```

```
Minimum : (# T          :< Type;
             a, b, res: @T;
             enter (a,b)
             do (if a -> b.LessThan
                 // True  then a -> res
                 // False then b -> res
                 if)
             exit res
          #);
```

Im Pattern *Minimum* wird *T* an *Type* gebunden, wodurch sichergestellt wird, das *b* ein *LessThan*-Attribut besitzt und außerdem *a* und *b* an *res* zugewiesen werden können. Diese Eigenschaften bleiben in jedem Falle erhalten, da *T* nur an Subpattern von *Type*, also an Spezialisierungen gebunden werden kann.

Alle zuweisbaren Pattern - das sind Pattern, deren Instanzen zuweisbar sind - sind als Spezialisierungen des Patterns *Type* zu betrachten. Auch die Pattern, die atomare Objekte beschreiben (*Integer, Real,* usw.), können als dessen Spezialisierung aufgefaßt werden. In jedem konkreten Fall wird das virtuelle Attribut *LessThan* durch eine entsprechende Implementierung ergänzt werden müssen. Das Pattern *Integer* wird eine Implementierung dieses Attributs für ganzzahlige Werte enthalten.

```
Integer : Type (# OpType   :: Integer;
                  ...
                  LessThan :: (#
                               {Implementierung der
                                Ordnungsrelation für
                                Integers}
                              #);
                  ...
               #)
```

Die rekursive Definition eines Patterns zur Beschreibung einer Typschablone legt nicht etwa die Wertemenge dieses Typs fest, sondern dient einzig dazu, richtig parametrisierte Operationen und Prädikate sowie die Repräsentation in einer Schablone zusammenfassen zu können. Bei allen (nicht-atomaren) Typen muß die Festlegung der Wertemenge durch Angabe der Repräsentation innerhalb des typdefinierenden Patterns erfolgen (Deklaration lokaler Objekte).

Eine konkrete Minimum-Funktion für den Typ *Integer* ergibt sich nun einfach als Spezialisierung des Patterns *Minimum*. Der virtuelle Typ *T* wird an das Pattern *Integer* gebunden, zum Beispiel durch folgendes Programmstück:

```
(i,j) -> Minimum (# T :: Integer #) -> k
```

Dabei müssen *i*, *j* und *k* als *Integer*-Objekte deklariert sein. Die obige Zeile weist dann *k* das Minimum der Werte von *i* und *j* zu. Das Pattern *Minimum* ist ein allgemeines algorithmisches Schema, da bei seiner Beschreibung von den konkreten Typen seiner Parameter abstrahiert wird, d.h. diese erst bei der Anwendung angegeben werden. So können durch das Konzept der virtuellen Pattern Typparameter und generische Prozeduren beschrieben werden.

Unser **drittes Beispiel für Polymorphismus** beschäftigt sich mit **Prozedurparametern**. Prozedurparameter lassen sich in Beta ebenfalls mittels virtueller Pattern nachbilden, die zur Generierung und Ausführung von Einzelobjekten benutzt werden.

Die Deklaration eines Patterns *P*, das eine parametrische Prozedur enthält, hat in Beta die folgende Form:

```
P        : (# Proc :< ProcType;
              ...
              do ...
                 (1,2) -> Proc;
                 ...
                 (3,4) -> Proc;
                 ...
           #)
```

Wir haben hier der Einfachheit halber angenommen, daß *Proc* zwei Eingangsparameter hat. Die Qualifizierung von *Proc* ist ein Pattern *ProcType*, dessen einzige Aufgabe die Spezifikation der Parameter ist:

```
ProcType: (# x,y : @Integer;
             enter (x,y)
             do inner
          #)
```

Ein möglicher aktueller Parameter ist also stets eine Spezialisierung des Patterns *ProcType*:

```
ActProc : ProcType (# ... {local deklarations}
                      do  {action part of the procedure}
                   #)
```

Ein Aufruf des Patterns *P* mit *ActProc* als aktuellem Parameter wird beschrieben durch die endgültige Bindung von *ActProc* an *Proc* in einer Spezialisierung von *P*:

```
do ...
   P (# Proc :: ActProc #);
   ...
```

Anstatt für den aktuellen Prozedurparameter *ActProc* ein eigenes Pattern zu definieren, kann man auch hier wieder von dem bereits beschriebenen Abkürzungsmechanismus Gebrauch machen:

```
do ...
   P (# Proc :: (# {Implementierung der Prozedur} #) #);
   ...
```

5.5.8 Nichtsequentialität in Beta

Beta unterstützt eine Reihe verschiedener Organisationsformen bei der Ausführung von Aktionsfolgen. Es wird unterschieden zwischen der **sequentiellen** Ausführung von Aktivitäten, der **alternierenden** Ausführung und der **nebenläufigen Ausführung**. Entsprechend den Ausführungsweisen der Aktivitäten haben wir bereits die Objektarten **Einzelobjekte**, **Komponentenobjekte** und **Systemobjekte** unterschieden.

Einzelobjekte können nur sequentiell nacheinander ausgeführt werden. **Komponentenobjekte** können alternierend ausgeführt werden, d.h., die Ausführung der Aktivitäten kann an bestimmten Punkten von einem Komponentenobjekt zu einem anderen übergehen; innerhalb einer Gruppe von Komponentenobjekten ist jedoch stets nur ein Objekt aktiv. **Alternation** in Beta ist eine Verallgemeinerung des Koroutinenkonzepts (siehe 3.2.1), wie es z.B. in Simula-67 benutzt wird. Eine ausführliche Beschreibung von Alternation findet sich im Kapitel 5.5.8.3.

Systemobjekte können ihre Aktivitäten konzeptionell echt parallel zueinander ausführen (bei mehreren Prozessoren real parallel, bei Scheduling mit einem Prozessor kann keine Annahme darüber gemacht werden, wann ein Aktivitätenwechsel erfolgt und welches Objekt tatsächlich gerade aktiv ist). Nebenläufige Ausführung von Systemobjekten - wie aus CSP oder Concurrent Pascal bekannt - wird umfassend in Kapitel 5.5.8.4 beschrieben. Systemobjekte sind eine konkrete Realisierung des in Kapitel 3.2.2 beschriebenen allgemeinen Prozeßkonzepts.

Komponenten- und Systemobjekte können nicht einfach wie Einzelobjekte als Bestandteil der entsprechenden nichtsequentiellen Anweisungen aufgerufen werden. Um Attribute von Komponenten und Systemobjekten in Auswertungsfolgen benutzen zu können, ist ein **Kommunikationsmechanismus** realisiert, der auf der **synchronisierten Ausführung von Teilobjekten** beruht. Der Ablauf der Kommunikation entspricht im wesentlichen einem **Rendezvous** und ist ausführlich in Kapitel 5.5.8.2 beschrieben.

Entsprechend unserer rekursiven Definition von Systemen - eine Komponente eines Systems kann wieder ein System sein - können in Beta Gruppen von Komponenten- und Systemobjekten zu Teilsystemen zusammengefaßt oder ihre Bestandteile wieder in alternierende oder nebenläufige Teilsysteme zerlegt werden. Beispiele solcher verschachtelter **Verbundsysteme** (mit Nichtsequentialität auf mehreren Ebenen) und der vielfältigen sich daraus ergebenden Möglichkeiten werden im Kapitel 5.5.8.5 behandelt.

5.5.8.1 Arten von Nichtsequentialität

Ein klassisches Konzept zur Modellierung von Nichtsequentialität ist das Koroutinenkonzept (siehe 3.2.1 Das Koroutinenkonzept). Eine Koroutine ist ein eigenständiges algorithmisches Objekt, das seine Aktivitäten zeitweise unterbrechen und später mit gleichem Zustand wieder fortsetzen kann. Eine *resume*-Anweisung dient in der Regel dazu, den Übergang der Aktivität zu einer anderen Koroutine anzuzeigen. Der Wechsel der Aktivität zwischen Koroutinen ist **deterministisch** und **explizit**.

Beta enthält eine Verallgemeinerung des Koroutinenkonzepts, die **Alternation**. In einer Gruppe alternierender Objekte (Komponentenobjekte) kann wie in einer Gruppe von Koroutinen zu jedem Zeitpunkt nur ein Objekt aktiv sein. Der Übergang der Aktivität von einem Komponentenobjekt zu einem anderen kann explizit oder implizit an verschiedenen Punkten des Ausführungsflusses erfolgen (Genaueres siehe 5.5.8.3).

Die Deklaration eines Komponentenobjekts in Beta erfolgt durch

```
CompObj : @ | ComponentClass
```
(statisch) bzw.

```
CompObj : ^ | ComponentClass
```
(dynamisch).

Natürlich kann statt des Patternnamens *ComponentClass* auch wieder ein Objektdeskriptor angegeben werden.

Die alternierende Ausführung einer Gruppe von Komponentenobjekten wird denotiert durch

(| $\texttt{CompObj}_1$ | $\texttt{CompObj}_2$ | ... | $\texttt{CompObj}_n$ |)

In vielen Fällen reicht Alternation zur angemessenen Modellierung von Nichtsequentialität nicht aus; dies ist immer dann der Fall, wenn auf Systemebene Aktivitäten echt parallel stattfinden. Dann liegt **echte Nebenläufigkeit** vor; das entsprechende Ausdrucksmittel in Beta ist die Deklaration und nebenläufige Ausführung von **Systemobjekten.**

Die Deklaration eines statischen Systemobjekts hat in Beta die Form

```
SystemObj  : @ || SystemClass,
```

die eines dynamischen Systemobjekts

```
SystemObj  : ^ || SystemClass.
```

Die nebenläufige Ausführung der Systemobjekte S_1, S_2, S_3 wird in Beta erreicht durch die Anweisung

(|| $\texttt{S}_1$ || $\texttt{S}_2$ || $\texttt{S}_3$ ||).

Ein wichtiger Unterschied zwischen Alternation und Nebenläufigkeit ist, daß ein Komponentenobjekt einen Prozessor monopolisieren, d.h. für sich allein beanspruchen kann, während dies bei einer Gruppe von Systemobjekten nicht geschehen kann. Alternation kann als ein Sprachmittel für Quasiparallelität verstanden werden, sie erfordert von Komponentenobjekten eine freiwillige Prozessoraufgabe; Nebenläufigkeit von Systemobjekten stellt dagegen zumindest konzeptionell eine Form von echter Parallelität dar.

5.5.8.2 Kommunikation

Kommunikation in Beta findet durch **synchronisierte Ausführung von Teilobjekten** statt. Sie entspricht einer **synchronen Dienstleistung** oder einem **synchronen Datentransfer**. Der Sender (ein Komponenten- oder Systemobjekt) fordert den Empfänger (ein anderes Komponenten- oder Systemobjekt) auf, ein Teilobjekt auszuführen. Der Empfänger muß diese Aufforderung explizit durch Ausführen einer *accept*-Anweisung annehmen, bevor die Kommunikation stattfindet. Der Sender muß den Empfänger eindeutig benennen. Der Empfänger hat die Möglichkeit, die Klasse der möglichen Sender zu spezifizieren (durch das *some*-Konstrukt), wobei die Einschränkung der möglichen Sender beliebig sein kann (im Extremfall ein einzelner Sender oder die Menge aller Systemobjekte).

Der Kommunikationsmechanismus Betas entspricht der Realisierung eines Rendezvouskonzepts, wie wir es in etwas anderer Form z.B. auch in Ada finden <Ada80>.

Betrachten wir ein kleines Beispiel, in dem zwei statische Systemobjekte *S* und *R* miteinander kommunizieren.

```
Sender : @ || (# ... do
                 ...
                  E1 -> Receiver >? Service -> E2
                 ...
             #)

Receiver : @ || (# Service : @ (# with Sender do ...#)
                 do
                 ...; <? Service; ...
               #)
```

Die Kommunikation findet statt, wenn *Sender* die Anweisung *Receiver >? Service* (request instruction) ausführt und *Receiver* die Anweisung *<? Service* (accept instruction) ausführt. *Service* muß ein statisches Teilobjekt von *Receiver* sein. *Sender* und *Receiver* sind solange blockiert, bis die Kommunikation stattfindet. Die Semantik der Kommunikation entspricht der gemeinsamen Auswertung von E_1 -> *Service* -> E_2. Hat *Service* keine Eingangsparameter, muß E_1 entfallen, hat *Service* keine Ausgangsparameter, entfällt E_2. Zu den Zeitpunkten der Parameterübergabe sind *Sender* und *Receiver* synchronisiert. Findet keine Parameterübergabe statt, wird sichergestellt, daß *Receiver* und *Sender* zu wenigstens einem Zeitpunkt bei der Auswertung von *Service* synchronisiert sind. Die >*?*-Anweisung blockiert also das den Dienst (*Service*) anfordernde Objekt mindestens so lange, bis das Empfängerobjekt eine <*?*-Anweisung ausführt. Die Ausführung von *Service* findet vollständig unter der Kontrolle von *Receiver* statt, die Auswertung der Eingangsparameter von *Service* unter der Kontrolle von *Sender* und die der Ausgangsparameter von *Service* unter der Kontrolle von *Receiver*. Der Operator >*?* stellt einen synchronen Fernzugriff auf Attribute eines Objekts dar; die Synchronisierung erfolgt bei der Ausführung der <*?*-Anweisung durch das Objekt.

Wird *Service* deklariert als

```
Service : @ (# ... with some Class do ... #),
```

so kann *Service* nur von System- oder Komponentenobjekten angefordert werden, die durch *Class* qualifiziert sind. Die Klasse der möglichen Kommunikationspartner wird so durch den gleichen Mechanismus festgelegt, der zur Typüberprüfung von Referenzen benutzt wird und auf der Bildung von Begriffshierarchien beruht. Durch *some* kann immer eine Menge von Objekten als Sender zugelassen werden, die unter eine Teilhierarchie von Begriffsschablonen fallen. *some Object* läßt jedes Objekt als Sender zu, die explizite Benennung in *with* <*ObjectName*> jedoch nur ein einziges. *Object* kann als ein zur Sprachfundierung gehörendes Pattern betrachtet werden, daß die allgemeinsten Eigenschaften von Objekten beschreibt. Wie in Smalltalk-80 erscheint dieses Pattern als Superpattern aller Objektbeschreibungen.

Die zur Kommunikation benutzten statischen Teilattribute von System- oder Komponentenobjekten müssen nicht unbedingt Patternattribute sein. Zur Kommunikation bestimmte Teilobjekte werden in Beta als **Ports** gekennzeichnet. Pattern der Form Type*Port* (z.B. *IntegerPort*, *RealPort*) bezeichnen solche Teilobjekte, die zur synchronen Ausführung mit beliebigen System- oder Komponentenobjekten bestimmt sind.

Als **Beispiel** für die Ausführung von Kommunikationsvorgängen wählen wir die Implementierung eines Ein-Zeichen-Puffers, der von Objekten, die durch die Pattern *Producer* und *Consumer* qualifiziert sind, zur Synchronisation benutzt werden kann.

```
(#
   Producer  : (#...#);
   Consumer  : (#...#);

   SingleBuf : @||
   (# BufCh  : @ Char;
      PutChar: @(# enter (BufCh) with some Producer #);
      GetChar: @(# with some Consumer exit (BufCh)  #);
      do Cycle (# do <?PutChar; <?GetChar #);
    #);
```

```
   Prod         : @|| Producer
   (# Ch        : @ Char;
      do ... {produce a character}
         Ch -> SingleBuf >?PutChar ...
    #);

   Cons         : @|| Consumer
   (# Ch        : @ Char;
      do ... SingleBuf >?GetChar -> Ch;
         {consume a character} ...
    #);

   do (|| Prod || SingleBuf || Cons ||)

#)
```

5.5.8.3 Alternation

Die Syntax der Deklaration und Ausführung von Komponentenobjekten ist bereits oben beschrieben worden. An dieser Stelle bleibt noch eine genaue Definition des Aktivitätenwechsels zwischen den einzelnen Komponentenobjekten nachzutragen, sowie einiges zur Motivation der Einführung von Alternation in der Sprache Beta.

Ein Wechsel der Aktivität von einem Komponentenobjekt zum anderen kann nur an genau definierten Punkten stattfinden:

1) zu Beginn und Ende des Anweisungsteils eines Komponentenobjekts,
2) wenn ein Komponentenobjekt versucht, eine Kommunikation auszuführen und
3) bei der Ausführung einer *suspend*-Anweisung durch ein Komponentenobjekt selbst.

Alternation ermöglicht die Strukturierung eines Programms durch Komponentenobjekte, ohne daß man den Zugriff auf gemeinsame Daten explizit synchronisieren muß. Der **gegenseitige Ausschluß** verschiedener Aktivitäten ist durch die Verteilung der Aktivitäten auf Komponentenobjekte und die Benutzung komponentenglobaler Variablen bereits sichergestellt. In Zusammenhang mit der Blockstruktur von Beta-Programmen kann Alternation die Funktion von **guarded input/output commands** (<Dijkstra75>) erfüllen (<Beta87b>).

Die Verwendung von Alternation und Verbundsystemen anstelle von guarded commands kann helfen, die Vermischung logisch unterschiedlicher Anweisungsfolgen zu einer einzelnen zu verhindern. Darüberhinaus ist Alternation wesentlich einfacher und effizienter zu implementieren (<Beta87b>).

Die Realisierung eines Zeichenpuffers *Buffer* mit den Operationen *PutChar* und *GetChar* demonstriert die Verwendung von Alternation zur Synchronisation von Pufferzugriffen:

```
(# Buffer:
   (# CharRow:[100] @ Char;
      In, Out : @Integer;
      InCh, OutCh: @CharPort;

      PutChar: @|
      (# do
         Cycle (# do
            (if (In = Out)
             //False then {Buffer not full}
                <?InCh;   {Await input of char to InCh}
                InCh -> CharRow[In];
                (In mod 100) + 1 -> In
             //True  then Pause {Buffer is full}
             if)
       #)        #);

      GetChar: @|
      (# do
         Cycle (# do
            (if (In = (Out mod 100 + 1))
             //False then {Buffer is not empty}
                CharRow[(Out mod 100) + 1 -> Out] -> OutCh;
                <?OutCh   {Await output of char from OutCh}
             //True  then Pause {Buffer is empty}
             if)
       #)        #);

       do 1 -> In;
          100 -> Out;
          (| PutChar | GetChar |)
    #);

   Prod: @|| (# Ch :@ Char; ... do Ch -> Buf>?InCh ... #);
   Cons: @|| (# Ch :@ Char; ... do Buf>?OutCh -> Ch ... #);
   Buf : @|| Buffer;

   do (|| Prod || Buf || Cons ||)
#)
```

Die Synchronisation der Datenübergabe zwischen dem Produzenten von Zeichen *Prod* und dem Puffer *Buf* sowie diesem und dem Konsumenten *Cons* erfolgt über die

CharPorts *InCh* und *OutCh*. Der gegenseitige Ausschluß der Operationen *PutChar* und *GetChar* bei Zugriffen auf das Feld *CharRow* wird durch deren alternierende Ausführung sichergestellt.

5.5.8.4 Nebenläufigkeit

Nebenläufigkeit in Form von **konzeptioneller Parallelität** wird in Beta verwirklicht durch Systemobjekte. Systemobjekte dienen der Modellierung von Subsystemen, die unabhängig voneinander als selbständige **Prozesse** ablaufen und über explizite Kommunikationsdirektiven interagieren. Kommunikation ist auch das Mittel, unabhängige Prozesse, die von verschiedenen Systemobjekten parallel zueinander ausgeführt werden, zu synchronisieren.

Die Art der durch Systemobjekte realisierten Nebenläufigkeit ist insofern **rein konzeptionell**, als sie die dynamische Struktur von Teilsystemen direkt widerspiegeln soll und damit eher der **Systembeschreibung** als der Implementierung komplizierter nebenläufiger Algorithmen dient. Nebenläufigkeit ist in Beta auf **Objektebene, nicht auf Anweisungsebene** realisiert. Sie soll die Modellierung von Systemen dadurch erleichtern, daß adäquate Konstruktionsmittel in Form von Sprachkonstrukten zur Verfügung gestellt werden.

Über die Art der tatsächlichen Realisierung der Parallelität, die Umsetzung durch den Compiler, die verwendeten Scheduling-Algorithmen bei der Benutzung von Prozessoren durch mehrere Systemobjekte usw. können und sollen keine Annahmen gemacht werden. Zwar sind die in Beta enthaltenen Sprachelemente für Nebenläufigkeit alle effizient zu übersetzen, doch dienen sie nicht primär der Effizienzsteigerung durch Parallelisierung, sondern der Konstruktion adäquater Modelle.

Modelle realer Systeme, in denen Nebenläufigkeit in sinnvoller Weise eingesetzt wird, sind in der Regel komplex. Alle uns bekannten Anwendungen sind derart umfangreich, daß wir in den folgenden Kapiteln darauf verzichten, Programmbeispiele anzugeben, die auch nur den geringsten Anspruch erheben könnten, ein sinnvolles Problem zu lösen.

5.5.8.5 Verbundsysteme

Nebenläufigkeit in Beta soll also als Konstruktionshilfsmittel bei der Modellierung der dynamischen Struktur von Systemen verstanden und benutzt werden. Ebenso wie die statische Struktur kann auch die dynamische Struktur eines Systems auf verschiedenen Abstraktionsstufen betrachtet und beschrieben werden. Es sollte daher möglich sein, auch die dynamischen Aspekte einer Systemstruktur zu verfeinern.

Systemobjekte in Beta können in andere Systemobjekte derart zerlegt werden, daß das entstehende **Verbundsystem** aus der Ausführung vielfältiger Anweisungsfolgen und Kommunikationen sowohl auf einer Ebene, als auch mit internen oder globalen Teilsystemen besteht. Die Möglichkeit der Denotation solcher **Verbundsysteme** ergibt sich fast zwangsläufig aus der Tatsache, daß Komponenten- und Systemobjekte in Beta wie alle Objekte durch Pattern bzw. Objektdeskriptoren beschrieben werden und diese schachtelbar sind. Grundlage für die Realisierung von Verbundsystemen, d.h. der dynamischen Verfeinerung von Systemen in Beta, ist also die Orthogonalität von Generierungsweisen und dem Ausführungsmodus von Objektarten verbunden mit den verschiedenen Ebenen und Gültigkeitsbereichen der Blockstruktur.

Hinsichtlich der Bedeutung der Denotation von Verbundsystemen sind einige Überlegungen und Festlegungen erforderlich, die wir in den folgenden Kapiteln in knapper Form und ohne ausführliche Beispiele beschreiben. Wir sind überzeugt, daß Verbundsysteme nicht nur ein theoretisches Spielzeug darstellen, sondern ein mächtiges Werkzeug bei der Formulierung und Formalisierung von Modellen während der Programmierung. Die Aspekte der Pragmatik von Verbundsystemen können an dieser Stelle jedoch nicht ausführlich behandelt werden. Dies liegt auch darin begründet, daß Verbundsysteme bisher kaum praktisch realisiert werden konnten, so daß ein Mangel an Erfahrung mit ihrer Benutzung und Eignung für konkrete Anwendungsfälle besteht.

5.5.8.5.1 Ausführung globaler Objekte

Wie bereits im Beispiel des Zeichenpuffers in 5.5.8.3 gezeigt wurde, haben interne Komponenten- und Systemobjekte Zugriff auf globale Größen. Wollen mehrere Systemobjekte auf die gleiche Größe in einem gewöhnlichen umschließenden Block zugreifen, muß ein Zugriff auf diese Größen synchronisiert werden. Sind die globalen Größen aber Bestandteil eines umschließenden Systemobjekts, so werden sie unter der Kontrolle des Systemobjekts ausgeführt, zu dem sie gehören. Daraus folgt, daß zu einem Zeitpunkt immer nur ein solches globales Objekt ausgeführt werden kann. Liegen gleichzeitig Anforderungen von zwei oder mehr internen Systemobjekten für die gleiche globale Größe vor, werden sie sequentiell nacheinander behandelt. Eine solche Festlegung ist sinnvoll, weil einerseits interne selbständige Subsysteme wegen der Gültigkeitsbereiche der Blockstruktur Zugriff auf globale Objekte haben, dieser aber andererseits eine Kommunikation zwischen unabhängig voneinander ablaufenden Prozessen darstellt und synchronisiert werden müßte. Bezogen auf ein Teilsystem auf gleicher Blockebene stellt die Ausführung eines Objektes eines umschließenden Systems also eine **unteilbare Anweisung** dar und kann daher auch zur Synchronisation von Datenzugriffen verwendet werden.

5.5.8.5.2 Kommunikation mit internen Systemen

Wie oben beschrieben kann ein Systemobjekt intern aus weiteren Systemobjekten zusammengesetzt sein. Seine unabhängige Ausführung kann dann gegebenenfalls aus der parallelen Ausführung verschiedener Teilaktivitäten bestehen.

Wie lokale Datenobjekte oder algorithmische Teilobjekte eines Objektes von außen über entfernten Zugriff angesprochen werden können, so kann auf interne Systemobjekte (Subsysteme) durch Anforderung einer Kommunikation zugegriffen werden. Für die Ausführung der Kommunikation (*request*- und *accept*-Anweisung) gelten die gleichen Regeln wie in 5.5.8.2 angegeben. Eine Kommunikation zwischen einem internen Teilsystem und einem Systemobjekt außerhalb kann ohne Synchronisation mit dem umschließenden System erfolgen. Wichtig ist allein, daß beide Kommunikationspartner eine Nebenläufigkeitsdirektive ausführen.

Betrachten wir als **Beispiel das Verbundsystem** *Restaurant*:

Hat das Systemobjekt *Küche* ein Teilsystem *Koch*, das einen Port *Menüanfrage* besitzt, so wird die Kommunikation eines globalen Systemobjekts *Kellner* mit dem internen Teilsystem *Koch* von *Küche* beschrieben durch

```
Kellner : || @ (# ... do ...->Küche.Koch>?Menüanfrage ... #)
```

Die Kommunikation findet statt, wenn der *Koch* eine *accept*-Direktive ausführt:

```
Koch : || @ (# ... do ... <?Menüanfrage ... #)
```

Eine Synchronisation zwischen *Kellner* und *Küche* ist nicht erforderlich, da das Objekt *Menüanfrage* unter der eigenständigen Kontrolle von *Koch* ausgeführt wird. Daraus folgt, daß mehrere solcher Kommunikationsvorgänge - natürlich mit verschiedenen internen Teilsystemen $Koch_i$ - gleichzeitig erfolgen können. Voraussetzung dafür ist natürlich, daß sowohl die Teilsysteme $Koch_i$ innerhalb der *Küche* als auch *Kellner* und *Küche* im umschließenden Block sich in paralleler Ausführung befinden:

```
Kellner :  || @ (# ... #);

Küche : || @
    (# Koch1, Koch2 : || @ (# ... #);
       ...
       do ... (|| ... || Koch1 || Koch2 || ... ||) ...
    #);
...
do ... (|| ... || Küche || Kellner || ... ||) ...
```

5.5.8.5.3 Kommunikation unter Benutzung globaler Objekte

Auf ein globales Objekt kann in einer *accept*-Anweisung durch ein internes Systemobjekt zugegriffen werden. Dadurch können interne Teilsysteme die Kommunikation eines umschließenden Systemobjekts kontrollieren. Die Ausführung des globalen Objekts erfolgt wieder durch das umschließende System, zu dem es gehört. Im übrigen gelten die gleichen Regeln wie oben angegeben.

5.5.9 Modularisierung in Beta

In Kapitel 3.3 haben wir Modularisierung als einziges Sprachkonzept der 'Programmierung im Großen' ausgewählt, das wir für so bedeutend und ausgereift halten, daß es konzeptionell in einer Programmiersprache oder Programmierumgebung enthalten sein sollte. Die drei wichtigsten Aspekte von Modularisierung waren die Möglichkeit der getrennten Übersetzung, des Verbergens von Feinstrukturen (Datenabstraktion, *information hiding*) und Implementierungsdetails und der statischen Systemstrukturierung (Programmstrukturierung).

Beta ist eine Sprache, deren grundlegende Struktur durch geschachtelte Blöcke gebildet wird. Blockstrukturierung ist ein Sprachkonzept, das hauptsächlich für die 'Programmierung im Kleinen' nützlich ist (siehe 3.1.4). Ein Modularisierungsmechanismus läßt sich aus verschiedenen Gründen **nicht über das Blockkonzept realisieren**:

1) Module sind statische Klammerungen verschiedener Größen; Blockobjekte sind dynamisch erzeugte Instanzen, die Zusammenfassungen von Deklarationen und zugehörigen Aktivitäten beinhalten.

2) Module bilden flexible abgeschlossene Gültigkeitsbereiche mit explizitem Import und Export; die Sichtbarkeit von Größen in Blockstrukturen ist fest und wird über die Schachtelung und die Schachtelungstiefe definiert.

3) Module dienen der Organisation der Wiederverwendbarkeit von Programmteilen; Blöcke dienen der Organisation der Intention und Bedeutung eines Programms.

Die Sprache Beta selbst enthält kein Modularisierungskonzept. Stattdessen ist für die Realisierung einer Programmierumgebung mit Beta ein **sprachunabhängiges Modularisierungskonzept** entwickelt und implementiert worden <Beta83a> <Beta87b>. Dieses Modularisierungskonzept ermöglicht die **getrennte Übersetzung** von Programmteilen sowie deren **Aufteilung in Definitions- und Implementationsmodule** (public and private modules) und damit auch das Verstecken von Informationen (information hiding).

Der **sprachunabhängige Modularisierungsmechanismus** kann nach <Beta87b, S.19, S.42> auf alle Sprachen angewandt werden, für die eine kontextfreie Syntaxbeschreibung vorliegt. Die Idee ist, daß jede Satzform (jede Kette aus terminalen und nichtterminalen Symbolen), die aus einem beliebigen nichtterminalen Symbol der Grammatik abgeleitet werden kann, als Modul betrachtet wird. Durch Definition einer partiellen Ordnung über diesen Modulen kann dann für jedes Modul eine separate, kontextsensitive Analyse erfolgen. Durch Auswahl der richtigen 'Schnittstellen' (nonterminale Symbole) können Module in einen Definitions- und einen Implementationsteil zerlegt werden, was den Schutz der Repräsentation und Implementierung von Daten ermöglicht. Darüberhinaus kann der Mechanismus als Grundlage für ein System zur Versions- und Variantenverwaltung dienen <Beta87b,S.42>.

Leider lag uns der Text, der die Ausarbeitung dieses Modularisierungskonzepts beschreibt <Beta83a>, ebenso wie eine Beschreibung der konkreten Realisierung dieses Konzepts im Rahmen der Beta-Programmierumgebung bis zum Abschluß der Arbeit an diesem Buch nicht vor, so daß wir keine konkreteren Angaben zur Modularisierung in Beta machen können. Wir möchten zum Abschluß dennoch auf zwei Punkte hinweisen:

1) Ist das sprachunabhängige Modularisierungskonzept in der Beta-Programmierumgebung so ausdrucksstark wie beschrieben realisiert, so sind damit alle Anforderungen an ein Modulkonzept (getrennte Übersetzung, Geheimnisprinzip, etc.) erfüllt.

2) Die Bestrebung, Modularisierungskonzepte von konkreten Sprachen zu isolieren, ist nicht etwa nur eine Eigentümlichkeit der Sprache Beta, sondern **Ausdruck einer Entwicklung in der Softwaretechnologie der letzten Jahre**. Die Trennung von Programmiersprachen und Modularisierungskonzept hat einige Vorteile:

   a) Die **Sprache wird kleiner**, kompakter und 'handhabbarer'.
   b) Es erfolgt eine **konzeptuelle Trennung** der 'Programmierung im Kleinen' von der 'Programmierung im Großen'.
   c) Große Softwareprojekte erfordern in der Regel den **Einsatz mehrerer Sprachen** bzw. die Integration verschiedener Schnittstellen vorgefertigter Systemkomponenten (z.B. Datenbanken, Betriebssysteme usw.). Es hat sich gezeigt, daß gerade die Aspekte einer Sprache, die für die Beschreibung solcher Schnittstellen wesentlich sind, sich in vielen Sprachen zumindest konzeptionell ähneln und allgemein behandelt werden können. Ein Herausziehen dieser Aspekte und Zusammenfügen zu einer allgemeinen, sprachunabhängigen Lösung hat den Vorteil, daß damit gleichzeitig wesentliche Aspekte der Integration verschiedener Programmiersprachen und Systemkomponenten gelöst sind.

5.6 Warum kein GPSS?

GPSS (General Purpose Simulation System) ist eine stark problemorientierte Simulationssprache und als solche in die Klasse der höheren Simulatoren (siehe auch Kapitel 6) einzuordnen. Sie wurde bereits 1961 von G. Gordon bei IBM entwickelt und unterlag in den Folgejahren einer fortwährenden Standardisierung und Erweiterung, die teilweise zu sehr unterschiedlichen Simulatoren führte (GPSS-V <IBM70>, <Gordon75>, GPSS-H <Henriksen/Crain83>, GPSS-85 <Henriksen85>, GPSS-Fortran <Schmidt85bc>, u.a.). GPSS ist sicherlich die bekannteste und am häufigsten eingesetzte Simulationssprache im Bereich der Wirtschaft und kommerziellen Softwareentwicklung (siehe <Christy/Watson83>).

Der Simulator in GPSS umfaßt eine große Auswahl an teilweise recht ausdrucksstarken Modellelementen mit spezieller Funktionalität. Damit kann dem Benutzer ein Großteil der Programmierarbeit abgenommen werden, d.h. die Benutzerfreundlichkeit ist bezüglich Modellerstellung, Modellformulierung, Ablaufsteuerung und Ausgabeaufbereitung vergleichsweise hoch. Die Konzeption der Sprache basiert auf dem einfachen Gedanken, daß es bei der Modellbildung geradezu selbstverständlich erscheint, zur Verdeutlichung der Struktur und Funktionsweise der Komponenten des Systems einen Ablaufplan zu zeichnen. Ziel von GPSS ist es, dem Systemdesigner und Implementierer konkrete Konzepte, Konstrukte und Sprachelemente zur Verfügung zu stellen, die es ermöglichen, mit möglichst geringen Aufwand einen solchen Ablaufplan in ein konkretes Simulationsprogramm umzusetzen.

Die Architektur des GPSS-Simulators, die trotz der zahlreichen moderneren Versionen im Kern beibehalten wurde, beruht konzeptionell auf einer Transaktions-Diagramm-Sicht bei der Modellierung der Wirklichkeit. Diese Klasse der Modelle kann als Vorgänger der allgemeineren Prozeß-Interaktions-Modelle, die auch im wesentlichen unseren systemorientierten Modellen zugrunde liegt, angesehen werden. Sie beschreibt das operationale Verhalten des Systems durch Aktionsschemata, die durch einzelne Flußeinheiten (die Transaktionen) ausgeführt werden, während sie sich durch das Simulationssystem bewegen. Diese Verhaltensmuster werden durch Blockdiagramme beschrieben. Dies soll als zugegebenermaßen äußerst knappe Darstellung des GPSS-Programmiermodells innerhalb dieser Arbeit ausreichen.

Die Gründe unserer Ignoranz gegenüber GPSS dürften im Zusammenhang mit den Zielsetzungen und Anliegen dieses Buches einsichtig erscheinen:

1) GPSS ist sicherlich nicht zu jenen Sprachen zu rechnen, die einen systemorientierten Programmierstil unterstützen. Der konzeptionelle Abstand zwischen dem Verarbeitungsmodell von GPSS und unserem Programmiermodell ist vergleichsweise groß.

2) GPSS eignet sich insbesondere nicht für eine diskrete prozeßorientierte Simulation vor dem Hintergrund unserer systemorientierten Sichtweise der Programmierung. Nur sehr wenige der im Kapitel 4 von uns formulierten Anforderungen

(objektorientierte Begriffsbildung, Polymorphie, Nichtsequentialität, Modularisierung etc.) können erfüllt werden.

3) GPSS wurde sehr früh entwickelt. Selbst die von uns heute (auch in dieser Arbeit) für selbstverständlich erachteten Konzepte der strukturierten Programmierung, die in den 60er und 70er Jahren entwickelt wurden, sind historisch jünger. Die von uns als wesentlich anerkannten Sprachkonzepte sind dort nicht realisiert.

4) Als ein höherer Simulator setzt GPSS dem geübten Entwickler individueller Simulationssysteme hinsichtlich Flexibilität und Erweiterbarkeit engere Grenzen. Die Modellsicht ist begrenzter als bei den von uns untersuchten Simulationsunterstützungen.

5) Die Programmierung im Sinne eines allgemeinen Simulationsbegriffes, wie er in Kapitel 2.7 entwickelt wurde, wird überhaupt nicht unterstützt. Moderne Programmiermethoden und Konzepte, wie wir sie für eine fehlerpräventive, ingenieurmäßige Programmierung für notwendig und angemessen erachten, lassen sich mit GPSS als Werkzeug nur sehr begrenzt umsetzen.

6) Darüberhinaus weist GPSS eine ganze Reihe von konkreten Schwächen auf, die wir hier nur kurz stichpunktartig angeben wollen:
   - Das Sprachdesign von GPSS ist sehr umfangreich und zeichnet sich durch mangelnde Orthogonalität, Vereinheitlichung und Vereinfachung der Konzepte und Konstrukte aus.
   - Die Architektur des Simulators ist geschlossen und nur sehr eingeschränkt dem Benutzer zugänglich. Allgemeinere Modelle sind nicht beschreibbar.
   - Die GPSS-Sprache ist kaum erweiterbar und unflexibel, was die Einführung neuer Konstrukte und Programmschemata, die getrennte Übersetzung u.a. betrifft.
   - keine Typisierung und nur sehr eingeschränkte Fehlererkennung
   - keine formale Beschreibung von Syntax und Semantik
   - schwache dynamische Speicherverwaltung

6 Möglichkeiten diskreter Simulation

Die folgenden Kapitel beschreiben die Möglichkeiten der Realisierung von diskreten prozeßorientierten Simulationsmodellen in den untersuchten Sprachen. Dabei gehen wir jeweils zuerst allgemein auf die in Kapitel 4 entwickelten Anforderungen ein. **Konkrete Simulatoren** und andere Unterstützung für die Implementierung abstrakter Simulationsmodelle sind im Anhang A beschrieben. Implementierungen eines konkreten Simulationsmodells mit den dort beschriebenen Simulatoren sind im Anhang B nachzulesen.

Die dort beschriebenen Simulatoren sind alle der Klasse der **niederen Simulatoren** zuzurechnen (siehe auch <Schmidt85a>). Sie zeichnen sich durch einen offenen und recht allgemeinen Systembegriff aus und unterstützen lediglich eine Ablaufkontrolle und Ereignisverwaltung sowie allgemeine Verfahren und Methoden der prozeßorientierten Simulation (z.B. Zufallszahlengeneratoren, Warteschlangen, usw). Schwerpunkte dieser Simulatoren liegen eindeutig in einer systemorientierten, flexiblen Konzeption der Basissprache. So sind die Simulatoren zunächst recht ausdrucksschwach und keiner weiter eingeschränkten Modellklasse zuzuordnen. Sprachkonstrukte zur systemspezifischen Modellerstellung (vgl. höhere und systemorientierte Simulatoren <Schmidt85a>) sind nicht vorgesehen. Aufgrund der größeren Allgemeinheit und Erweiterbarkeit über einer ausdrucksstärkeren Basissprache wird dieser Nachteil jedoch gerade von geübten Benutzern gern in Kauf genommen. Niedere Simulatoren haben darüber hinaus den Vorteil, den gerade im Simulationsbereich sehr individuellen Anforderungen bei der Entwicklung von Modellen gerecht zu werden (siehe auch Kapitel 5.6).

6.1 Diskrete Simulation in Simula-67

Die Sprache Simula-67 wurde u.a. mit dem Ziel entwickelt, dynamische Systeme möglichst einfach in einer Programmiersprache beschreiben zu können. Zu ihrer Unterstützung für die diskrete Simulation gehört die **Standardklasse** *SIMULATION*, die einen abstrakten prozeßorientierten Simulator unter Zuhilfenahme einer Ereignisliste implementiert, die **Klasse** *SIMSET*, die als Grundlage einer polymorphen Struktur zur Realisierung von Schlangen und Listen dient, die Implementierung verschiedener **Zufallszahlengeneratoren** sowie einer ganzen Reihe von standardmäßig verwendbaren Prozeduren. Im Anhang A1 werden insbesondere die Klassen *SIMULATION* und *SIMSET* beschrieben, da sie die Struktur des Simulationssystems im wesentlichen bestimmen. Hier wollen wir jedoch in einem einleitenden Kapitel allgemein zur Eignung von Simula-67 für die diskrete Simulation Stellung nehmen.

6.1.1 Allgemeines zur Simulation in Simula-67

Bei der allgemeinen Einschätzung der Eignung einer Sprache für die diskrete Simulation werden wir uns im folgenden an den in Kapitel 4 entwickelten Kriterien orientieren. Die Sprache Simula-67 sollte zwei Aufgaben gleichzeitig gerecht werden: Sie war für den Einsatz als Systembeschreibungssprache und als Programmiersprache vorgesehen. Programmierung aus systemorientierter Sicht ist daher in Simula-67 durchaus möglich, obwohl wir denken, daß zu einer guten Systembeschreibung die angebotenen Ausdrucksmittel nicht voll ausreichen und die einzelnen Sprachkonzepte noch nicht völlig ausgereift und aufeinander abgestimmt sind. Diese Schwächen muß man der Sprache aber aufgrund ihres Alters zugestehen; zur Zeit ihrer Entwicklung waren die realisierten Konzepte eine fast revolutionäre Neuerung. Die Kodierung eines abstrakten Modells eines Systems kann in Simula-67 leicht erfolgen, ohne daß dabei ein allzu großer konzeptioneller Abstand überwunden werden muß.

Auch wenn in der Sprachdefinition von Simula-67 einige Inkonsistenzen und Ungereimtheiten auftauchen (z.B. bezüglich der Koroutinen), ist doch die Sicherheit, die bei ihrer Benutzung erreicht werden kann, sehr hoch einzuschätzen.

Die von Simula-67 angebotenen Mittel zur **Modularisierung** und getrennten Übersetzung (externe Prozeduren und Klassen) sind zwar von praktischem Nutzen, wünschenswert wäre jedoch ein von anderen Sprachkonzepten getrenntes Verfahren zur Modularisierung. Allerdings ist eine flexible Erweiterbarkeit der Sprache durch die Möglichkeit der externen Definition und getrennten Kompilation von Klassen gegeben.

Wesentlich für die Möglichkeit der Realisierung diskreter prozeßorientierter Simulationsmodelle ist es, daß **Ausdrucksmittel für Nichtsequentialität** zur Verfügung stehen. Simula-67 enthält ein Koroutinenkonzept, in dem jedes Klassenobjekt als eine eigenständige Koroutine betrachtet werden kann. Dies reicht zur Implementierung eines allgemeinen Simulators aus (siehe A1).

Objektorientierte Begriffsbildung wird durch das Klassenkonzept ausgezeichnet unterstützt, Simulationseinheiten sind direkt als Objekte darstellbar. Auch abstrakte Datenstrukturen, insbesondere die häufig benötigten Warteschlangen, lassen sich auf einfache Weise realisieren. Darüber hinaus stellt Simula-67 eine komfortable **dynamische Speicherverwaltung** mit *garbage collector* zur Verfügung.

Polymorphe Strukturen sind durch Spezialisierungen von Klassen unter Verwendung virtueller Prozeduren zu beschreiben. Die Möglichkeiten, Polymorphie in Simula-67 auszudrücken, müssen als gut bezeichnet werden, auch wenn es einige Einschränkungen bzgl. der Allgemeinheit der Konzepte und der Sicherheit bei der Benutzung (dynamische Typprüfung) gibt.

Die in Simula-67 bereits implementierte **Simulationsunterstützung** ist ausreichend umfangreich. Sie umfaßt einen Simulator, Standarddatenstrukturen und Zufallszahlengeneratoren. Sollten die implementierten Lösungen nicht ausreichen oder zu allgemein sein, können sie leicht ergänzt bzw. erweitert werden. Trotz der komplizierten Sprache und des großen Umfangs des Laufzeitsystems haben sich die von uns implementierten Simulationsmodelle als **effizient** erwiesen.

6.1.2 Konzeption des Simula-67-Simulators

Die Konzeption des Simulators in Simula-67 entspricht weitgehend dem bereits kurz vorgestellten Modell der prozeßorientierten Simulation (siehe Kapitel 2.7). **Simulationseinheiten sind Instanzen der Klasse** ***PROCESS***, sie bilden die Simulationsprozesse, die der Simulator verwalten kann. Simulationsprozesse werden durch Koroutinenobjekte realisiert. Es wird eine **globale Ereignisliste** geführt, in der alle bereits feststehenden Ereignisse in Form von Ereignisnotizen chronologisch angeordnet sind. Jedem Simulationsprozeß kann ein Ereignis zugeordnet sein. Es ist jeweils genau ein Simulationsprozeß aktiv. Der aktive Simulationsprozeß bestimmt die Simulationszeit. Zur Ablaufsteuerung stehen die Simulationsdirektiven *HOLD*, *PASSIVATE*, *WAIT*, *CANCEL*, *ACTIVATE* und *REACTIVATE* zur Verfügung.

ACTIVATE dient der Aktivierung eines passiven Prozesses (sofort oder zu einem bestimmten Zeitpunkt), *REACTIVATE* der Aktivierung eines suspendierten oder passiven Prozesses. *PASSIVATE* entfernt den aktiven Prozeß aus der Ereignisliste. *WAIT* hat den gleichen Effekt, hängt ihn außerdem aber noch in eine Warteschlange ein. *HOLD* suspendiert den aktiven Prozeß für eine bestimmte Zeit (reiht ihn zu einem neuen Zeitpunkt in die Ereignisliste ein), *CANCEL* entfernt einen suspendierten Prozeß aus der Liste.

Im Anhang A1 wird der ereignisgesteuerte Simulator und ein Teil der Simulationsunterstützung, die in Simula-67 standardmäßig angeboten werden, ausführlicher beschrieben.

6.2 Diskrete Simulation in Modula-2

Modula-2 erhebt den Anspruch, eine **universell** verwendbare Programmiersprache zu sein. In der Sprache selbst sowie in den üblicherweise dazugehörenden Standardmodulen ist **keinerlei besondere Unterstützung für Simulationszwecke** vorgesehen. Es ist daher notwendig, ein allgemeines Konzept für alle möglichen Anwendungen diskreter Simulation zu definieren und zu implementieren, womit das Sprachniveau auf eine Ebene angehoben wird, die es ermöglicht, Simulationsprogramme ausreichend abstrakt zu formulieren. Die allgemeinen, unveränderlichen Teile eines Simulationsprogramms können dann in einigen Modulen zusammengefaßt und ihre Implementierung vor dem Benutzer, dem Entwickler eines konkreten Simulationsmodells, verborgen werden.

6.2.1 Allgemeines zur Simulation in Modula-2

Abgesehen von der Tatsache, daß ein Simulator standardmäßig nicht vorhanden ist, wird auch eine **objektorientierte Systemstrukturierung**, wie sie z.B. in Simula-67 und Beta möglich ist, **nicht direkt unterstützt**. Der Abstand, der bei der Kodierung eines physischen Modells in Modula-2 überbrückt werden muß, erscheint daher zunächst erheblich größer als in objektorientierten Sprachen. Dies wird allerdings dadurch relativiert, daß Modula-2 zwei andere ausgereifte und mächtige Konzepte zur Verfügung stellt: zum einen ein **Typkonzept**, das die Beschreibung vielfältiger Abstraktionen über Werten und Wertemengen ermöglicht, und ein **Modulkonzept**, das vorzüglich die Programmsystemstrukturierung unterstützt, das Verbergen von Informationen erlaubt und Grundlage für die getrennte Übersetzung ist. Bis auf kleine Schwächen können die Konzepte und konkreten Sprachkonstrukte von Modula-2 als ausgereift und sicher gelten.

Eine flexbile **Erweiterbarkeit der Sprache** ist durch das Einrichten von Bibliotheken möglich, die die verschiedenen Arten unterschiedlicher vorkompilierter Module enthalten können. Allerdings können keine vorkompilierten benutzungssicheren Module mit polymorphen Datenstrukturen und algorithmischen Schemata gebildet werden.

Das in Modula-2 enthaltene **Koroutinenmodell** ist für Simulationszwecke leider nicht abstrakt genug. **Abstrakte Datentypen** und **-strukturen** können gebildet werden. **Generische Typen** und **Strukturen** sind nur mit Einschränkungen und großem Aufwand über die maschinennahen Ausdrucksmittel zu beschreiben. Auch die **dynamische Speicherverwaltung** liegt wesentlich in den Händen des Benutzers (An- und Abmelden von dynamischen Variablen). Speicherbereinigungsalgorithmen sind mit vertretbarem Aufwand nicht zu implementieren.

In Modula-2 geschriebene Programme lassen sich dafür in sehr **effizienten Kode** übersetzen, was für die Implementierung großer Systeme sicherlich nicht unwichtig ist.

6.2.2 Konzeption eines konkreten Simulators in Modula-2

Die Wahl für das realisierte **abstrakte Konzept** fiel auf ein **Prozeßmodell**, dessen Definition sich stark an dem der Sprache Simula-67 orientiert. Ausschlaggebend hierfür waren sowohl die allgemeinen Vorteile eines prozeßorientierten Ansatzes (Systemstrukturierung, Beschränkung auf lokale Abläufe) als auch die guten Erfahrungen mit Simula-67. Hinzu kommt der Aspekt, daß die Simula-67-Simulationsumgebung weithin bekannt und bewährt ist, so daß jemand, der bereits Simulationsmodelle in Simula-67 implementiert hat, sich nicht völlig neu orientieren muß, sondern seine Vorgehensweise im wesentlichen beibehalten kann.

Eine ausführliche Beschreibung der Implementierung dieses konkreten Simulators ist im Rahmen von <Frauenstein/Wagner89> bereits geleistet worden. Wir werden hier besonders die Unterschiede zur Realisierung in Simula-67 sowie die Schwierigkeiten bei der Implementierung beschreiben. Darüber hinaus werden wir auch die Spezifikation der Schnittstellen (in Prosa) wiederholen, die einem Anwender erst die Benutzung des Simulators ermöglichen (siehe Anhang A2).

Wenn auch beim Entwurf des Simulators versucht wurde, eine möglichst große Annäherung an Simula-67 zu erreichen, so haben sich doch einige Unterschiede und Abweichungen ergeben, die ihre Ursachen in den ziemlich **unterschiedlichen Sprachkonzepten von Simula-67** und Modula-2 haben. Die Unterschiede ergeben sich insbesondere daraus, daß

1) Modula-2 **keine objektorientierte Sprache** ist, es keine Klassen und Hierarchien gibt,

2) Prozesse in Modula-2 nicht so abstrakt wie in Simula-67 gestaltet und mit einer anderen Perspektive (Betriebssystemprozesse) entworfen worden sind,

3) Modula-2 über **keine sprachinterne dynamische Speicherverwaltung** verfügt (und diese nur unzureichend durch entsprechende Module nachgebildet werden kann),

4) Modula-2 aber im Gegensatz zu Simula-67 eine Möglichkeit der (echten) **Werteabstraktion** zur Verfügung stellt (opake Typen) und über ein **Modularisierungskonzept** verfügt.

Auf diese Unterschiede wird noch einmal im Anhang A2.7 eingegangen. Im folgenden skizzieren wir kurz das **abstrakte Simulationskonzept**:

Die **aktiven Komponenten** des zu simulierenden Systems werden auf **Simulationsprozesse** abgebildet, die **passiven** auf gewöhnliche **Datenelemente**. Das Simulationsmodell besteht also im wesentlichen aus einer Menge von Prozessen. Es ist stets genau ein Prozeß aktiv, die anderen sind passiv, suspendiert oder terminiert. Der aktive Prozeß bestimmt die Simulationszeit. Suspendierten Prozessen ist ein Ereignis zugeordnet, das in der Zukunft liegt (dessen Zeitwert größer ist als die aktuelle Simulationszeit). Der aktive und die suspendierten Prozesse sind in einer Ereignisliste entsprechend dem Zeitpunkt der zugehörigen Ereignisse nacheinander angeordnet. Der aktive Prozeß bestimmt stets die Aktivitäten des gesamten Systems.

Zur **Ablaufsteuerung** stehen die aus Simula-67 bekannten Direktiven *Passivate*, *Activate*, *Reactivate*, *Hold*, *Wait* und *Cancel* zur Verfügung, daneben auch (fast) alle übrigen aus Simula-67 bekannten Operationen (siehe 6.1 und A1). Detailliertere Angaben sind der Simula-67-Beschreibung (Kapitel 6.1 sowie A1) sowie der Beschreibung des Moduls *Simulation* zu entnehmen.

6.3 Diskrete Simulation in Pascal

Wie bereits in der Sprachbeschreibung von Pascal (siehe 5.3) erwähnt, eignet sich Standard-Pascal unseres Erachtens nicht für die Implementierung diskreter, prozeßorientierter Simulationsmodelle. Der Aufwand für die Realisierung eines genügend abstrakten Prozeßmodells in der Sprache selbst, die keinerlei Ausdrucksmöglichkeiten für Nichtsequentialität bietet, erscheint uns unvertretbar hoch. Schon aus diesem Grunde scheidet Standard-Pascal für Anwendungen in der diskreten Simulation aus.

Verschiedene **Dialekte von Pascal** enthalten jedoch die oben bemängelten Ausdrucksmittel für Nichtsequentialität. Als Beispiele von Sprachdialekten, die ein Prozeß- oder Koroutinenkonzept enthalten, wurden bereits Concurrent Pascal, UCSD-Pascal und Path Pascal genannt. Damit ist in diesen Sprachen eine der wesentlichen konzeptionellen Grundlagen für die Implementierung eines ereignisgesteuerten, prozeßorientierten Simulators gegeben. Der Aufwand für die Implementierung sowie ihre einfache und universelle Verwendbarkeit richten sich hauptsächlich nach zwei weiteren Kriterien. Zum einen sollte die Möglichkeit von Modularisierung, dem Verbergen von Feinstrukturen und getrennter Übersetzung bestehen, um den Simulator mit definierten Schnittstellen allgemein zur Verfügung stellen zu können. Weitere Elemente zur Simulationsunterstützung wie Zufallszahlengeneratoren, Statistikfunktionen usw. lassen sich dann ebenfalls einfach realisieren. Zum anderen sollten hier alle Kriterien in Erwägung gezogen werden, die wir für Simulation im allgemeinen und diskrete, prozeßorientierte Simulation im besonderen aufgestellt haben (siehe Kapitel 4).

Für wesentlich erachten wir wieder, inwieweit die Implementierungssprache sich an den Rahmenbedingungen der **systemorientierten Sichtweise von Programmierung** orientiert und angemessene Konzepte zur einfachen Formulierung von Programmen aus dieser Perspektive heraus zur Verfügung stellt. Zur Verringerung des konzeptionellen Abstandes zwischen abstraktem Simulationsmodell und Programmkode erscheint uns eine objektorientierte Spracherweiterung besonders günstig. ModPascal und Path Pascal enthalten beispielsweise derartige Spracherweiterungen, die eine stärkere Systemsicht des konkreten Simulationsmodells unterstützen. Hier ist zu erwähnen, daß einige der Pascal-Dialekte durch die Erweiterung nicht nur wesentlich umfangreicher, sondern auch konzeptionell sehr unterschiedlich werden und mit Standard-Pascal nur noch wenig gemein haben.

Der Aufwand für die Realisierung einer allgemein verwendbaren Simulationsunterstützung in einem geeigneten Pascaldialekt dürfte ungefähr dem Aufwand einer Implementierung in Modula-2 entsprechen, den wir in <Frauenstein/Wagner89> ausführlich untersucht haben.

6.4 Diskrete Simulation in Smalltalk-80

Smalltalk-80 wurde nicht wie Simula-67 in erster Linie als eine simulations-problemorientierte Sprache konzipiert. Da Smalltalk-80 aber ganz in der durch Simula-67 begründeten Tradition entwickelt wurde, entsprechen die Begriffe und Konzepte aus der Welt der Simulationsmodelle in einfacher Weise denen des Smalltalk-80-Systems. So sind in der großen Menge der Klassen, die standardmäßig der Smalltalk-80-Sprache zuzurechnen sind, auch solche, die einen Simulator und die für prozeßorientierte Simulation notwendige Unterstützung realisieren. Im Vergleich zu Simula-67 wird die Simulation durch die Bereitstellung einer größeren Anzahl hilfreicher Klassenbeschreibungen (alle 250 Klassen des Systems sind global) sogar umfangreicher unterstützt.

Die Klasse *Simulation* implementiert einen Simulator, indem sie die Ereignisliste und Ressourcen verwaltet und neue Simulationsobjekte generiert. Damit man bei der Abbildung der aktiven Simulationseinheiten nicht auf dem im Kapitel 5.4.11.1 beschriebenen, vielleicht doch zu allgemeinen Prozeßkonzept aufbauen muß, ist darüber hinaus in der Klasse *SimulationObject* das Konzept eines allgemeinen aktiven Simulationsobjekts realisiert. Sie beschreibt abstrakte Prozesse als Komponenten eines konkreten Simulationsmodells, die durch Instanzen der Klasse *Simulation* verwaltet werden. Ein ausführliche Darstellung dieser Klassen erfolgt im Anhang A3.

6.4.1 Allgemeines zur Simulation in Smalltalk-80

Vergleichbar zu Simula-67 muß bei der Formalisierung eines abstrakten Modells in den Sätzen der Smalltalk-80-Sprache kein allzu großer **konzeptioneller Abstand** überwunden werden. Wir finden eine relativ einfache und direkte Entsprechung der Begriffe und Konzepte der abstrakten Modellebene (Klasse der physischen Modelle) und der Smalltalk-80-Ebene (Smalltalk-80-Verarbeitungsmodell und Simulator) vor. Dies ist verständlich aufgrund der sehr ähnlichen zugrundeliegenden Verarbeitungsmodelle (vgl. 2.5). So erlaubt Smalltalk-80 eine Implementierung, die sich durch programmiertechnische Eleganz in der Umsetzung auszeichnet und aufgrund der größeren Geschlossenheit des Programmiermodells auch gegenüber Simula-67 Vorzüge aufweist.

Die **Modularisierbarkeit** von Programmen ist in Smalltalk-80 denkbar groß, da alle Klassen als eigenständige, globale Objekte des Systems aufgefaßt werden und dadurch ein Modulkonzept überflüssig machen. Diese Globalität und Unstrukturiertheit in Smalltalk-80 hat aber auch problematische Seiten (siehe auch 8.3). Ein Effekt aus Benutzersicht ist zumindest der, daß die Smalltalk-80-Sprache praktisch beliebig erweitert und modifiziert werden kann.

Für eine prozeßorientierte Simulation kann auf ein ausreichend ausdrucksstarkes, aber abstraktes (maschinenunabhängiges) Prozeßkonstrukt nicht verzichtet werden. Prozesse als **Ausdrucksmittel für Nichtsequentialität** sind in Smalltalk-80 genügend mächtig als konzeptionell parallel ausgeführte, aktive Blockinstanzen realisiert. Sie werden über den systemglobalen Scheduler verwaltet. Etliche Kontextwechsel- und Synchronisationsoperationen ermöglichen dem Benutzer eine flexible Handhabung. Wichtig ist aber zu erkennen, daß in der Standardversion in der Prozeßverwaltung kein Scheduler implementiert ist, so daß die konzeptionelle Parallelität in der Realisierung sehr stark eingeschränkt wird, da jeder Prozeß, wenn er über den Prozessor verfügt, diesen monopolisieren kann. Ein Scheduler kann aber im Prinzip nachträglich realisiert werden.

Abstrakte und polymorphe Datenstrukturen können über den Vererbungsmechanismus und das Klassenkonzept einfach realisiert werden. Der Abstraktionsgrad ist jedoch durch die Sichtbarkeit aller Methoden bzw. Nachrichtenmuster leider (unnötigerweise) eingeschränkt. **Objektorientierte Begriffsbildung** wird gut unterstützt. **Simulationseinheiten** können als aktive Komponenten, d.h. Simulationsprozesse, einfach und direkt als Instanzen der Klasse *SimulationObject* formuliert werden; als passive Einheiten sind sie Instanzen anderer Klassen.

Alle wesentlichen Abstraktionsfunktionen können umgesetzt werden. Von Nachteil ist unserer Meinung jedoch, daß Smalltalk-80-Objekte (abgesehen von Blockinstanzen) keine allgemeinen und insbesondere keine algorithmischen Objekte darstellen, sondern nur komplexe allgemeine Datenobjekte. Die Generierung und Eliminierung von Objekten wird komfortabel durch eine systemintegrierte **dynamische Speicherverwaltung** mit *garbage collector* realisiert.

Polymorphismen können im Sinne einer hierarchischen Begriffsbildung über den Vererbungsmechanismus von Smalltalk-80 dargestellt werden. Eine Einschränkung in der Sicherheit der Benutzung ist leider durch die ausschließlich dynamische 'Typüberprüfung' gegeben. Das zusätzliche **Ressourcenkonzept** als eine solche polymorphe Struktur erlaubt allerdings eine abstraktere und allgemeinen physischen Modellen besser entsprechende Systemstrukturierung als eine ausschließliche Synchronisation der Simulationsprozesse über die Ressource Zeit (Ereignisliste). Durch die Verwendung von Ressourcen entfällt auch die explizite Verwaltung von **Warteschlangen**. Einer Realisierung eines solchen Ressourcenkonzepts z.B. in der Sprache Simula-67 stehen aber keine Schwierigkeiten entgegen.

Die in Smalltalk-80 angebotene **Simulationsumgebung**, die über den konkreten Simulator hinausgeht, ist ausgesprochen umfangreich. Dies betrifft im engeren Sinne Zufallszahlengeneratoren, Datenstrukturen, Histogramme und Statistiken und im weiteren Sinne das ganze Smalltalk-80-System mit all seinen Klassen, das zu jeder Zeit mit einer großen Fülle mehr oder weniger simulationsspezifischer Dienste zur Verfügung steht.

6.4.2 Konzeption des Smalltalk-80-Simulators

Obwohl die Autoren des Smalltalk-80-Simulators nur von einer Umgebung für die Implementierung ereignisgesteuerter Simulationsmodelle (event driven simulation) sprechen, werden mit den beiden Klassen *Simulation* und *SimulationObject* pro zeßorientierte Simulationsmodelle (siehe Kapitel 2.7) beschrieben. Allerdings handelt es sich in Smalltalk-80 um eine etwas andere Simulationsumgebung, als wir sie bereits aus Simula-67 kennen.

Prozeßorientierte Simulation in Smalltalk-80 wird aufgefaßt als ein System, in dem eine Anzahl von unabhängigen Objekten existiert, von denen jedes eine Folge von **Aufgaben** (tasks) zu erfüllen hat, die in ihrem zeitlichen Ablauf mit denen anderer Objekte der jeweiligen Simulationssituation koordiniert werden müssen (Wir verwenden im folgenden die Terminologie der Autoren des Simulators <Goldberg/Robson83a>). Tasks realisieren also Dienste oder Resourcenverwaltungsfunktionen von Objekten (eine Methode), die parallel zu denen anderer Objekte ausgeführt werden können, und die für ihre korrekte Arbeitsweise eine Form der Interaktion mit anderen Tasks benötigen. Diese Menge von Tasks kann man auch als Prozeß (siehe 3.2.2) auffassen, d.h. jeder aktiven Simulationseinheit (SimulationObject) ist ein Prozeß zugeordnet.

Hierbei erfolgt die **Synchronisation** immer über den wechselseitigen Gebrauch von **Ressourcen** durch die verschiedenen Tasks des Systems. Das Konzept der Ressourcen ist mächtig genug für jede Form der Synchronisation, leicht verständlich, überschaubar in der Handhabung und auf die speziellen Anforderungen in der Simulation zugeschnitten (Das Implementieren jeder Form von Warteschlangen entfällt). Dabei gilt es zu unterscheiden zwischen **impliziter Synchronisation** über der allgemeinen Ressource (simulierte) 'Zeit' durch die Verwaltung der Ereignisliste einerseits, sowie **expliziter Synchronisation** über allen anderen Ressourcen andererseits. Über das Ressourcenkonzept lassen sich sehr direkt Konsumenten-, Produzenten und Anbieter/Klienten-Verhalten der Simulationsobjekte realisieren.

Wenden wir uns nun kurz diesem in Smalltalk-80 sehr wichtigen Ressourcenkonzept zur expliziten Synchronisation zu, da es eine Neuheit gegenüber dem Simula-67-Simulator darstellt und als solche zunächst interessanter als der Zeitkontrollmechanismus (implizite Synchronisation) erscheint.

Man unterscheidet zwischen zwei Arten von Ressourcen: statische und koordinierte Ressourcen. **Statische Ressourcen** (implementiert in der Klasse *StaticResource*, die eine Oberklasse der Klasse *Simulation* ist) sind einfache Ressourcen, die von Simulationsobjekten konsumiert/produziert werden können. Ihre Einheiten sind über natürliche Zahlen darstellbar. Statische Ressourcen erfordern nur das Führen einer Warteschlange für jede Ressource, die die wartenden Konsumenten verwaltet. **Koordinierte Ressourcen** (implementiert in der Klasse *CoordinatedResource*) werden von der Simulation (Instanz der Klasse *Simulation*) verwaltet. Ihre Einheiten sind selbst Simulationsobjekte, d.h. nicht darstellbar über natürliche Zahlen. Diese Ressourcen bestehen (konzeptionell) aus zwei Warteschlangen: eine für die produzierten Einheiten der Ressource und eine für die Konsumenten. Die produzierten Einheiten der Ressource sind Simulationsobjekte, die ihre weitere Aktivität (Task) mit bestimmten Aktionen anderer Simulationsobjekte (den Konsumenten) koordinieren müssen. Die Konsumenten andererseits sind Simulationsobjekte, deren Tasks mit den Tasks der Ressourceneinheiten synchronisiert werden.

Um diese beiden Begriffe von statischer und koordinierter Ressource etwas zu veranschaulichen, seien sie hier bereits kurz am Beispiel des konkreten Simulationsmodells einer Autowaschanlage erläutert (eine Implementierung dieses Modells mit ausführlicher Dokumentation liegt im Anhang B3 vor): Die Reihe der Waschterminals kann unter Verwendung einer statischen Ressource repräsentiert werden. Die Autowäscher, die auf die Ankunft eines neuen Kunden warten, können als Konsumenten und die Kunden mit ihren zu waschenden Autos als Einheit einer koordinierten Ressource implementiert werden.

Das Erzeugen oder die Freigabe einer Ressource, ebenso wie die Konsumierung oder Benutzung einer Ressource durch Tasks stellen wichtige **Ereignisse** innerhalb des Simulationssystems dar. Die Verwaltung der Ressourcen wird also einerseits über Warteschlangen und andererseits über Signale - sie bedeuten das Eintreten bestimmter Ereignisse - realisiert. Der Signal-Mechanismus selbst, das sei hier erwähnt, verwendet die schon bekannten Semaphore. In einem Smalltalk-80-Simulationssystem findet folglich jede Koordination unter den Tasks (abgesehen von der impliziten Synchronisation) unter Verwendung von Ressourcen statt; und diese Verwendung erzeugt koordinierende, systemverhalten-bestimmende Ereignisse.

So stellt die Klasse *SimulationObject* Mechanismen zur Verfügung, die neben der Verwaltung solcher Ressourcen auch die Gleichzeitigkeit von verschiedenen Aktionen zweier Objekte ausdrückbar machen. Die Implementierung der prozeßorientierten Simulationsmodelle erfolgt immer über das Führen einer **Ereignisliste** (man sollte sie vielleicht besser Prozeßliste nennen) durch die Klasse *Simulation*, die nach den Zeitpunkten der Reaktivierung der Prozesse geordnet ist. Jedesmal, wenn ein Prozeß den Prozessor aufgibt, d.h. das ihm zugeordnete Objekt seine Aktivität unterbrochen oder beendet hat, wird der nächste Prozeß aus dieser Liste genommen, die Simulationsuhr auf den aktuellen Stand gebracht und dieser Prozeß reaktiviert.

6.5 Diskrete Simulation in Beta

Die Sprache Beta ist eine sehr junge Entwicklung und immer noch Forschungsgegenstand. Über die im Anhang zitierten Texte hinaus (<Beta83bc> <Beta85> <Beta-87ab>) stand uns keine Literatur zur Verfügung. Insbesondere konnten wir bislang nicht in Erfahrung bringen, ob im Rahmen der Implementierung einer Beta-Programmierumgebung auch Unterstützung für den Einsatz in der klassischen diskreten Simulation realisiert worden ist und wie diese aussieht. Da Beta in vielen Konzepten als eine Weiterentwicklung von Simula-67 betrachtet werden kann und sogar teilweise von den 'Vätern von Simula-67' (K. Nygaard etc.) mitentworfen wurde, liegt die Vermutung nahe, daß bei einer Realisierung in Form von Compilern und Programmierwerkzeugen auch das traditionelle Anwendungsgebiet der diskreten, ereignisgesteuerten, prozeßorientierten Simulation nicht außer acht gelassen wurde und wird.

Beta-Compiler sind auf verschiedenen Kleinrechnern und Workstations implementiert und getestet worden <Beta87b,S.43>. Uns standen leider weder ein Compiler, noch ein Handbuch oder andere beschreibende Papiere zur Verfügung. Deshalb müssen wir uns an dieser Stelle auf einige **allgemeine Aussagen zur Eignung von Beta für die diskrete Simulation** beschränken.

1) Beta ist eine Sprache, die für die Implementierung physischer Modelle geschaffen wurde und eine systemorientierte Sichtweise ausgezeichnet unterstützt. Der **konzeptionelle Abstand** von (Simulations-) Modell und Progammkode dürfte deshalb sehr gering sein.

2) Beta bietet eine Bereinigung, Orthogonalisierung und **Weiterentwicklung** bekannter und **gut erprobter Konzepte** an. Die Sicherheit, die einem Programmierer dadurch geboten wird, ist sehr hoch einzuschätzen.

3) Begleitend zu Beta ist ein sprachunabhängiges **Modularisierungskonzept** entwickelt worden (siehe 5.5.9).

4) Patternmechanismus, virtuelle Pattern und Modularisierungskonzept bieten optimale Grundlagen für eine flexible **Erweiterbarkeit der Sprache**.

5) Beta bietet zwei verschiedene **Konzepte zur Realisierung von Nichtsequentialität** an: Alternation (in Form von Komponentenobjekten) und echte Nebenläufigkeit (Prozesse in Form von Systemobjekten). Darüber hinaus ist durch die Schachtelungsmöglichkeit von Objektbeschreibungen aller Arten die Konstruktion von Verbundsystemen möglich, die keine andere uns bekannte Sprache in dieser Allgemeinheit bietet.

6) Es können abstrakte Datentypen und Strukturen gebildet werden, deren strenge Konsistenz statisch überprüft wird. **Polymorphismen** auf Datenstruktur- und algorithmischer Ebene sind durch virtuelle Pattern und Vererbung zu realisieren.

7) Beta verfügt genau wie Simula-67 über eine benutzerfreundliche **dynamische Speicherverwaltung** mit *garbage collection.*

8) Der geringe konzeptionelle Abstand und die Einfachheit der Konstrukte von Beta sind eine gute Voraussetzung für eine **Validierung von Simulationsmodellen.**

9) Alle **Sprachkonstrukte** von Beta einschließlich der für Nichtsequentialität können einfach und **effizient implementiert** werden <Beta87b,S.40/41>.

Damit sind insgesamt sehr gute Grundlagen für die Realisierung von Simulator, Simulationsunterstützung und Anwendungen in der diskreten prozeßorientierten Simulation vorhanden. Der Aufwand für die Implementierung dürfte sehr viel geringer sein als in Modula-2 oder Pascal (siehe 6.3 sowie <Frauenstein/Wagner89>) und in etwa vergleichbar mit dem Aufwand in Simula-67 oder Smalltalk-80. Ein allgemeines Simulationsmodell, wie z.B. aus Simula-67 bekannt, dürfte sich problemlos auf Beta übertragen iassen. Interessant erscheint aber die Möglichkeit einer Realisierung, in der Simulationsprozesse auch durch Systemobjekte modelliert werden, was eine etwas andere Konzeption des Simulators erfordern würde.

7 Bewertung der Sprachen

Der Vergleich und insbesondere die Bewertung von Programmiersprachen ist ein sehr schwieriges Gebiet. Es erfordert eine intensive Beschäftigung mit der **Pragmatik** von Programmiersprachen. Die Pragmatik gilt als die umfassendste Betrachtungsweise einer Sprache. Sie betrachtet neben der formalen Struktur der Sätze (Syntax) sowohl ihre Bedeutung (Semantik) als auch den individuellen Benutzer der Sprache mit seinen vielfältigen Beziehungen zu der Bedeutung der formulierten Sätze. Die Sprache muß aus den verschiedensten Perspektiven beleuchtet, analysiert und beurteilt werden; so müssen z.B. allgemein softwaretechnische, anwendungsorienterte, informatik-theoretische u.a. Gesichtspunkte berücksichtigt werden.

Die Pragmatik kann sich nur sehr begrenzt auf formale oder allgemeingültige Methoden stützen. Es werden im Gegenteil wohl immer mehr oder weniger subjektive Wertvorstellungen und Einschätzungen in eine Analyse und Bewertung mit einfließen, die z.B. ihre Begründung in einer bestimmten idealtypischen Sichtweise der Entwicklung von Algorithmen und ihrer Implementierung oder einfach in persönlichen Vorlieben und Abneigungen haben können.

In diesem Zusammenhang möchten wir einige kurze allgemeinere Bemerkungen ausführen: Wir sind der Ansicht, daß es **keine universale**, d.h. überall gut einsetzbare **Programmiersprache** geben kann. Wir begründen dies natürlich aus einer pragmatischen Sichtweise der Programmierung: Die Aufgabe eines Informatikers ist die Formalisierung von Problemen, das Finden von Problemlösungen und das Abbilden dieser Algorithmen auf Maschinen. Um diese Aufgabe geeignet bewältigen zu können, entwickelt er Methoden, Konzepte, Werkzeuge und Formalismen, die vom Programmierer verwendet werden. Die Menge der Probleme ist unendlich und nicht beschreibbar; schon die Menge der Problemlösungen ist überabzählbar unendlich. Die Programmierung ist nicht formal fundierbar, sondern ein intellektueller Prozeß, in welchem die Programmiersprache ein Werkzeug zur maschinengerechten Formulierung (Implementierung) abstrakter Algorithmen ist. Als ein solches Hilfsmittel muß jede Programmiersprache aus den entsprechenden Perspektiven besehen als unvollkommen, fehlerhaft, unzweckmäßig, ausdrucksschwach usw. erscheinen.

Probleme können in der Praxis verschiedenen Problemklassen zugeordnet werden. Die Klassifizierung von Problemen ergibt sich aus den realisierten bzw. realisierbaren Lösungen. Sie entspricht einer Klassifizierung der diesen Lösungen zugrundeliegenden Modelle. Jedes geschlossene Verarbeitungsmodell, wie es einer konkreten Programmiersprache immer zugeordnet werden kann, erlaubt die direkte Formulierung von Modellen einer bestimmten Klasse und zeichnet sich durch eine immer geringere Ausdrucksmächtigkeit bezüglich anderer Modellklassen aus. Solange die Begriffe und Paradigmen, mit denen wir verschiedene Problemlösungen erarbeiten, vielfältig, inkompatibel oder gar widersprüchlich sind - und dies erscheint notwendig, um den zunehmend komplizierten Problemen gerecht zu werden -, kann es ein einheitliches, universelles Programmiermodell nicht geben.

Um daher in dieser Arbeit zu sinnvollen Aussagen innerhalb einer Bewertung der Programmiersprachen Simula-67, Modula-2, Pascal, Smalltalk-80 und Beta insbesondere im Hinblick auf ihre unterschiedliche Eignung zur Implementierung diskreter Simulationsmodelle zu gelangen, werden wir die Gesichtspunkte und Kriterien, nach denen wir bewerten und einschätzen, offenlegen. So kann eine Begründung jeder Einschätzung nachvollzogen und in Frage gestellt werden.

7.1 Methodik der Bewertung

Die oft widersprüchliche und verwirrende Bewertung von Sprachen und Sprachkonzepten in der Literatur ist nicht nur auf subjektive Wertmaßstäbe, persönliche Vorlieben und Eigenarten zurückzuführen, sondern hat ihre Ursache in der Komplexität und dem ungenügenden Verständnis des behandelten Gegenstandes. Unter Komplexität verstehen wir nicht nur die **Multidimensionalität der Programmierung** <Eggers/Zimmermann84>, sondern im folgenden wesentlich die verschiedenen **Dimensionen der Betrachtungsweise** der Programmiersprachen, die der Bewertung zugrundeliegen*. Wir beschränken unsere Betrachtung auf vier Dimensionen, wobei wir gesellschaftliche, politische, ökonomische Aspekte etc. außer acht lassen.

7.1.1 Dimensionen der Bewertung von Programmiersprachen

Die erste Dimension, die die Betrachtungsweise bei der Bewertung von Programmierung und den dabei verwendeten Werkzeugen betrifft, ist die der verschiedenen **Anwendungsbereiche und Problemklassen**.

In der zweiten Dimension unterscheiden wir **menschliche Rollen**, die sich aufgrund unterschiedlicher informatikbezogener Aufgabenbereiche und den damit verbundenen Interessen und Anliegen an die Programmiersprachen ergeben. Wir werden auf die Perspektive von Anwendern, Systementwicklern und Programmierern und die von Wissenschaftlern eingehen.

Die dritte Dimension schließlich umfaßt die Lehrmeinungen von Vertretern verschiedener Schulen darüber, was unter Programmierung zu verstehen und wie sie am geeignetsten zu bewältigen ist. Diese Dimension kann man etwas böswillig aber vielleicht recht treffend auch als **'ideologische Voraussetzungen'** bezeichnen.

---

* **Bewertung** ist das **In-Bezug-Setzen eines Gegenstandes** oder seiner Eigenschaften **zu einem Wert**. Unter **Wert** verstehen wir hier nicht den in Kapitel 3.1.1.1 dargelegten Begriff (Werte in Programmiersprachen), sondern eine allgemeine Vorstellung von etwas, das erwünscht, erstrebt oder anerkannt wird, wobei Werte weder objektiv im Sinne einer zeitlosen Existenz und Wahrheit noch subjektiv beliebig sind, sondern willentlich von Menschen gesetzt bzw. (an-)erkannt und gesellschaftlich tradiert und normiert werden.

Ein endgültiger Wert beim Einsatz von Programmierung kann unseres Erachtens nur in der gesellschaftlich sinnvollen Anwendung von Informatik gesucht und bestimmt werden. Unser Ansatz greift für eine solche Bewertung nicht weit genug; unser Untersuchungsgegenstand ist jedoch auch viel begrenzter. Wir untersuchen die Eignung und Leistungsfähigkeit bekannter Begriffe und Konzepte für einen bestimmten Anwendungsbereich innerhalb eines gegebenen Paradigmas. Von uns untersuchte Begriffe sind z.B. 'Wert' und 'Objekt', Konzepte z.B. 'Blockkonzept' und 'Prozedurkonzept', der Anwendungsbereich ist die diskrete Simulation. Innerhalb dieser Rahmenbedingungen kann es nur darum gehen, eine möglichst adäquate, sichere, einfache und effiziente Implementierung eines konkreten Modells realisieren zu können. Diese Vorstellung ist der wesentliche, leitende Wert bei unseren Betrachtungen; die Explikation seiner Anforderungen aus pragmatischer (auf Erfahrung beruhender) Sicht haben wir in Kapitel 4 gegeben. Wir werden im folgenden trotzdem noch einmal weiter ausholen und verschiedene weitere Dimensionen von Bewertung betrachten.

Die vierte Dimension bezeichnen wir mit **pragmatische und formale Vorgaben**. Darunter verstehen wir verschiedene Festlegungen, die außerhalb des Bereichs der eigentlichen Programmierung getroffen werden, wie z.B. die Bindung an einen bestimmten Rechnertyp oder eine Softwarefirma, organisatorische Vorgaben etc.

Dimensionen der Bewertung:

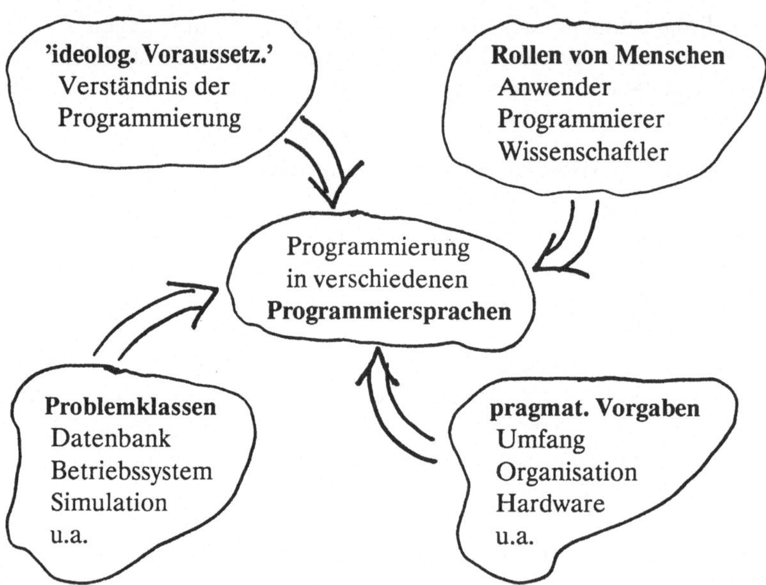

Aus jeder dieser Dimensionen ergibt sich eine Anzahl von Kriterien, die zu einer Beurteilung von Programmiersprachen mehr oder weniger hilfreich sein können. Da wir aber unmöglich alle Kombinationen dieser Dimensionen und Kriterien auflisten und untersuchen können, werden wir jeweils **unseren Standpunkt bezüglich der verschiedenen Dimensionen** festlegen.

Vorher sollen jedoch die verschiedenen Dimensionen und die ihnen zugeordneten Bewertungskriterien noch etwas ausführlicher erläutert werden:

1) **Anwendungsbereiche und Problemklassen** sind die Dimension, die den Einsatz von Programmiersprachen am stärksten beeinflußt. Da keine Sprache für alle Anwendungen gleich gut geeignet ist (natürlich abgesehen vom Einsatz von Ada im Bereich der militärischen Anwendungen in Nordamerika), werden die Bewertungskriterien wesentlich vom Anwendungsgebiet abhängen. Eine Liste möglicher Anwendungsgebiete muß immer unvollständig bleiben:

   - Steuerung und Überwachung von Fertigungsprozessen
   - Datenbanken und Informationssysteme
   - Textverarbeitung

- Sprachverarbeitung
- Automatisches Beweisen
- Numerische Aufgaben
- Statistische Auswertungen
- Planungs- und Decision-Support-Systeme
- Steuerung von Raketen
- Radarüberwachung
- Simulation

  ...

2) Die **Rollen der Menschen**, die mit der Anwendung der Informatik in Zusammenhang stehen. Der Mensch erscheint hier in seiner Person als:

   a) **Anwender**, d.h. als Auftraggeber und Benutzer der Programme.
   b) **Systementwickler**, d.h. als diejenige Person, die die Problemanalyse vornimmt und eine abstrakte Problemlösung entwickelt, und **Programmierer**, dessen wesentliche Aufgabe eine geeignete Implementierung dieser abstrakten Problemlösung ist, d.h. die Formulierung der Lösung in Terminologie einer Programmiersprache.
   c) **Wissenschaftler**, dessen Hauptinteresse auf eine Entwicklung, Fundierung und Realisierung der verwendeten Methoden und Werkzeuge ausgerichtet ist.

3) **'Ideologische Voraussetzungen'** beeinflussen die Bewertung von Programmiersprachen unserer Meinung nach mehr als in der Regel zugegeben wird. Deshalb ist das **Offenlegen eines eigenen Standpunktes wichtig.** Diskussionen neigen sonst dazu, in Kontroversen über unwichtige Details auszuarten, wobei die eigentliche Differenz sehr viel versteckter liegt. Wir können hier auch nur wenige mögliche Sichtweisen von Programmierung kurz darstellen:

   a) Programmierung ist ein kreativer, künstlerischer Vorgang (art of programming).
   b) Programmierung ist eine ingenieurwissenschaftliche Tätigkeit, in der weniger ihre theoretische Fundierung, als praktische Erfahrungen in ihrer Anwendung interessieren.
   c) Programmierung ist eine Modellierung der Welt durch Mengen von Aussagen.
   d) Programmierung ist eine formale Beschreibung der Funktionalität eines Systems durch mathematische Kalküle.
   e) Programmierung ist die Modellierung und Simulation von Systemen, die wesentlich der ökonomischen Rationalisierung dient.

Auch diese Liste ist nicht ganz vollständig aber für unsere Zwecke völlig ausreichend. In vielen Fällen werden die Unterschiede nicht so kraß wie oben formuliert auftauchen, sondern einzelne, aber wichtige Details betreffen.

4) **Pragmatische oder formale Vorgaben** klassifizieren den Anwendungsbereich nicht nach inhaltlichen Kriterien. Im Zusammenhang mit der Unterschiedlichkeit der Anwendungen können sich Bewertungskriterien z.B. aus folgenden Fragestellungen ergeben:

   a) Welchen Umfang hat die Anwendung?
   b) Welcher organisatorische Rahmen ist für die Softwareentwicklung vorgegeben?
   c) Welche Hardwareumgebung ist für die Anwendung vorgesehen?
   d) Gibt es problemspezifische Anforderungen, die z.B. über den üblichen Rahmen einer bestimmten Problemklasse hinausgehen?
   e) Gibt es Vorgaben oder Einschränkungen bezüglich der Verfügbarkeit von Programmiersprachen oder der Ausbildung und Schulung für diese Sprachen?

   ...

7.1.2 Bewertungskriterien

Diesen Dimensionen läßt sich eine Liste von **Bewertungskriterien** zuordnen, die einige der unserer Ansicht nach wichtigen Teilaspekte umfaßt, also keinen Anspruch auf Vollständigkeit erhebt:

1) Aus der Dimension der **Anwendungsbereiche und Problemklassen** können sich die unterschiedlichsten Bewertungskriterien ergeben. So erfordert z.B. die Programmierung von Betriebssystemen die Manipulation von Bitketten, Adressen, Speicherwörtern und den Zugriff auf verschiedene Geräte, die Implementierung von Algorithmen zur Bildauswertung eine extrem schnelle Ausführung der Programme. Bei der Beurteilung von Programmiersprachen kommt dieser Dimension zwangsläufig die größte Wichtigkeit zu, da die Anforderungen unterschiedlicher Problemklassen an Sprachen als Hilfsmittel beim Vorgang der Automatisierung von Arbeitsprozessen die anderen Dimensionen entscheidend beeinflussen. Die für unser Anwendungsgebiet - die **diskrete Simulation** im weiten und engen Sinne - interessanten Anforderungen sind bereits in Kapitel 4 ausführlich diskutiert worden und sollen hier nur stichpunktartig resümiert werden.

Allgemeine Kriterien:

   a) geringer konzeptioneller Abstand
   b) ausdrucksstarke Strukturierungsmöglichkeiten
   c) Sicherheit bei der Benutzung der Sprache
   d) Modularisierbarkeit von Programmsystemen
   e) Erweiterbarkeit/Flexibilität der Sprache

Spezielle Kriterien:

   f) Ausdrucksmittel für Nichtsequentialität
   g) simulationsspezifische Datenstrukturen
   h) Objekte als Simulationseinheiten

i) Dynamische Speicherverwaltung
k) Polymorphismen
l) flexible konkrete Simulationsumgebung
m) Validierbarkeit von Modellen
n) Effizienz

Bei der Beurteilung von Programmiersprachen kann man unmöglich alle Kombinationen aller Teilaspekte der verschiedenen Dimensionen berücksichtigen. Entsprechend unserem Vorgehen im übrigen Teil dieses Buches werden wir im folgenden auch die anderen Dimensionen vor dem Hintergrund des Anwendungsgebietes der diskreten Simulation betrachten. Wir werden also für jede Dimension eine Reihe von Kriterien angeben, die wir als Grundlage für die nachfolgende Bewertung verwenden werden.*

2a) Der **Anwender** interessiert sich sehr wohl indirekt für bestimmte Simulations- und Programmiersprachen, indem er gewisse Ansprüche an die Simulationsentwicklung formuliert:

- Dem Simulationsprogramm muß ein **adäquates** und **validierbares Modell** zugrunde liegen.
- Die **Einschätzung des Ein/Ausgabeverhaltens** des Simulationsprogramms in Bezug zur simulierten Welt muß fundiert sein.
- Gerade für Simulationen ist es häufig wichtig, daß besonders **effiziente**, natürlich **lauffähige** und **korrekte Simulationsprogramme** erstellt werden.
- Das Simulationsprogramm muß **erweiterbar** sein.
- Die **Kosten** der Simulationsentwicklung und Wartung müssen möglichst gering sein.
- **Entwicklungszeitvorgaben** müssen eingehalten werden.

2b) Der **Programmierer** ist von der Wahl der konkreten Programmiersprache am meisten betroffen. Dort muß er als **Systementwickler**, der ein abstraktes Simulationsmodell entwirft, die konkrete Programmiersprache insofern berücksichtigen, als er einerseits bei der Systemdefinition schon Methoden und Formalismen verwendet, die eine einfache und überschaubare Implementierung erlauben. Andererseits gibt es einige höhere Simulatoren, die bereits die Modellerstellung stark unterstützen

---

* Bei der Aufzählung der Kriterien mag es auffällig erscheinen, daß Aspekte der **konkreten Syntax** und lexikalischen Struktur von Programmiersprachen, die insbesondere die Lesbarkeit und Selbstdokumentationsmöglichkeit von Programmen beeinflussen, bei der allgemeinen Bewertung unberücksichtigt bleiben. Dies geschieht nicht, weil wir diese Punkte für unbedeutend halten; vielmehr fehlt uns für eine *fundierte*, d.h. von allen rational nachvollziehbare Bewertung in diesen Punkten die Grundlage. Ebenso wie politische und soziale Aspekte als globale Phänomene aus dem Rahmen herausfallen, der durch die von uns vorgestellte Theorie sinnvoll untersucht werden kann, tun dies auf der anderen Seite konkrete Syntax und lexikalische Strukturen als mikroskopische Phänomene. Eine fundierte Bewertungsgrundlage sollte hier unseres Erachtens im wesentlichen auch durch empirische Untersuchungen der arbeitspsychologischen und kognitiven Wissenschaften erfolgen. Wenn wir uns daher an der einen oder anderen Stelle zu der Bemerkung verleiten lassen, diese oder jene Sprache habe eine *schöne* oder *kryptische* Syntax bzw. sei *gut* oder *schlecht* lesbar, so kann dies nur als eine Einschätzung betrachtet werden, die auf persönlichen Erfahrungen, Vorlieben und Geschmack beruht. Wir erheben nicht den Anspruch, für diesen Bereich von Programmiersprachen rationale Bewertungskriterien anzugeben.

(bis hin zur parametrischen Modellstrukturierung). Als **Implementeur** bewertet er eine Simulationssprache im wesentlichen unter den folgenden Bewertungskriterien:

- Der **konzeptionelle Abstand** zwischen abstraktem Simulationsmodell und dem Simulationsprogramm sollte möglichst gering sein. Dies impliziert, daß eine Abbildung des abstrakten Systems, seiner Objekte und Relationen auf die Sprache leicht fällt, d.h. die Modellklasse, die dem abstrakten Simulationsmodell und der Simulationssprache zugrunde liegt, dieselbe sein sollte. Systembeschreibung und -kodierung sollten sich auf ein einheitliches Verarbeitungsmodell beziehen.
- Die Sprache muß genügend **mächtige Ausdrucksmittel** für Datenstrukturierung, Datenabstraktion, Programmstrukturierung und Modularisierung zur Verfügung stellen.
- Darüberhinaus bestehen die Forderungen der Programmierung im Großen, d.h. die verschiedenen **Software-Engineering-Kriterien** (Robustheit, Korrektheit, Änderbarkeit, Wartungsfreundlichkeit u.a.), die wir hier nicht weiter ausführen wollen.
- Schließlich gibt es **Anforderungen an die Programmierumgebung** wie einfache und schnelle Kompilation, Testhilfen, Ein/Ausgabemöglichkeiten, Schnittstellen zu anderen Systemen und Sprachen, getrennte Übersetzung u.a.

2c) Der **Wissenschaftler** erforscht Grundlagen und Inhalte der Informatik und schafft die Voraussetzungen für ihre methodische (mehr oder weniger formale) Umsetzung und Anwendung. Er legt u.a. die folgenden Kriterien bei der Bewertung von Sprachen an:

- **Implementierbarkeit**
- **semantische Fundierung**
- **Konsistenz, Gültigkeit** und **Angemessenheit** der zugrundeliegenden Sprachkonzepte
- Umfang der **Methodenunterstützung** durch die Sprache
- Bestimmung und Einordnung des zugrundeliegenden **Verarbeitungs-** bzw. **Programmiermodells**

3) Unsere **'ideologischen Voraussetzungen'** wurden ausführlich in Kapitel 2 dargelegt. Die aus dieser Dimension abgeleiteten Kriterien sind in der Regel allgemeiner Natur. Wir vertreten eine systemorientierte Sichtweise der Programmierung, die im Zusammenhang mit einer Analyse des Begriffs der Informatik und dem Anwendungsgebiet der diskreten Simulation entwickelt wurde. Als Ergebnis einer solchen Analyse betreffen die Kriterien z.B. die leichte Abbildbarkeit der Klasse der physischen Modelle in einer Programmiersprache; sie haben wesentlich die unter 2a)-k) aufgeführten Kriterien beeinflußt.

7.1.3 Zur Dimension der pragmatischen und formalen Vorgaben

Um die Bewertung weiter zu vereinfachen, wollen wir die vierte Dimension zunächst allgemein abhandeln, indem wir zu einigen Bewertungskriterien, die sich aus ihr ergeben, Stellung nehmen. Die eigentliche Bewertung der Sprachen (im nächsten Kapitel) wird sich damit auf nur zwei Dimensionen verflachen.

Im Hinblick auf den **Umfang von Simulationssystemen** läßt sich allgemein sagen, daß mit entsprechend steigendem Implementierungsaufwand die Kriterien eine wachsende Bedeutung und Wichtigkeit erfahren, die im Zusammenhang mit Möglichkeiten der Programmstrukturierung, getrennten Übersetzung und der Realisierung softwaretechnischer Anforderungen stehen. Es ist davon auszugehen, daß solche Systeme von größeren Programmiererteams erstellt werden und sich daraus größere Ansprüche insbesondere auch an die Programmierumgebung ergeben.

Problemspezifische Anforderungen an das Simulationssystem, die nicht in direktem Zusammenhang mit der diskreten Simulation stehen müssen, können ebenso die Bewertung der Sprachen stark beeinflussen. Wenn z.B. eine große Datenmenge evtl. auch über mehrere Simulationsläufe hinweg verwaltet werden muß, so kann es wichtig sein, daß die Sprache die Möglichkeit der Realisierung einer Schnittstelle zu einer Datenbank bietet; oder wenn besondere Anforderungen an eine graphische Ausgabe bestehen, so wird eine entsprechend mächtige Unterstützung durch die Sprache bzw. die Programmierumgebung benötigt.

Auch der **organisatorische** oder **äußere Rahmen** der Simulationssystementwicklung kann Vorgaben formulieren - etwa durch Festlegung auf bestimmte Rechner oder Softwaresysteme -, deren Berücksichtigung stark in eine Bewertung von Sprachen einfließen kann. Im Zusammenhang mit den organisatorischen Vorgaben ist im Rahmen dieses Buches vor allem die **Verfügbarkeit** der von uns untersuchten Sprachen von Interesse:

Simula-67 ist unseres Wissens hauptsächlich auf Großrechnern und Minicomputern verfügbar. Es gibt z.B. Implementierungen für die IBM 4381 unter VM/SP, CDC 6000/ CYBER, VAX unter VMS und UNIX. Die Preise für kommerzielle Anwendungen liegen zwischen 2000 und 11000 Dollar (siehe <Newsletter86>). Die verfügbaren Simula-67-Implementierungen sind seit über 20 Jahren einem fortwährenden Wartungsdienst durch das NCC (Norwegian Computing Center) in Oslo und die *Simula-User-Group*, die auch für das häufige Erscheinen der *Simula-Newsletters* verantwortlich ist, unterworfen.

Smalltalk-80 hingegen ist von seiner Konzeption ganz auf die Welt von Personalcomputern zugeschnitten. Diese Form der hohen Integration unter der objektorientierten Sichtweise, wie sie in Smalltalk-80 vorliegt, ist nur bedingt für größere Rechner im Mehrbenutzerbetrieb geeignet. Allerdings ist es natürlich möglich, die Smalltalk-80-Maschine als Interpretermaschine zu realisieren und so in jede Programmierumgebung einzufügen. Entsprechend unseren Kenntnissen sind Smalltalk-80-Systeme auf einem XEROX-Rechner (von der PARC selbst implementiert) und auf MacIntosh von Apple verfügbar. Es liegen auch Smalltalk-80-Umgebungen für den IBM-AT vor, außerdem für die HP 9000 Serie sowie für Apollo Domain Workstations. Unterstützte Benutzungsoberflächen sind MS-DOS, UNIX, Windows 3.0.

Compiler für Modula-2 sind sowohl auf Großrechnern als auch auf Mikrocomputern erfolgreich implementiert worden. Wir haben mit Modula-2-Systemen an einer IBM-4381-Anlage und an IBM-PCs gearbeitet. Da Modula-2 als direkter Nachfahre von Pascal betrachtet werden kann, und Pascal international insbesondere in der Lehre, aber auch zunehmend im kommerziellen Bereich eingesetzt wird, kann man davon ausgehen, daß Modula-2 eine ähnliche Verbreitung und Unterstützung finden wird.

Implementierungen von Beta-Compilern sind inzwischen auf dem Markt verfügbar. Erste Versionen der Sprache sind auf verschiedenen Kleinrechnern mit Motorola-68000-Prozessoren realisiert worden. Dazu zählen u.a. Macintosh, Sun und Sysware SUS. Derzeit wird am Entwurf und der Entwicklung einer Programmierumgebung für Beta gearbeitet <Beta87b>.

Man kann davon ausgehen, daß Modula-2 sowohl die billigste als auch am leichtesten verfügbare Sprache ist, gefolgt von Smalltalk-80, Simula-67 und schließlich Beta.

7.2 Vergleichende Bewertung

In den folgenden Kapiteln wollen wir aus der Sicht von Programmierern und Wissenschaftlern im wesentlichen die in Kapitel 4 formulierten Kriterien an die einzelnen Sprachen anlegen, wobei wir eine systemorientierte Sichtweise einnehmen werden.

Es kommt uns bei der Bewertung der Sprachen nicht auf eine möglichst vollständige Kasuistik an, sondern darauf, wichtige Punkte strukturiert herauszustellen. Die Begründung für die vorgenommenen Einschätzungen sind dem vorangegangenen Kapitel zu entnehmen.

7.2.1 Pragmatische Bewertung aus der Sicht des Programmierers

7.2.1.1 Konzeptioneller Abstand

Einen möglichst geringen konzeptionellen Abstand zwischen einem abstrakten Systemmodell und einem konkreten Modell in Form eines Programms halten wir im Hinblick auf eine einfache und sichere Implementierung für das wichtigste Kriterium. Ein geringer Abstand wird (aus unserer Sicht) erreicht, wenn die Ausdrucksmittel der Sprache sich möglichst eng an den Konzepten zur Beschreibung von Objekten und Abstraktion in physischen Modellen orientieren. Unter dieser Perspektive ist der konzeptionelle Abstand in Beta am geringsten, gefolgt von Smalltalk-80 und Simula-67 und schließlich von Modula-2.

Beta ist die einzige Sprache, die mit dem Ziel der Implementierung physischer Modelle entwickelt wurde. Entsprechungen zwischen ihren Sprachkonstrukten und der Begriffswelt der Modellebene lassen sich deshalb sehr leicht aufzeigen.

Smalltalk-80 ermöglicht eine objektorientierte Systemstrukturierung, doch unterscheidet sich dieser Begriff von Objektorientiertheit stark von dem in Skandinavien entwickelten Begriff. So ist in Smalltalk-80 zwar eine einheitliche Systemsicht verwirklicht, doch fehlen in ihr wichtige Konzepte wie aktive Objekte als Instanzen von Klassen, konkrete echte Nebenläufigkeit, Verfeinerung von Algorithmen und reine Spezialisierung von Algorithmen durch Vererbung.

Simula-67 ist zwar auch zur Beschreibung von Systemen entworfen worden, doch zeugt ihr Erscheinungsbild als Programmiersprache eher von einer erweiterten imperativen Sichtweise von Programmierung. Dennoch sind fast alle von uns vorgestellten Konzepte, die der systemorientierten Programmstrukturierung dienen, in ihr bereits enthalten. Der Nachteil ist, daß diese Konzepte nicht völlig aufeinander abgestimmt und in ihrer Realisierung (und in ihrem Gebrauch) einigen Beschränkungen unterworfen sind.

Modula-2 zeigt sich als eine rein imperative Programmiersprache, an die ein Programmierer eine system- oder objektorientierte Sichtweise erst 'herantragen' muß. Die Möglichkeiten zur direkten Formulierung dieser Art von Strukturierung in der Programmiersprache sind nicht gegeben und müssen daher auf einer abstrakteren Ebene der Entwicklung eines Programmsystems erfolgen.

7.2.1.2 Strukturierungsmöglichkeiten

Modula-2 bietet vielfältige Sprachkonstrukte zur Strukturierung von Daten und Algorithmen. Darüber hinaus ist mittels des integrierten Modulkonzepts eine übergeordnete statische Systemstrukturierung erreichbar. Sieht man von einigen implementierungsabhängigen Einschränkungen ab, so erscheint das Typkonzept im Sinne einer Daten- und Werteabstraktion als vorbildlich geeignet. Allgemeine (abstrakte) Datentypen können durch Verwendung von Modulen (Objekt- und Typmodulen) realisiert werden. Ein schwerwiegender Nachteil ist die streng monomorphe Konzeption. Algorithmen werden ausschließlich durch strukturierte Anweisungen beschrieben. Benutzerdefinierte Kontrollstrukturen sind nicht möglich. Leider gibt es kein selbständiges Blockkonzept, aber ausreichend leistungsstarke Prozeduren und Funktionsprozeduren. Getypte Prozedurparameter sind verwendbar. Die Trennung in Daten und Algorithmen ist leider nicht über eine übergeordnete objektorientierte Abstraktion aufzuheben.

In Simula-67 ist Datenabstraktion im Sinne von Werteabstraktion nicht vorgesehen, so daß eine weitere Strukturierung nur auf der Grundlage der Standardtypen über das Klassenkonzept erfolgen kann. Zur algorithmischen Strukturierung stehen sowohl strukturierte als auch unstrukturierte Anweisungen, Prozeduren, Funktionsprozeduren und Blöcke zur Verfügung. Außerdem ist über das Klassenkonzept eine dynamische Systemstrukturierung auf Grundlage eines allgemeinen Objektkonzepts möglich. Ein einfacher Vererbungsmechanismus dient der Formulierung von Polymorphie. Ein wesentlicher Nachteil ist die mangelnde Zusammenfassung des Typ- und des Klassenkonzepts.

Im Hinblick auf die Datenabstraktionsmöglichkeiten unterscheidet sich Smalltalk-80 kaum von Simula-67. Allerdings ist durch die prinzipielle Lokalität von Variablen die Repräsentation immer verborgen (abstrakte Typen). Ein großer Nachteil ist, daß es sowohl auf Klassen- wie auf Methodenebene keine Verschachtelung von Gültigkeitsbereichen gibt (lokale Klassen oder Methoden). Lokale Größen sind immer Referenzen auf Objekte. Zur Steuerung des Kontrollflusses stehen nur die vollständige Fallunterscheidung und abweisende Schleife zur Verfügung. Allerdings können aufgrund der Flexibilität der Sprache problemlos zusätzliche Kontrollstrukturen eingeführt werden. Parametrisierte Teilalgorithmen werden ausschließlich als Methoden und Blöcke aufgefaßt, die über einen Nachrichtenmechanismus aktiviert werden. Schön wäre hier auch ein prozedurähnliches Konzept zur algorithmischen Abstraktion auf objektlokaler Ebene. Die Parametrisierung ist aufgrund der nicht existenten Wertübergabe und der fehlenden Typisierung der formalen Parameter nicht sehr aussagekräftig, eröffnet dem Programmierer aber große Freiräume. Das Klassenkonzept ist ausgereift, erlaubt aber leider keine direkte Implementierung allgemeiner Objekte im Sinne unserer systemorientierten Sichtweise, sondern konzeptionell nur über den Umweg der Benutzung von Metaklassen.

In Beta gibt es nur ein einziges Konstrukt zur Abstraktion: das Pattern. Damit wird die Strukturierung von Substanz, Aktionen und Größen von allgemeinen Objekten beschrieben. Pattern stellen eine Vereinheitlichung von Block-, Prozedur- und Klassenkonzept dar. Datenstrukturierung und algorithmische Strukturierung sind damit trotz des einfacheren Konstrukts in Beta ausdrucksstärker als in Simula-67 und einheitlicher als in den anderen Sprachen realisiert. Die Vereinheitlichung aller Abstraktionsarten in einem Konstrukt hat auch ihre Nachteile, da die fehlende Unterscheidung von Daten- und algorithmischer Abstraktion (lokale Sicht) und objektorientierter Abstraktion (globale Sicht) die Programmstrukturierung unübersichtlicher werden läßt. Polymorphie ist über einfache Vererbung und virtuelle Attribute - eingeschränkt auf eine reine Spezialisierung allgemeiner Begriffsschablonen - formulierbar. Im Zusammenhang mit der Blockstrukturierung von Pattern ergibt sich die Möglichkeit der Definition von Kontrollstrukturen und parallel und alternierend arbeitenden Verbundsystemen.

Insgesamt betrachtet erscheinen die Strukturierungsmöglichkeiten in Beta am geeignetsten, gefolgt von Simula-67, Smalltalk-80 und Modula-2.

7.2.1.3 Benutzungssicherheit der Sprachen

Die Benutzungssicherheit einer Sprache orientiert sich an anderen Kriterien: dem konzeptionellen Abstand, ihrer Komplexität, einer abstrakten oder einer intuitiv verständlichen Semantik und den Erfahrungen, die im Verlauf ihres Einsatzes bereits gesammelt worden sind. Wesentlich für die Benutzungssicherheit erachten wir sinnvolle Strukturierungsmöglichkeiten sowie ein Typkonzept mit einem hohen Anteil statischer Semantik. Zu diesen Aspekten sind an anderer Stelle in dieser Bewertung bereits Aussagen zu finden; wir wollen uns daher hier auf wenige Punkte beschränken.

Der Erfahrungsschatz ist für Simula-67 sicherlich am größten. Dadurch werden einige Ungereimtheiten in der Implementierung dieser Sprache und Inkonsistenzen im ursprünglichen Sprachreport ausgeglichen. Die wenigsten Erfahrungen sind wegen des geringen Alters der Entwicklung bei Beta zu verzeichnen.

Ein axiomatisches Verständnis der Sprache wird von Modula-2 weitgehend gefördert. Außerdem entspricht die Semantik ihrer Konstrukte am ehesten der Intuition, die sich in langen Jahren imperativer Sicht von Programmierung herausgebildet hat.

Eine einfache, einheitliche Weltsicht ist in Smalltalk-80 Grundlage für Entwicklung und Programmierung. Wir denken jedoch, daß diese Sicht nicht in jedem Falle eine angemessene Realisierung und Modellierung erlaubt (zum Beispiel im Hinblick auf die fehlende Differenzierung zwischen Werten und Objekten), auch ist die Fundierung der Sprache in unseren Augen nicht befriedigend gelöst. Die Einfachheit fördert zwar ein gutes intuitives Verständnis von den Konstrukten und Operationen, doch können (und sollen) diese *genau* nur durch ihre Implementierungen beschrieben werden, was einer ingenieurmäßigen Verwendung der Sprache im Wege steht.

In Beta wurde zwar das Problem der Integration eines Wert- und Objektkonzeptes erkannt, das den Schwierigkeiten bei der Fundierung objektorientierter Sprachen zugrunde liegt, aber auch noch nicht angemessen gelöst. Positiv im Hinblick auf die Benutzungssicherheit ist jedoch die Vereinfachung und Orthogonalisierung der Konzepte zu bewerten, die die Sprache handhabbarer und weniger komplex machen, obwohl ihre Ausdruckskraft im Vergleich zu Simula-67 größer ist.

Zur **Typisierung** läßt sich folgendes sagen: Modula-2 ist eine streng getypte Sprache über einem prinzipiell monomorphen Typkonzept. Beschränkt man sich auf monomorphe Strukturen, so können sämtliche Typkonflikte zur Kompilationszeit erkannt werden. Die Monomorphie läßt sich nur indirekt über die Verwendung von Zeigern unter Kenntnis der Maschinenrepräsentation durchbrechen. Da hierbei die Typüberprüfung bewußt umgangen wird, ergeben sich Nachteile im Hinblick auf die Benutzungssicherheit und die Portierbarkeit.

Trotz der polymorphen Abstraktionsmöglichkeiten ist Beta eine streng getypte Sprache, deren Kontextbedingungen zur Beschreibung einer konsistenten Verwendung von Objekten und Operationen vollständig zur Kompilationszeit überprüft werden können.

Auch Simula-67 ist eine getypte Sprache. Die richtige Benutzung von Objekten kann allerdings nicht vollständig durch einen Compiler sichergestellt werden, sondern muß teilweise zur Laufzeit des Programms erfolgen.

In Smalltalk-80 findet keinerlei statische Überprüfung des konsistenten Gebrauchs von Objekten statt. Da in Smalltalk-80 alle Größen als Objekte aufgefaßt werden und die Benennung von Objekten über nichtqualifizierte Variablen erfolgt, muß man Smalltalk-80 als eine typstrukturfreie Sprache bezeichnen. Die fehlerhafte Verwendung von Objekten wird zwar als solche erkannt, aber erst zur Ausführungszeit.

Insgesamt schätzen wir die Benutzungssicherheit von Modula-2 und Beta höher ein als die von Simula-67 und Smalltalk-80.

7.2.1.4 Modularisierbarkeit

Modula-2 ist unter den untersuchten Sprachen die einzige, die ein ausgereiftes und integriertes Modulkonzept enthält. Für die Programmierung großer Systeme wird dies eines der wichtigsten Auswahlkriterien sein. Eine textuelle Trennung in Spezifikation, Repräsentation und Implementierung und damit eine Programmsystemstrukturierung durch Benutzt- und Enthält-Relationen wird unterstützt.

Aus Beta sind Modularisierungskonzepte extrahiert worden, weil sie der 'Programierung im Großen' zugerechnet werden und orthogonal zu allen realisierten Sprachkonzepten sind. Wenn das beschriebene sprachunabhängige Modularisierungskonzept (5.5.9) seinen Ansprüchen gerecht wird und zusammen mit Beta in einer Programmierumgebung zur Verfügung steht, wird es sicher nicht hinter dem von Modula-2 zurückstehen.

Smalltalk-80 ist ein genuin interaktives (Interpreter-) System, in dem Modularisierung nur durch die objektorientierte Systemstrukturierung gegeben ist. Generell sind Möglichkeiten zur Vorkompilation von Klassenbeschreibungen und zur Integration in die Welt des Interpreters vorhanden; ein unabhängiges Konzept existiert jedoch nicht. Verbergen von Informationen ist nur für den Datenteil von Objekten möglich. Es gibt über der Klassenebene kein Abstraktionsmittel, das eine statische Programmsystemstrukturierung unterstützt, obwohl getrennte Übersetzung möglich ist.

Auch in Simula-67 existiert kein unabhängiges Modularisierungskonzept, das den Ausdruck einer statischen Systemstrukturierung ermöglicht. Getrennte Übersetzung ist für einzelne Klassen und Prozeduren vorgesehen, 'information hiding' ist bei den meisten Sprachrealisierungen in Klassen durch 'protected and hidden attributes' realisierbar.

Aus unserer Sicht weisen daher Modula-2 und Beta die brauchbarsten Konzeptrealisierungen auf; in Simula-67 ist Modularisierung mit einigen Einschränkungen oder unter einer etwas andern Sicht jedoch auch möglich. In Smalltalk-80 gibt es aufgrund der hohen Systemintegration nur die Möglichkeit der dynamischen Kreierung und Eliminierung von Objekten (als die man die getrennte Übersetzung von Klassen auffassen kann).

7.2.1.5 Erweiterbarkeit und Flexibilität

Alle vier vorgestellten Sprachen sind in gewissem Sinne vom Umfang her flexibel zu erweitern; doch sind die Arten der möglichen Erweiterungen ebenso unterschiedlich wie die Vorgehensweise.

In Modula-2 können Module gebildet werden, die Typen, Funktionen, Prozeduren und Objekte beinhalten. Damit läßt sich einerseits die Ausdruckskraft der Sprache um neue Datentypen mit zugehörigen Funktionen anreichern, andererseits können Anweisungsfolgen als Operationen definiert werden (man erinnere sich an die verschiedenen Modularten in Kapitel 3.3.1). Werden in einem Modul auch Objekte verwaltet, d.h. hat das Modul einen Zustand, so werden in der Regel abstrakte, problembezogene Maschinen damit definiert.

Simula-67 ist flexibel um einzelne Prozeduren, Funktionen und Klassenbeschreibungen zu erweitern. Diese können extern übersetzt und später zu einem Programm dazugebunden werden. Die Klassenbeschreibungen als Abstraktionen über Objektmengen sind nicht ganz so allgemein wie Pattern in Beta. Im Gegensatz zu Smalltalk-80 gibt es allerdings die Möglichkeit, aktive Objekte zu beschreiben, Aktionsfolgen zu spezialisieren und eine echte algorithmische Abstraktion vorzunehmen. Allerdings ist es nicht ohne weiteres möglich, neue Kontrollstrukturen oder Funktionale allgemein zu definieren.

Smalltalk-80 als ein integriertes objektorientiertes System kann um neue Klassen erweitert werden, die Abstraktionen über verschiedenste Arten von Objekten (Wertobjekte bzw. Wertemengen, allgemeine Datenstrukturen, algorithmische Schemata, abstrakte Maschinen) darstellen. Insbesondere sind damit auch neue Kontrollstrukturen zu realisieren. Neue Klassenbeschreibungen werden in der Regel vorübersetzt und dann durch eine besondere Anweisung in das System aufgenommen. Damit wird das Smalltalk-80-System als ganzes ständig modifiziert und erweitert.

Beta schließlich ist am flexibelsten um neue Ausdrucksmittel zu erweitern. Da Pattern ein sehr allgemeines Konstrukt zur Abstraktion von Substanz (Objekte), Aktionen (Algorithmen) und Größen (Werten) darstellen und Spezialisierungen jeder Art sowohl vorzusehen als auch zu unterbinden sind, ist durch das Bereitstellen (und Vorübersetzen) von Pattern eine Möglichkeit zur Definition neuer Kontrollstrukturen, Datenstrukturen, allgemeiner Objektmengen und Teilsysteme (auch alternierender oder nebenläufiger) gegeben.

7.2.1.6 Ausdrucksmittel für Nichtsequentialität

In Simula-67 und Modula-2 ist ein Koroutinenmechanismus zur Realisierung von Nichtsequentialität vorgesehen. Smalltalk-80 verfügt konzeptionell über ein Prozeßkonzept. Beta stellt die allgemeineren Verfahren der Alternation und echten Nebenläufigkeit in Form von Komponenten- und Systemobjekten zur Verfügung. Darüberhinaus kann durch die Definition von Verbundsystemen die dynamische Strukturierung von Systemen auf verschiedenen Verfeinerungsstufen betrachtet werden, was in keiner der anderen Sprachen möglich ist.

In Simula-67 stellt jede Instanz einer Klasse eine Koroutine dar; alle modellierten Objekte können damit prinzipiell quasiparallel aktiv sein.

In Smalltalk-80 sind Prozesse zunächst singuläre algorithmische Objekte, die sich in paralleler Ausführung befinden und als Instanzen direkt notierter Blöcke generiert werden. Dabei werden Blöcke als Unterklassen der Klasse *Process* aufgefaßt. Prozesse werden durch die virtuelle Smalltalk-80-Maschine so verwaltet, daß sie faktisch Koroutinen darstellen.

In Modula-2 sind Koroutinen parameterlose Prozeduren eines bestimmten Typs mit fester Größe, die insbesondere für die Implementierung von Betriebssystemprozessen geeignet erscheinen.

Da wir Nichtsequentialität hautpsächlich als konzeptionelles Mittel zur dynamischen Strukturierung von Systemen ansehen, schneidet Beta bei einem Vergleich in diesem Punkt eindeutig am bestem ab. In Simula-67 sind die Aktionsfolgen direkt Objekten zugeordnet, während Prozesse in Smalltalk-80 auf Blockebene realisiert sind. Die Beschreibung aktiver Objekte durch Klassen in Simula-67 ist positiv einzuschätzen, hingegen ist Nichtsequentialität in Smalltalk-80 angemessener als in Simula-67 realisiert. Alle drei Sprachen erlauben jedoch eine relativ abstrakte Benutzung des Konzepts *Koroutine* oder *Prozeß*. Dies ist nicht so in Modula-2, da der Benutzer hier jeder Kouroutine selbst einen eigenen Speicherbereich fester Größe zuordnen muß, der nachträglich nicht geändert werden kann. Eine einfache bzw. problemlose Verwendung von Koroutinen zur dynamischen Systemstrukturierung auf einem etwas höheren Abstraktionsniveau ist daher in Modula-2 nicht möglich.

7.2.1.7 Simulationsspezifische Datenstrukturen

Abstrakte Datentypen als benutzerdefinierte Wertemengen sind bei den hier vorgestellten Sprachen nur in Modula-2 zu realisieren. Bei den anderen Sprachen erfolgt die Konstruktion von Datenstrukturen über das Klassenkonzept bzw. über Pattern. Allen diesen Sprachen ist gemeinsam, daß sie über keine Möglichkeit der reinen Typdefinition im Sinne der Beschreibung von (zuweisbaren) Datenobjekten verfügen, sondern daß immer allgemeine Typen (siehe 3.1.6.4) über allgemeine Objekte (Klassenkonzept) beschrieben werden.

In Simula-67, Smalltalk-80 und Beta werden die Aspekte der Repräsentation und Implementierung von Wertemengen als Datenobjekte mit den zugehörigen Operationen und Funktionen zu einer Klassenbeschreibung zusammengefaßt. In Modula-2 ist diese Zusammenfassung nicht zwingend, aber ratsam; sie kann über ein Typmodul realisiert werden. Die Deklaration von Konstanten zur expliziten Benennung von Werten ist nur in Modula-2 möglich.

In allen Sprachen ist die Realisierung potentiell unendlicher Strukturen mit variabler Ausdehnung möglich. Eine echte Abstraktion im Sinne des Verbergens von Informationen kann dabei in Modula-2, Simula-67 und Smalltalk-80 erfolgen. Allerdings sind Methoden in Smalltalk-80 immer sichtbar. In Beta ist das Verbergen von Information nur über ein sprachunabhängiges Modularisierungskonzept zu erreichen. Eine Realisierung des Geheimnisprinzips auf der Ebene eines Modulkonzepts halten wir für die beste Lösung. Ist in einer Sprache (wie in Simula-67 und Smalltalk-80) kein Modulkonzept enthalten, so sollte dieser Aspekt wegen seiner großen Wichtigkeit durch andere Sprachbestandteile berücksichtigt werden. In Simula-67 ist dieses Problem besser gelöst als in Smalltalk-80.

In Simula-67 gibt es die Unterscheidung zwischen vordefinierten Standardtypen als Wertemengen und benutzerdefinierten Typen als Klassenbeschreibungen, die wir als einen Bruch in der Sprache ansehen. Dieser Bruch ergibt sich aus der Zwitterstellung von Simula-67 zwischen imperativer und objektorientierter Programmierung.

Polymorphe Strukturen lassen sich am leichtesten in Beta und Smalltalk-80, mit kleinen Einschränkungen auch in Simula-67 realisieren. Wegen des monomorphen Typkonzepts von Modula-2 ist eine benutzerfreundliche Definition solcher Strukturen dort leider nicht möglich.

Insgesamt neigen wir dazu, einem unabhängigen Typkonzept mit seinen vielfältigen Wertabstraktionsmöglichkeiten wie in Modula-2 den Vorzug zu geben. Allerdings sehen wir die Schwierigkeiten einer Integration eines solchen Konzepts in eine objektorientierte Sprache (die bisher noch bei keiner Sprache gelöst worden sind). Auch ist das

Typkonzept von Modula-2 monomorph, während der Ausdruck polymorpher Strukturen und generischer Algorithmen in den anderen Sprachen ohne Probleme (über Vererbungshierarchien) möglich ist. Die konkreten Nachteile eines unabhängigen Typkonzepts in Modula-2 lassen es daher zur Realisierung simulationsspezifischer Datenstrukturen sehr viel weniger geeignet erscheinen als die allgemeineren Ausdrucksmsittel der anderen untersuchten Sprachen. Unter diesem Aspekt ergibt sich für uns folgende Rangordnung: Beta vor Simula-67 und Smalltalk-80, gefolgt von Modula-2.

7.2.1.8 Objekte als Simulationseinheiten

In Simula-67, Smalltalk-80 und Beta können Simulationseinheiten direkt auf das Objektkonzept der Sprache abgebildet werden. Üblicherweise wird für Simulationsobjekte jeweils eine eigene allgemeine Klassenbeschreibung geschaffen, die die Verwaltung in Ereignislisten und Warteschlangen sowie die Ablaufkontrolle ermöglicht (in Simula-67 die Klasse *PROCESS* aus *SIMULATION*, in Smalltalk-80 die Klassen *SimulationObject* und *Simulation*). Für Beta liegt uns leider keine konkrete Implementierung vor (siehe 6.5).

In Modula-2 werden Simulationsobjekte durch einen eigenen Typ realisiert, der einige Verwaltungsinformationen sowie die dem Simulationsobjekt zugeordnete Koroutine enthält. Bei der Generierung eines aktiven Simulationsobjektes erfolgt die Festlegung der Aktionen durch Angabe einer Prozedur als aktuellen Parameter; diese Art der Realisierung ist mit allen Nachteilen von Koroutinen in Modula-2 behaftet. Die konkrete Festlegung des Typs gestattet andererseits die Definition einer Warteschlangen-, Listen- und Mengenverwaltung für Simulationsobjekte, die sonst wegen der fehlenden polymorphen Ausdrucksmöglichkeiten nur schwer zu implementieren wäre. Objektorientierte Begriffsbildung, wie sie zur Beschreibung physischer Modelle wünschenswert wäre, wird von Modula-2 nicht unterstützt.

Die in Smalltalk-80 realisierte Lösung für Simulationseinheiten gefällt uns gut. Simula-67 orientiert sich dafür mehr an unseren Vorstellungen von Systemen. In Beta steht einer ähnlich schönen allgemeinen Lösung für Simulationseinheiten nichts im Wege. Modula-2 schneidet auch hier wegen des fehlenden Objekt- und Klassenkonzepts schlechter ab.

7.2.1.9 Dynamische Speicherverwaltung

Auf eine benutzerfreundliche dynamische Speicherverwaltung kann eine Sprache zur Implementierung dynamischer Systeme nicht verzichten. In Simula-67, Smalltalk-80 und Beta ist eine benutzerfreundliche Speicherverwaltung und Speicherbereinigung vorgesehen. Der Benutzer der Sprache muß nur die Generierung eines neuen Objektes explizit anfordern. Positiv ist die Orthogonalität der Generierungsweisen zu Objektarten in Beta hervorzuheben. Beta ist auch die einzige Sprache, die statische (durch Klassen beschriebene) Objekte erlaubt. In Modula-2 ist die Verwaltung des dynamischen Speichers auf einem sehr viel niedrigeren Abstraktionsniveau angesiedelt. Objektgenerierung und Elimination müssen explizit vom Benutzer angegeben werden. Ein Speicherbereinigungsverfahren läßt sich wegen der fehlenden virtuellen Adressierung nicht mit vertretbarem Aufwand realisieren.

Insgesamt bietet Beta die komfortabelste Lösung an, gefolgt von Smalltalk-80 sowie Simula-67 und schließlich Modula-2.

7.2.1.10 Polymorphismen

Ausdrucksmitteln für Polymorphie messen wir eine besonders hohe Bedeutung zu (siehe oben und 4.2). Polymorphismen der einen oder anderen Art existieren in allen untersuchten Sprachen. Wir wollen an dieser Stelle jedoch nicht auf standardmäßiges *Overloading* von Operationen wie '+' oder '*' eingehen, sondern auf die Möglichkeiten, Vielgestaltigkeit in allgemeinen Schablonen zu beschreiben und später zu spezialisieren.

In Modula-2 ist Polymorphie nur sehr eingeschränkt realisierbar: einerseits durch den Einsatz von Prozedurparametern und expliziter Typkonversionen, wie dies ausführlich in Kapitel 5.2.10 dargestellt wurde, und andererseits durch den Einsatz varianter Verbunde (der natürlich nur eine endliche, kleine Zahl von Gestalten erlaubt). In der Sprache vorgesehen sind außerdem Felder als offene Reihungsparameter. Im wesentlichen ist aber das Typkonzept von Modula-2 als monomorph anzusehen; der Ausdruck von Polymorphie erfordert stets einen sehr großen Aufwand; er ist nicht benutzungsfreundlich oder sicher.

In den anderen Sprachen kann Polymorphie durch Vererbung von Attributen innerhalb von Klassen- oder Begriffshierarchien realisiert werden. Dabei ist die Vorgehensweise im einzelnen aber sehr unterschiedlich. Allen diesen Sprachen gemeinsam ist, daß Erweiterungen von Begriffsschablonen problemlos möglich sind. Unterschiede ergeben sich bei der Vererbung von Aktionsfolgen, bei der Redefinition oder Spezialisierung von Attributen und bei der Typüberprüfung.

In Smalltalk-80 kann jedes ererbte Attribut in einer Unterklasse neu definiert werden, womit die alte Definition völlig überdeckt wird (und im Extremfall in ihr Gegenteil verkehrt werden kann). Zugriff auf redefinierte Attribute einer Oberklasse ist durch den Operator *super* möglich. Damit sind in Smalltalk-80 natürlich alle gewünschten Spezialisierungen auszudrücken. Nachteilig ist aber, daß Redefinitionen nicht verhindert werden können und Benutzungsfehler wegen der großen Freiheit bei Redefinitionen nur zur Laufzeit des Programms erkannt werden können. Da Objekten in Smalltalk-80 keine Aktionsfolgen zugeordnet sind, können diese auch nicht erweitert oder spezialisiert werden.

In Simula-67 sind Redefinitionen von Attributen zunächst verboten. Diese sind nur im Sinne einer Spezialisierung möglich über die Deklaration *virtueller Prozeduren und Funktionen*. Dabei wird in der Oberklasse nur der Prozedurkopf spezifiziert, während die Implementierung des Attributs erst in Unterklassen erfolgt. Objekte und Referenzen sind in Simula-67 qualifiziert, so daß eine Typüberprüfung zum großen Teil statisch durch den Compiler erfolgen kann. Dies ist nicht möglich, wenn von Operatoren wie *QUA* Gebrauch gemacht wird, womit über nicht vollständig qualifizierte Referenzen der Zugriff auf 'größere' Objekte erlaubt wird. Die Spezialisierung von Aktionsfolgen ist durch eine Verkettung der Anweisungsfolgen entlang der Oberklassenkette eines Objektes geregelt. Diese Ausführungsreihenfolge kann pro Klasse genau einmal durch Anwendung des *inner*-Operators aufgebrochen werden, was uns zu wenig flexibel erscheint.

Auch in Beta sind Spezialisierungen von Attributen nur bei virtuellen Deklarationen erlaubt. Im Unterschied zu Simula-67 können jedoch Pattern, die ein allgemeineres Abstraktionsmittel als Prozeduren darstellen, als virtuell gekennzeichnet werden. Außerdem können virtuelle Attribute mehrfach gebunden, d.h. fortlaufend spezialisiert werden. Damit ist die Ausdruckskraft größer als in Simula-67. Eine völlige Redefinition von Attributen ist in keinem Fall möglich, immer nur eine Spezialisierung. Da auch hier Referenzen und Objekte wieder qualifiziert sind und Zugriff auf nicht spezifizierte Attribute verboten sind, ist eine vollständige statische Typüberprüfung möglich. Die Spezialisierung von Aktionsfolgen der Objekte erfolgt über die Verschränkung der Anweisungsfolgen durch den Operator *inner*, der allgemeiner als in Simula-67 definiert ist (Mehrfachverwendung). Wichtig erscheint noch, daß Spezialisierungen stets bereits bei der Definition einer allgemeinen Schablone berücksichtigt werden müssen (durch virtuelle Attribute und *inner*). Obwohl diese Art der Spezialisierung für den Benutzer eine Einschränkung darstellen kann, beurteilen wir sie insgesamt als vorteilhaft gegenüber den anderen Spezialisierungsmechanismen.

Mehrfachvererbung ist in keiner der untersuchten Sprachen realisiert.

Smalltalk-80 bietet zwar in Bezug auf Polymorphismen die größten Freiheiten, doch erscheint uns ein etwas strengeres Konzept, das einzig Spezialisierungen erlaubt, insgesamt vorteilhafter. Zum einen wird dadurch eine statische Typüberprüfung erst möglich, zum anderen glauben wir, daß dadurch eine besser durchdachte Systemstrukturierung angeregt wird. Da die vorgestellten Konzepte in Simula-67 einigen Beschränkungen unterliegen, ist Beta in dieser Hinsicht die von uns favorisierte Sprache.

7.2.1.11 Konkrete Simulationsumgebung

Simula-67 und Smalltalk-80 bieten eine umfangreiche Unterstützung für die Implementierung prozeßorientierter Simulationsmodelle an. Vorgesehen sind Simulatoren, Zufallszahlengeneratoren, Listen- und Schlangenverwaltung usw. In Smalltalk-80 ist das Simulationssystem wegen der konzeptionellen Unterschiede hinsichtlich der Objekte etwas anders strukturiert als in Simula-67; es sind an Objekte zur Deklarationszeit (durch Vererbung) zu bindende Blöcke und globale Ressourcen zur Synchronisation vorgesehen. Dieser ereignisorientierte Ansatz innerhalb eines ansonsten prozeßorientierten Systems wird den Anforderungen abstrakter Simulationsmodelle besser gerecht als die ausschließliche Synchronisation der Prozesse oder Koroutinen über die allgemeine Ressource Zeit. Insgesamt erscheint die Welt, die Smalltalk-80 einem Benutzer für die prozeßorientierte Simulation standardmäßig zur Verfügung stellt, etwas reichhaltiger zu sein als in Simula-67 (weil aufgrund der hohen Systemintegration Zugriff auf *alle* Klassen und Objekte besteht). In beiden Fällen beurteilen wir die angebotene Unterstützung für einen niederen Simulator jedoch als sehr gut, weil sie trotz ihres relativ geringen Umfangs sehr ausdrucksstark und ausbaufähig ist.

In Modula-2 wird standardmäßig keine Unterstützung für prozeßorientierte Simulation angeboten. Wie diese nachgebildet werden kann, ist im Kapitel 6.2 und ausführlich in <Frauenstein/Wagner89> beschrieben. Schwerwiegende Nachteile ergeben sich bei unserer Implementierung insbesondere aufgrund des zu wenig abstrakten Koroutinenkonzepts, der wenig komfortablen dynamischen Speicherverwaltung und der fehlenden objektorientierten Abstraktionsmöglichkeiten. Vorteile sind allerdings in Modularisierbarkeit und Effizienz zu sehen. Insgesamt sind daher die Simulatoren in den anderen Sprachen eindeutig vorzuziehen.

Über Beta liegen uns leider keine Angaben vor (siehe 6.5). Einer einfachen und effizienten Implementierung eines prozeßorientierten Simulators stehen unserer Ansicht keine Schwierigkeiten im Wege. Es ist sogar zu erwarten, daß aufgrund der großen Ausdrucksmöglichkeiten der Sprache (insbesondere Alternation und Nebenläufigkeit, Verbundsysteme, Modularisierbarkeit, statische Typüberprüfung) ein besonders komfortabler und auch konzeptionell vielfältigerer Simulator als in Simula-67 und Smalltalk-80 realisiert werden kann.

7.2.1.12 Unterstützung der Validierung

Unter Validierung verstehen wir allgemein den Nachweis der Adäquatheit eines Modells für eine bestimmte Fragestellung. Wir können uns hier nur auf die Rolle der Programmiersprachen für diesen Nachweis beziehen; es geht also um die Validierung eines Programms bezogen auf ein Modell. Ein mehr oder weniger informeller oder nur teilweise formaler Nachweis der Entsprechungen hängt nach unserer Ansicht von zwei Kriterien ab: einerseits von den qualitativen und strukturellen Unterschieden zwischen Modell und Programm, die wir oben als konzeptionellen Abstand bezeichnet haben, und andererseits von der Art, dem Umfang, der Verwendbarkeit und der Fundierung der benutzten Semantiken (besonders von den Möglichkeiten einer formalen Verifikation). Da zu beiden Punkten bereits Aussagen gemacht wurden, wollen wir uns hier auf eine allgemeine Einschätzung beschränken; eine Bewertung kann dann jeder selbst vornehmen. Die Schwierigkeiten bei der Validierung eines konkreten Modells sind um so geringer, je kleiner der konzeptionelle Abstand zum abstrakten Modell und je fundierter und handhabbarer die von der konkreten Sprache angebotene Semantik ist.

7.2.1.13 Effizienz

Effizienzbetrachtungen bezüglich der verschiedenen Sprachen sind immer ein schwieriges Gebiet. Wir könenn uns leider auf keine öffentlichen wissenschaftlichen Untersuchungen stützen, die die Effizienz der von uns untersuchten Sprachen vergleichend betrachten. Die Systeme, die uns zur Verfügung gestanden haben, liefen teils auf Großrechnern, teils auf Mikrorechnern; ein zeitlicher quantitativer Vergleich erscheint deshalb ausgeschlossen. Daher können wir an dieser Stelle nur sehr allgemeine Aussagen zur Effizienz machen.

Es ist anzunehmen, daß Smalltalk-80-Programme aufgrund des reinen Interpretersystem nicht so effizient ausgeführt werden können wie die in Compilersprachen formulierten. Von Modula-2-Compilern ist bekannt, daß sie sehr effizienten Kode erzeugen. Beta wurde speziell im Hinblick auf eine effiziente Implementierbarkeit der Sprachkonstrukte entwickelt. Wir vermuten, daß die Effizienz kompilierter Beta-Programme der von Modula-2-Programmen vergleichbar ist; Erfahrungen liegen uns aber leider nicht vor. Wegen der großen Komplexität der Sprache und der Notwendigkeit dynamischer Typüberprüfungen in Simula-67 werden sich bei dieser Sprache im Vergleich zu Modula-2 und Beta leichte Effizienzeinbußen ergeben.

Legt man für den Rechner eine Von-Neumann-Architektur zugrunde, sind also Programme in Modula-2 und Beta am effizientesten auszuführen, gefolgt von Simula-67 und Smalltalk-80.

7.2.1.14 Softwaretechnische Kriterien

Die allgemeinen Anforderungen der Softwaretechnik werden hier nur sehr kurz behandelt, da wir sie bei der Beurteilung gemäß den obigen Kriterien immer berücksichtigt haben.

Sowohl Simula-67 als auch Smalltalk-80 sind Sprachen, die generell einer Realisierung der gängigen softwaretechnischen Forderungen nicht entgegen stehen. Das gleiche gilt für Beta. Modula-2 erscheint uns als das solideste der vier Systeme besonders geeignet zur Realisierung softwaretechnischer Ansprüche.

7.2.1.15 Anforderungen an die Programmierumgebung

Simula-67 ist unseren Erfahrungen nach ausreichend schnell kompilierbar, getrennte Übersetzung ist leider nur eingeschränkt möglich. Smalltalk-80 ist im Unterschied zu den beiden anderen vorgestellten Sprachen stets ein integriertes System und bietet intern die vielfältigste Programmierumgebung; eine Integration des an der 'PC-Welt' orientierten Smalltalk-80-Systems in andere Umgebungen dürfte sich sehr schwierig gestalten.

Modula-2 ist schnell compilierbar, bietet ein gutes Konzept für getrennte Übersetzung und ermöglicht bei Einhaltung softwaretechnischer Grundsätze unseres Erachtens eine einfachere Fehlersuche als die beiden anderen Sprachen. Die Planungen zu einer Beta-Programmierumgebung sind zwar sehr vielversprechend, genaue Angaben liegen uns jedoch nicht vor.

7.2.2 Pragmatische Bewertung aus der Sicht des Wissenschaftlers

7.2.2.1 Implementierbarkeit

Simula-67 ist eine umfangreiche und komplexe Sprache mit einigen kleinen Inkonsistenzen, die sicherlich nicht leicht zu implementieren ist. Brauchbare lauffähige Compiler zeugen aber von der prinzipiellen Möglichkeit. In jedem Fall wird jedoch ein recht großes Laufzeitsystem benötigt, das die dynamische Speicherverwaltung, Typüberprüfungen und quasiparallele Prozesse realisiert.

Auch der Umfang von Smalltalk-80 ist sehr groß, da es sich um ein integriertes System handelt. Die meisten Klassenbeschreibungen sind jedoch selbst wieder in der Smalltalk-80-Sprache geschrieben, so daß eine Portierung des Systems im wesentlichen in der Abbildung der virtuellen Smalltalk-80-Maschine (als Interpretersystem) auf eine konventionelle von-Neumann-Architektur besteht.

Modula-2 ist eine große, aber einigermaßen konsistente Sprache, die im Vergleich zu den anderen Sprachen sicherlich einfach auf konventionellen Architekturen zu implementieren ist.

Die Sprache Beta ist zwar ausdrucksstärker als Simula-67, wegen der Vereinfachung und Orthogonalisierung der Konzepte aber einfacher zu implementieren. Die Typüberprüfung fällt im Gegesatz zu Simula-67 völlig in den Bereich der statischen Semantik, dynamische Speicherverwaltung sowie Laufzeitunterstützung für Alternation und Nebenläufigkeit müssen nur bei der Compilation von Programmen berücksichtigt werden, die diese Sprachmittel tatsächlich nutzen.

7.2.2.2 Semantische Fundierung

Der Algol-60 Anteil von Simula-67 ist sicherlich prinzipiell operational und axiomatisch fundierbar. Schwierigkeiten dürften sich allerdings spätestens bei den objektorientierten Sprachelementen (Klassen, Objekte, auch bei Koroutinen) ergeben. Diese Probleme ergeben sich jedoch ganz allgemein für objektorientierte Verarbeitungsmodelle, deren prinzipielle Offenheit der lokalen Sicht in Abgrenzung zur globalen Ebene auch die Angabe zweier Semantiken erfordert. Für die lokale Semantik stehen eine Reihe formaler Fundierungsmöglichkeiten zur Verfügung. Eine Formalisierung der globalen Semantik objektorientierter Verarbeitungsmodelle ist augenblicklich Gegenstand der Forschung (Zumindest die globale Semantik eines Systems kommunizierender und interagierender

Objekte wird auf so komplexe Beschreibungsmittel wie erweiterte Petrinetze zurückgreifen müssen).

In Simula-67 können weiterhin Unklarheiten oder mangelnde Exaktheit bei der Sprachdefinition zu Inkonsistenzen führen. Da sie die älteste der hier untersuchten Sprachen ist, hat der praktische Einsatz allerdings zur Beseitigung zahlreicher Inkonsistenzen und Ungenauigkeiten im Sprachreport geführt, was ihn allerdings nicht gerade vereinfacht hat.

In Smalltalk-80 ist die Semantik der System- und Standardklassen nur in Prosa beschrieben; ein intuitives Verständnis der Konzepte wird vorausgesetzt. Die Funktionalität der verschiedenen Nachrichten ist häufig nur durch Beispiele charakterisiert; endgültige Klarheit liefert stets nur ein Blick in die Implementierung. Auch kann Smalltalk-80 nicht als eine standardmäßig definierte feste Sprache betrachtet werden, da aufgrund der hohen Integration des gesamten Systems konzeptionell jedes modifizierte oder neu generierte Objekt direkten Einfluß auf die Sprache hat. Insgesamt fehlt uns also eine abstrakte Semantik, die eine formale Verifikation von Programmen wenigstens in kleinem Rahmen unterstützt. In <Wolczko86> wurde der Versuch einer operationalen Fundierung einer Teilmenge von Smalltalk-80 unternommen.

Modula-2 ist eine sehr gut strukturierte Sprache, deren Semantik zumindest größtenteils prinzipiell operational und axiomatisch beschreibbar ist. Formale Verifikation kann als möglich betrachtet werden. Von den hier untersuchten Sprachen besitzt Modula-2 zusammen mit Beta den größten Anteil an statischer Semantik. Das heißt, daß viele Fehler bereits zur Übersetzungszeit entdeckt werden können, während dies in Simula-67 und Smalltalk-80 in vielen Fällen nicht möglich ist.

Beta schließlich ist ebenfalls eine streng getypte Sprache mit großer statischer Semantik, verfügt allerdings nur über ein allgemeines Typkonzept. Eine formale Fundierung der Sprachkonstrukte von Beta ist zwar zur Zeit nicht vorhanden; zumindest für die Anweisungsteile, Blockstrukturen und Einzelobjektdeklarationen (lokale Sicht) dürfte dies aber problemlos möglich sein. Schwieriger wird sich wie immer eine Fundierung der nebenläufigen Sprachanteile gestalten; die Beschränkung auf synchrone Kommunikation wird eine kleine Erleichterung darstellen.

7.2.2.3 Methodenunterstützung

Simula-67 unterstützt die Methoden der schrittweisen Verfeinerung, Hierarchiebildung, objektorientierte Systemstrukturierung und universelle Datenstrukturen. Das Verbergen von Informationen wird durch den Schutz einzelner Attribute einer Klasse (durch *HIDDEN* und *PROTECTED*) ermöglicht. Leider bezieht sich dieser Mechanismus nur auf Attribute von Klassen. Eine von Klassen und Prozeduren unabhängige Modularisierung großer Systeme, wie sie aus softwaretechnischer Sicht sinnvoll erscheint, wird nicht genügend unterstützt. Wegen der mangelnden Orthogonalität der Sprachkonzepte erscheint uns Simula-67 unausgereift.

Smalltalk-80 bietet zunächst nur eine objektorientierte Systemstrukturierung an, die Hierarchiebildungen erlaubt und für Simulationszwecke geeignet ist. Von einer Unterstützung der Methode der schrittweisen Verfeinerung kann man wohl nicht reden. Lokale Klassen gibt es nicht. Die Verfeinerung von Methoden ist nur über das abstrakte Nachrichtenkonzept realisierbar und nach außen leider immer sichtbar. Dies erscheint uns ein Nachteil und Bruch in der ansonsten sehr modularen Auffassung von Objekten: Man versteckt zwar die Daten der Objekte und mittels des Nachrichtenkonzepts auch die Implementierung der auf ihnen operierenden Algorithmen, hat aber andererseits Einblick in die Verfeinerungen dieser Algorithmen.

Ein Abstraktionsmittel ist aus Sicht der Datenstrukturierung vorhanden. Als letzter Punkt sei auch hier positiv auf die Möglichkeit der Realisierung universeller Datenstrukturen hingewiesen. Implementierung in Smalltalk-80 ist ein interaktiver Vorgang, bei dem der Programmierer im Dialog mit den verschiedensten Objekten des Systems steht. Algorithmische Formulierung, Kodierung, Testen, Debugging eines neuen Programms soll ineinanderverzahnt Objekt für Objekt stattfinden. Wir meinen, daß sich dadurch Schwierigkeiten im Hinblick auf eine Umsetzung einer fehlerpräventiven, ingenieurmäßigen Programmiermethodik ergeben.

Modula-2 ist gut geeignet zur Anwendung schrittweiser Verfeinerung und modularer Hierarchiebildung. Eine objektorientierte Systemstrukturierung, die insbesondere aus Sicht der diskreten Simulation vorteilhaft wäre, ist nicht möglich. Dafür gibt es aber echte Abstraktionsmöglichkeiten (opake Typen, Trennung von Definitions- und Implementationsmodul); das Geheimnisprinzip wird also sehr gut unterstützt. Positiv ist auch die sich an softwaretechnischen Forderungen orientierende Möglichkeit der Modularisierung eines großen Systems zu bewerten. Als Nachteil bleibt das fast rein monomorphe Typkonzept, das der Realisierung universeller Datenstrukturen im Wege steht.

Beta schließlich unterstützt bei der Programmierung die Methoden der schrittweisen Verfeinerung sowie der Strukturierung eines Systems durch Begriffsschablonen. Beta ist als einzige von uns untersuchte Sprache direkt für die Implementierung physischer Modelle entwickelt worden. Polymorphe Datenstrukturen und generische Algorithmen bieten sich zur Konstruktion sehr abstrakter Programmbestandteile an. Ein vom allgemeinen Objektkonzept unabhängiges Typkonzept (Werteabstraktion) ist leider nicht vorhanden. Die Sprache selbst bietet keine Möglichkeit zur Modularisierung und zum Verbergen von Informationen; dies wird aber durch ein orthogonales, sprachunabhängiges Modularisierungskonzept ausgeglichen.

7.2.2.4 Konsistenz, Gültigkeit und Angemessenheit der Konzepte

Entsprechend unseren Ausführungen eignet sich eine systemorientierte Sicht besonders gut zur Reduzierung der Komplexität größerer Programmsysteme und zur Implementierung funktionaler und systemorientierter Problemlösungen (siehe Kapitel 2.5 und 2.6). Dieser Ansatz ist besonders in Beta trotz der kleinen Anzahl der Konzepte konsequent realisiert. Als ältere objektorientierte Sprache läßt sich auch Smalltalk-80 in diese Sicht recht gut einordnen. Die kleine Anzahl der grundlegenden Begriffe garantiert eine zwar etwas andere als von uns dargestellte, aber geschlossene Systemsicht.

In Simula-67 gibt es innerhalb der Konzepte leider einige Inkonsistenzen zu beklagen, auch sind die Konzepte untereinander nicht ausreichend abgestimmt. Die Gründe für diesen Bruch zwischen lokaler und globaler Sicht des Verarbeitungsmodells sind bereits mehrfach erwähnt worden. Trotzdem ist mit Simula-67 eine systemorientierte Programmierung möglich.

Modula-2 wurde unter einer ganz anderen Sichtweise der Programmierung entwickelt. Als eine klassisch imperative Sprache beruht sie im wesentlichen auf Abstraktionen des :von-Neumann-Verarbeitungsmodells. Es besteht keine Möglichkeit, dessen geschlossene lokale Sicht zu durchbrechen und übergeordnete Abstraktionen auf globaler Ebene auszudrücken. Die Konzepte von Modula-2 sind ausgereift, ausdrucksstark und gut miteinander kombinierbar. Modula-2 kann man als eine konsequente Umsetzung der in den 70er Jahren die Diskussion bestimmenden Prinzipien der strukturierten Programmierung und sich entwickelnden Softwaretechnik ansehen. Ein systemorientierter Programmierstil wird allerdings durch Modula-2 nicht unterstützt.

8 Schlußbemerkungen zu den Sprachen

8.1 Schlußbemerkungen zu Simula-67

Bei einer abschließenden Würdigung von Simula-67 muß stets berücksichtigt werden, daß diese Sprache sowohl im Vergleich zu den anderen hier vorgestellten Sprachen als auch in der Geschichte der Programmiersprachen überhaupt sehr früh entwickelt wurde. Daß dabei teilweise eine eher pragmatische Vorgehensweise angewandt wurde, ist aus heutiger Sicht nur verständlich, da damals nur wenig theoretisches Wissen zur Fundierung von Sprachen und Konzepten vorhanden war. Auch hat sich die Methodik der Programmierung und die zugrundeliegende 'Philosophie' im Laufe der Zeit natürlich gewandelt und weiterentwickelt.

Aus dieser Rückschau heraus erscheint Simula-67 als eine Sprache, bei deren Entwurf eine Reihe verschiedener Konzepte berücksichtigt worden sind, die man vielleicht besser hätte trennen sollen. Dies liegt in dem bereits mehrfach erwähnten Bruch zwischen lokaler und globaler Sicht des Verarbeitungsmodells begründet, was auch schon früh von den Autoren der Sprache erkannt wurde. Dennoch ist die Bedeutung von Simula-67 als Mutter der objektorientierten Programmiersprachen, die in jüngster Zeit recht populär geworden sind, sehr groß. Die Vererbung ist noch heute das allgemeinste sprachliche Ausdrucksmittel für Polymorphie (siehe auch <Meyer86>). Das Klassenkonzept hat wesentlichen Einfluß auf die Ideen der Datenstrukturierung in Richtung allgemeine (abstrakte) Datentypen gehabt.

Wir sind der Meinung, daß die Vorteile von Simula-67 im Hinblick auf die Implementierung diskreter Simulationsmodelle die Nachteile überwiegen. Die praktische Anwendbarkeit könnte durch wenige Sprachergänzungen leicht verbessert werden. Zu wünschen wäre hier in erster Linie eine andere Art der Modularisierbarkeit und getrennten Übersetzung (ein Modulkonzept, das die Zusammenfassung von Prozeduren, Daten und Klassen zu Übersetzungseinheiten mit expliziten Schnittstellen gestattet), durch die eine Programmsystemstrukturierung besser ausgedrückt werden kann. Auch die Möglichkeit von Konstantendeklarationen wäre hilfreich bei der Programmierung. Wünschenswert wäre ferner die Beseitigung einiger Einschränkungen der Sprache (Fernzugriff auf Klassen, Parameterübergabe, Verwendung von *inner* etc.). Insgesamt würde der Umgang mit Simula-67 sich einfacher gestalten, wenn man auf einige überflüssige Sprachelemente verzichtet (z.B. funktionale Fallunterscheidung, Defaultparameterübergaben, Auswahlkonstrukt). Die konzeptionell schwerwiegenderen Konflikte, insbesondere die mangelnde Orthogonalität zwischen dem Algol-60-Erbe und dem Klassenkonzept, erfordern allerdings einen vollständig neuen Sprachentwurf, wenn man sie, wie dies in Beta geschehen ist, beseitigen will.

8.2 Schlußbemerkungen zu Modula-2

Modula-2 ist eine moderne imperative Programmiersprache, in der relativ wenige Konzepte zu einem einheitlichen Ganzen verknüpft worden sind. Die einzelnen Konzepte sind dabei recht ausgereift, was natürlich daran liegt, daß - z.B. im Unterschied zu Simula-67 - bereits ein umfangreicher theoretischer Hintergrund vorhanden war.

Modula-2 wurde bewußt im Hinblick auf verschiedene Ziele entwickelt. Zuerst einmal sollte eine benutzerfreundliche Sprache geschaffen werden, die mit wenigen Sprachmitteln auskommt und dadurch überschaubar bleibt. Ein zweiter Punkt war die einfache und möglichst effiziente Implementierbarkeit. Diese führt zum Beispiel bei der Typbeschränkung für Rückgabewerte von Funktionsprozeduren zu unliebsamen Einschränkungen. Außerdem sollten verschiedene softwaretechnische Erkenntnisse umgesetzt und durch die Sprache unterstützt werden. Hierbei ist insbesondere zu denken an die Modularisierung von Systemen, die Trennung von Spezifikation und Implementierung, die Einführung abstrakter Typen. Als etwas problematisch erwies sich schließlich der Anspruch, eine universelle Sprache zu konstruieren. Modula-2 sollte einerseits eine Hochsprache sein, andererseits aber den Zugriff auf maschinennahe Eigenschaften gestatten, um so z.B. die Programmierung von Betriebssystemen zu ermöglichen. Hier wurde versucht, zuviel zu erreichen, was naturgemäß in manchmal etwas fragwürdigen Kompromissen (z.B. bei der dynamischen Speicherverwaltung und den Konstrukten für Nebenläufigkeit) geendet hat. Auch das Offenlassen von Sprachdefinitionen zugunsten von Compilerimplementierungen (z.B. bei *SETs*) halten wir für nicht sehr glücklich.

Insgesamt betrachtet erscheint Modula-2 als eine sehr leistungsfähige Programmiersprache, die in den meisten Einsatzgebieten auch größeren Anforderungen gewachsen sein dürfte. Es werden nur Konzepte verwendet, die theoretisch als einigermaßen fundiert betrachtet werden können.

Andererseits ergeben sich genau dadurch Schwächen und Beschränkungen - z.B. durch ein fehlendes Hilfsmittel zum Ausdruck von Polymorphie -, die die Sprache für Anwendungen in der diskreten Simulation nicht so sehr geeignet erscheinen lassen. Auch eine objektorientierte Begriffsbildung ist nicht möglich. Trotzdem ist Modula-2 für diskrete Simulation mit einigen Einschränkungen und sicherlich abhängig vom jeweiligen konkreten Anwendungsfall durchaus einzusetzen.

8.3 Schlußbemerkungen zu Smalltalk-80

In Algol-60 als Vater einer ganzen Familie imperativer Sprachen und demnach auch in **Simula-67** als eine Erweiterung dieser Sprache findet man sehr viele der grundlegenden Konzepte der imperativen Programmierung realisiert. Mit der Entwicklung von **Smalltalk** aber ist eine ganz neue Sprachfamilie entstanden: die **objektorientierten Programmiersprachen.** Dennoch verdankt Smalltalk-80 natürlich sehr viel der Programmiersprache Simula-67. Objektorientierte Programmierung ist zwar ein Begriff, der erst im Zusammenhang mit der Entwicklung von Smalltalk geprägt wurde, der aber durchaus schon auf Simula-67 angewendet werden kann. In Simula-67 ist es möglich, objektorientiert zu programmieren, d.h. unter einer ganz anderen pragmatischen Sichtweise ein Programm als ein System unabhängiger interagierender Objekte zu implementieren. Dies kann aber aufgrund der Zwitterstellung von Simula-67 nur begrenzt durchgehalten werden.

Diese Integration des Typ- und Klassenkonzepts über ein einheitliches Objektkonzept als Grundidee des **Sprachentwurfs von Smalltalk-80** erlaubte die Aufgabe der klassischen Daten-/Prozedursicht (siehe 3.1.1.5) und eine einfache Beschränkung auf eine kleine Zahl mächtiger und geschlossener Sprachkonzepte, die der Sprache trotzdem eine erstaunliche Ausdrucksfähigkeit verleihen. Objekte stellen nun geschützte Einheiten von Daten zusammen mit der Beschreibung ihrer Manipulation dar. Nachrichten dienen einer einheitlichen Form der Kommunikation zwischen Objekten und veranlassen Berechnungen, und Methoden denotieren Algorithmen. Auf diese Weise entstand ein seinerzeit ganz neues, geschlossenes Programmiermodell für das gesamte Computersystem: Alle Größen, mit denen man in Smalltalk-80 umgehen kann, sind Objekte (so auch elementare wie *Boolean-* oder *Integer*-Objekte), die durch Klassen (ebenfalls Objekte) beschrieben werden. Smalltalk-80 ist aber von der durch sie wesentlich begründeten Schule der objektorientierten Programmierung inzwischen selbst überholt worden. Die Entwicklung objektorientierter Programmiersprachen ist Gegenstand einiger der derzeit wichtigsten Forschungen im Bereich der Programmierung und des Sprachdesigns. So stellen eine Reihe modernerer Sprachentwürfe - ein Beispiel haben wir mit Beta untersucht - bereits wesentliche Verbesserungen in diesem Bereich dar.

Wir halten die system- bzw. objektorientierte Sichtweise für eine Möglichkeit, die Komplexität großer Softwaresyteme zu reduzieren und den Anforderungen moderner Programmiermethodik näherzukommen. Viele Problemlösungen von Anwendungen (insbesondere diskrete Simulationsmodelle, allgemein aber systemorientierte, komplexe Lösungen) können aus dieser Sichtweise heraus elegant und einfach auf den Rechner (er erscheint hier als Smalltalk-80-Maschine) übertragen werden. Objektorientierte Programmierung in Smalltalk-80 wird oft vor dem Hintergrund der abstrakten Datentypen (abstract data types and data encapsulation), des Geheimnisprinzips (information hiding) und der Modularisierung gesehen. Diese Vergleiche werden aber weder den objektorientierten Konzepten gerecht, noch scheinen sie den Kern der Entwurfsideen von Smalltalk-80 zu treffen, auch wenn tatsächlich eine solche systemorientierte Sichtweise, wie wir sie in Kapitel 2 und 3 ausgeführt haben, dem Smalltalk-80-System nicht in dieser begrifflichen Klarheit zugrundeliegt. Um in diesem Zusammenhang schließlich Alan Kay, den Vater von Smalltalk, zu zitieren (<Rentsch86>):

"Though Smalltalk's structure allows the techniques now known as data abstraction to be easily (and more generally) employed, the entire thrust of its design has been to supercede the concept of data and procedures entirely; to replace these with the more generally useful notions of activity, communication, and inheritance."

8.4 Schlußbemerkungen zu Beta

Beta ist die jüngste der untersuchten Sprachen und noch Gegenstand von Forschung und Entwicklung. Sie wurde von uns ausgewählt, weil sie sich sehr weit unseren Vorstellungen von systemorientierter Programmierung entspricht. Größtenteils stellt Beta eine Überarbeitung, Vereinfachung und Orthogonalisierung von (insbesondere aus Simula-67) bekannten Konzepten dar; doch gibt es auch einige echte Erweiterungen und Neuerungen. Vorteile gegenüber Simula-67 sind zu sehen in der Verallgemeinerung und Vereinfachung der Konzepte sowie in der größeren Ausdruckskraft. Von Smalltalk-80 grenzt sich Beta durch andere Vorstellungen von Objekten und Abstraktionskonzepten, durch die strenge Typisierung, durch Blockstrukturierung und durch die vollständige und effiziente Kompilierbarkeit ab.

Wir denken, daß die Ausarbeitung der Konzepte und Sprachkonstrukte von Beta soweit fortgeschritten ist, daß eine Vorstellung in dieser Arbeit gerechtfertigt erscheint. Die Entwicklung hat einen Punkt erreicht, an dem sich die vielversprechenden Konzepte von Beta auch im praktischen Einsatz als Programmiersprache bewähren sollten.

Die Sprache ist insgesamt sehr geschlossen und homogen, ihre Ausdruckskraft sehr stark. Dies wird insbesondere durch die Einführung eines Konstrukts für allgemeine Begriffsschablonen erreicht, dessen Verwendung sich stark an den Begriffsbildungsvorgängen auf Modellebene (Klasse der physischen Modelle) und in der Wirklichkeit orientiert. Auch die Vielfältigkeit der Organisation von Nichtsequentialität (alternierende Komponentenobjekte, nebenläufige Systemobjekte, synchroner Datenaustausch und synchrone Dienstleistung, allgemeine Verbundsysteme) tragen wesentlich zur Ausdruckskraft bei. All diese Konzepte lassen sie auch sehr geeignet zur Implementierung diskreter Simulationsmodelle erscheinen.

Trotz der großen Ausdruckskraft ist die Sprache dabei sehr kompakt und kann in effizienten Kode übersetzt werden.

Als Schwäche von Beta sehen wir die mangelhafte Integration von Wert- und Typkonzept in eine ansonsten durch Begriffsschablonen beschriebene Objektwelt. Dadurch ergeben sich auch bei der abstrakten semantischen Fundierung der Sprache einige Schwierigkeiten. Allerdings ist hier anzumerken, daß eine solche Integration bisher in keiner uns bekannten Sprache zufriedenstellend gelungen ist. Die abstrakte Semantik eines Beta-Programms muß in unseren Augen im wesentlichen intensional verstanden werden, wobei die Intension durch behaviouristische Vorstellungen einer Welt von interagierenden (agierenden und reagierenden) Objekten geprägt ist.

9 Resümee und Ausblick

Am Ende eines umfangreichen Buches ist es immer ratsam, ein wenig Abstand zu gewinnen und noch einmal zu überdenken, was denn tatsächlich geleistet wurde. Wir denken, daß unser Vergleich von Sprachkonzepten verschiedener Programmiersprachen unter Berücksichtigung ihres Einsatzes in der diskreten Simulation einige Aspekte enthält, die bisher in dieser Form noch nicht zusammengestellt worden sind.

Vergleiche von Programmiersprachen können sich nicht auf die Mächtigkeit dieser Sprachen beziehen. Alle universell verwendbaren Programmiersprachen - insbesondere auch die Maschinensprachen - sind Turing-mächtig. Die in der Praxis vorgefundenen abwägenden Vergleiche beziehen sich deshalb meist auf konkrete Problemstellungen und bewerten die Eleganz der Lösungen in dieser oder jener Sprache.

Wir sind nicht diesen Weg gegangen, weil wir glauben, daß so keine Orientierung in der immer vielfältiger und unübersichtlicher werdenden Landschaft der Programmierung und Programmiersprachen geschaffen werden kann. Um ein wenig Ordnung und Struktur in das vorherrschende Chaos zu bringen, bedarf es einer grundsätzlich anderen Vorgehensweise. Wir haben deshalb eine pragmatische Position bei der Betrachtung der Programmierung und ihres Einsatzes eingenommen und ausgehend von einem konkreten Einsatzgebiet - der diskreten Simulation - eine pragmatische Theorie der Vorgänge bei der Entwicklung und der Konstruktion von Softwaresystemen unseren Überlegungen zugrunde gelegt.

In der Einführung dieser Arbeit wurde deshalb eine *systemorientierte Sichtweise der Programmierung* erörtert und eine Synthese mit einer allgemein pragmatischen und einer technologischen Sichtweise versucht. Es wurde eine formale und inhaltliche Analyse der Programmierung aus dieser pragmatisch begründeten, systemorientierten Perspektive geleistet, die auf einer bestimmten Auffassung der Kognition und Organisation der Wirklichkeit beruht. Der klassische Begriff der *diskreten Simulation* wurde erläutert und daraus ein neuer, erweiterter Simulationsbegriff entwickelt, der es erlaubt, Programmierung in sehr vielen Anwendungsgebieten als Simulation von Systemen - realen oder imaginären Ausschnitten der Wirklichkeit - zu betrachten. Ergänzend erfolgte nach einer kurzen Beschreibung anderer möglicher Sichtweisen von Programmierung der Versuch einer Einordnung der system- und objektorientierten Programmiermodelle und eine Begründung für ihre Favorisierung.

Aus der damit beschriebenen und offengelegten Perspektive heraus haben wir dann eine möglichst abstrakte Beschreibung solcher *Sprachkonzepte* gegeben, die wir für die Programmierung als wichtig erachten. Wie oben bereits gesagt, kann nicht die *Mächtigkeit* einer Sprache als Kriterium herangezogen werden, wohl aber ihre *Ausdruckskraft* bezüglich der Formulierung einer bestimmten Art von Problemen. Die von uns ausgewählten Sprachkonzepte stellen sich von unserem Standpunkt unter Berücksichtigung der pragmatischen Vorgaben eines konkreten Einsatzgebietes als die wesentlichen dar. Eine solche Zusammenstellung sprachunabhängiger Beschreibungen von Sprachkonzepten verbunden mit dem Versuch ihrer Orthogonalisierung vor dem Hintergrund einer bestimmten pragmatischen Sichtweise ist unseres Wissens in keiner anderen Arbeit enthalten.

Die Anforderungen an Sprachen und Sprachkonzepte, die sich aus dem konkreten Anwendungsgebiet der diskreten Simulation in ihrer klassischen und erweiterten Bedeutung ergeben, haben wir in einem eigenen Kapitel entwickelt. Dabei waren neben der Orientierung an unserer pragmatisch begündeten Theorie der Programmierung eigene praktische Erfahrungen in der Modellierung und Implementierung von Systemen sowie unsere bescheidenen Erkenntnisse auf dem Gebiet der theoretischen Informatik bestimmend für die Formulierung dieses Forderungskatalogs.

Unumgänglicher Bestandteil eines Vergleichs von Sprachkonzepten sind natürlich Beschreibungen konkreter Implementierungen dieser Konzepte in Form von Sprachkonstrukten und ähnlichem. Daher ist der große Mittelteil dieser Arbeit der Darstellung konkreter Programmiersprachen (und ihrer Einsatzmöglichkeiten in der diskreten Simulation) gewidmet. Die Sprachbeschreibungen in diesen Kapiteln orientieren sich dabei soweit wie möglich an den vorher eingeführten Sprachkonzepten. Einige Ungereimtheiten in diesen Kapiteln sind darauf zurückzuführen, daß Grundlage der Sprachbeschreibungen einige ältere Texte waren, die dann für ihre Verwendung in diesem Zusammenhang völlig neu überarbeitet wurden. Auch eine Sammlung solcher sich an abstrakten Konzepten orientierender strukturierter Sprachbeschreibungen ist uns unbekannt.

Wichtigste Grundlage für eine vergleichende Bewertung der ausgewählten Programmiersprachen sind natürlich die in Kapitel 4 entwickelten Anforderungen gewesen. An dieser Stelle wurde noch einmal weit ausgeholt und die Bewertung in einen allgemeinen Rahmen möglicher Bewertungen von Programmiersprachen eingeordnet. Dabei wurde eine Systematik der Bewertung entwickelt, die in einen detaillierten Kriterienkatalog konkretisiert wurde. Die dort ausformulierten Kriterien bilden den Bewertungsmaßstab, an dem darauf die einzelnen Sprachen vergleichend gemessen werden. Wir glauben, daß die von uns aufgestellte Bewertungssystematik auch allgemein eine wertvolle Hilfe bei der Orientierung in diesem sehr komplexen Gebiet sein kann.

Für die Zukunft erhoffen wir eine weitere Konkretisierung, Verfügbarkeit und Verbreitung der von uns favorisierten Konzepte, vor allem auch im Anwendungsgebiet der diskreten Simulation. Außerdem wünschen wir uns, daß auch Vertreter anderer Richtungen und Meinungen ihre Grundlagen und Voraussetzungen öffentlich reflektieren, so daß eine konstruktive Diskussion schließlich dazu beiträgt, ein wenig mehr Ordnung und Übersicht in dieses sich stetig vielfältiger gestaltende Gebiet zu bringen.

ANHÄNGE

Anhang A

Konkrete Simulatoren

Auf den folgenden Seiten beschreiben wir drei konkrete Implementierungen von niederen Simulatoren und teilweise die zugehörige Simulationsunterstützung. Die Simulatoren in Simula-67 und Smalltalk-80 sind standardmäßig in der Sprache enthalten, der Simulator in Modula-2 wurde von uns implementiert. Über die Realisierung eines Simulators in Beta ist uns leider nichts bekannt. Da uns bis vor kurzem nur theoretische Beschreibungen der Sprache vorlagen, mußten wir auf eine eigene Implementierung verzichten.

A1 Ein Simulator in Simula-67

Die standardmäßig vorgesehene Unterstützung für diskrete Simulation in Simula-67 zerfällt im wesentlichen in drei Bereiche: Ein Simulator, der Prozeßobjekte in einer Ereignisliste verwaltet und die Aktivitäten im Simulationssystem steuert, Standarddatenstrukturen für Listen und Schlangen sowie Pseudozufallszahlengeneratoren.

A1.1 Standarddatenstrukturen für die Simulation

Wir beschreiben im folgenden die benutzerrelevanten Aspekte der Klasse *SIMSET* und ihren Unterklassen *HEAD* und *LINK*, die eine polymorphe Datenstruktur zur Listenverwaltung von Objekten realisieren.

A1.1.1 Listen und Schlangen: die Klasse *SIMSET*

In der diskreten Simulation werden zwei dynamische Datenstrukturen besonders häufig benötigt: **lineare Listen** und **Schlangen.** Die Sprache Simula-67 stellt in der Standardklasse *SIMSET* Prozeduren und Funktionen auf **doppelt verketteten Ringlisten** zur Verfügung, einer Datenstruktur, die so mächtig ist, daß damit sowohl sämtliche Arten von Kellern und linearen Listen als auch Schlangen (Queues) realisiert werden können. Diese doppelt verketteten Listen werden in Simula-67 *Sets* genannt.

Jedes Listenelement enthält Zeiger auf Vorgänger (*pred*) und Nachfolger (*suc*). Ausgangspunkt für die Konstruktion einer Ringliste ist der Listenkopf (die Datenstruktur *HEAD*). Er enthält globale Informationen über die Liste und einen Verweis auf das erste und letzte Element. Alle Listenelemente müssen eine Struktur vom Typ *LINK* enthalten. Da die Zeiger *suc* und *pred* dem Listenkopf und den Listenelementen gemeinsam sein müssen, sind sie in der Klasse *LINKAGE* zusammengefaßt. *LINK* und *HEAD* werden mit *LINKAGE* präfigiert.

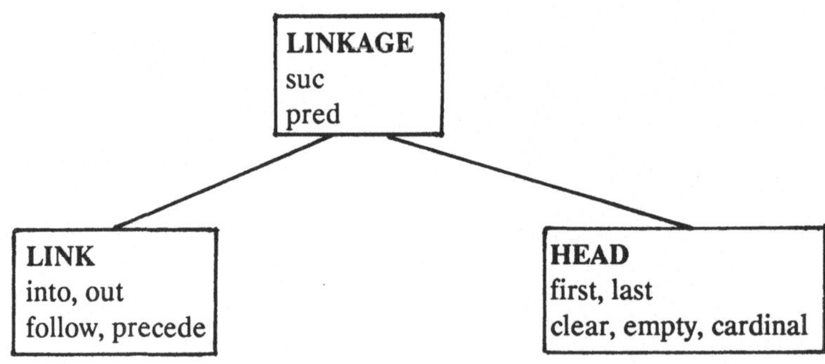

Die Klasse *SIMSET* hat die Struktur

```
CLASS SIMSET;
BEGIN
   CLASS LINKAGE ... ;
   LINKAGE CLASS LINK ... ;
   LINKAGE CLASS HEAD ... ;
END *** SIMSET ***
```

und kann zur Präfigierung anderer Klassen oder Blöcke verwendet werden, in denen die beschriebenen Datenstrukturen benötigt werden.

A1.1.2 Die Klasse *LINKAGE*

Diese Klasse enthält die für den Benutzer nicht zugänglichen Attribute *suc* und *pred* sowie die Zugriffsfunktionen *SUC* und *PRED*. Damit wird einerseits eine mißbräuchliche Benutzung der Zeiger verhindert und andererseits von der Organisation der Sets als Ringliste abstrahiert. *SUC* und *PRED* liefern die entsprechenden Zeigerwerte nur für den Fall, daß *suc* und *pred* in einem *LINK*-Objekt enthalten sind.

```
CLASS LINKAGE;
BEGIN
   REF (LINKAGE) suc, pred;

   REF (LINK) PROCEDURE SUC;
      IF suc IN LINK
         THEN SUC :- suc
         ELSE SUC :- NONE;

   REF (LINK) PROCEDURE PRED;
      IF pred IN LINK
         THEN PRED :- pred
         ELSE PRED :- NONE;
END *** LINKAGE ***
```

A1.1.3 Die Klasse *LINK*

Objekte, die Elemente eines *Sets* sein sollen, müssen mit der Klasse *LINK* präfigiert werden. *LINK* definiert vier Prozeduren:

`PROCEDURE OUT`

entfernt das Element aus dem *Set*, in dem es eingereiht ist. Jedes Element (Objekt!) kann höchstens in einem *Set* gleichzeitig vorkommen.

```
PROCEDURE INTO ( HD ) ; REF ( HEAD ) HD
```

entfernt das Element aus dem aktuellen *Set* und fügt es als letztes in die Liste *HD* ein. Ist *HD* = = *NONE*, wird nicht eingefügt.

```
PROCEDURE PRECEDE ( X ) ; REF ( LINKAGE ) X
```

entfernt das Element aus dem aktuellen *Set* und fügt es vor *X* in die Liste ein, in der auch *X* enthalten ist. Ist *X* = = *NONE* oder *X* nicht in einer Liste enthalten, wird nicht eingefügt.

```
PROCEDURE FOLLOW ( X ) ; REF ( LINKAGE ) X
```

wie *PRECEDE*, nur wird das Element nach *X* eingefügt.

A1.1.4 Die Klasse *HEAD*

Sets sind Referenzen auf Objekte vom Typ *HEAD*. Die Klasse *HEAD* definiert fünf Prozeduren:

```
REF ( LINK ) PROCEDURE FIRST
```

und

```
REF ( LINK ) PROCEDURE LAST
```

liefern Verweise auf das erste bzw. letzte Element des *Sets*.

```
INTEGER PROCEDURE CARDINAL
```

liefert die Anzahl der Elemente des *Sets*.

```
BOOLEAN PROCEDURE EMPTY
```

gibt Auskunft darüber, ob die Liste leer ist.

```
PROCEDURE CLEAR
```

schließlich entfernt alle Elemente aus dem *Set*.

Diese extrem knappe Beschreibung soll an dieser Stelle genügen. Wichtig erscheint noch der Hinweis, daß durch die Benutzung von *SIMSET* die Typen der Listen und derer Elemente nicht festgelegt worden sind bis auf die Tatsache, daß sie Strukturen vom Typ *LINK* bzw. *HEAD* enthalten müssen. Alle anderen Attribute der Klassen für Listen und Elemente sind jedoch frei wählbar. Durch *SIMSET* wird also tatsächlich nur die globale Struktur, die Anordnung von Objekten in einer bestimmten Weise (als doppelt verkettete Ringliste) beschrieben. Durch die Präfigierung anderer Klassen mit *SIMSET* bzw. *HEAD* und *LINK* hat man also die Möglichkeit, auf einfache Art polymorphe Datenstrukturen zu realisieren.

A1.2 Ein Prozeßkonzept: die Klasse *SIMULATION*

Zur Realisierung eines diskreten Simulationsmodells ist in Simula-67 die Standardklasse *SIMULATION* vorgesehen. *SIMULATION* enthält bereits die Klasse *SIMSET* und wird wie diese üblicherweise zur Präfigierung eines Blockes benutzt. Ein solcher Simulationsblock realisiert das Modell des zu simulierenden Systems im Rechner. Unter einem **Simulationssystem** wird dabei im wesentlichen eine Menge von **Prozeßobjekten** (in unserem Sprachgebrauch Koroutinenobjekte, siehe 3.2.1, die aber in der Simula-67-Sprachbeschreibung Prozesse genannt werden) verstanden, die über eine Ablaufsteuerung, aufbauend auf einer Realisierung eines Konzeptes von (Simulations-) Zeit und einer Ereignisliste, synchronisiert werden.

Im gesamten Simulationssystem ist stets nur ein **Prozeß** aktiv. Die anderen Prozesse sind entweder suspendiert, d.h. sie sind künftigen Ereignissen zugeordnet, oder passiv, was heißt, daß der Zeitpunkt einer eventuellen (Re-) Aktivierung nicht festliegt. Damit sind bereits die ersten drei der vier möglichen Prozeßzustände *aktiv*, *passiv*, *suspendiert* und *terminiert* erklärt. Ein Prozeß ist *terminiert*, wenn die Gesamtfolge seiner Aktivitäten beendet ist. Ein terminierter Prozeß kann nicht wieder aktiviert werden.

Zur Realisierung des Simulationssystems wird zum einen die **Klasse** *PROCESS* definiert, die zur Präfigierung von Prozeßobjekten, den aktiven Komponenten des Systems, dient; zum anderen wird in *SIMULATION* eine **Ereignisliste** verwaltet. Die Ereignisliste enthält eine Menge von Ereignisnotizen. Jede Ereignisnotiz besteht aus einer Ereigniszeit (*EVTIME*) und einem Verweis auf ein Prozeßobjekt. Ist einem Prozeßobjekt eine Ereignis zugeordnet, so gibt es von diesem Objekt auch einen Verweis auf die entsprechende Ereignisnotiz. Die Ereignisnotizen sind in der Liste der Zeit nach aufsteigend geordnet. Die Zeitangabe in einer Ereignisnotiz entspricht dem Zeitpunkt, zu dem der zugehörige Prozeß wieder aktiv werden soll. Der durch die erste Ereignisnotiz referenzierte Prozeß ist stets der aktive, die Zeitangabe dieser Notiz ist die **System-** oder **Simulationszeit.** Alle anderen Prozesse, für die es Ereignisnotizen gibt, sind suspendiert. Passive und terminierte Prozesse sind in der Ereignisliste nicht enthalten.

Geht ein Prozeß vom aktiven in den suspendierten Zustand über, wird die zugehörige Ereignisnotiz vom Kopf der Liste entfernt und entsprechend der neuen Ereigniszeit neu eingeordnet. Geht ein Prozeß in den passiven Zustand über, wird die Notiz ebenfalls entfernt, aber nicht neu eingereiht.

Durch das Entfernen der ersten Ereignisnotiz ändert sich die Systemzeit, die ja gleich der Ereigniszeit der ersten Ereignisnotiz in der Liste ist. Dis Simulationszeit bewegt sich also in Sprüngen zu diskreten Werten vorwärts.

A1.2.1 Struktur der Klasse *PROCESS*

Im folgenden soll noch kurz auf die für den Benutzer ansprechbaren Attribute der Klasse *SIMULATION* und ihre Funktion eingegangen werden.

Da ist zunächst die

```
LINK CLASS PROCESS;
BEGIN
   REF ( EVENTNOTICE ) event;
   BOOLEAN terminated;

   BOOLEAN PROCEDURE IDLE; ... ;
   BOOLEAN PROCEDURE TERMINATED; ... ;
   REAL    PROCEDURE EVTIME; ... ;
   REF (PROCESS) PROCEDURE NEXTEV; ... ;
   ...
 END *** PROCESS ***
```

Hierbei ist

- *event* ein Verweis auf die zugeordnete Ereignisnotiz, *EVTIME* liefert deren Zeitpunkt;
- *terminated* vermerkt, ob der Prozeß bereits terminiert ist; mit der Prozedur *TERMINATED* kann dieser Wert abgefragt werden;
- *IDLE* ist *true*, wenn der Prozeß passiv ist;
- *NEXTEV* schließlich liefert einen Verweis auf den nächsten Prozeß in der Ereignisliste.

Um auch den gesamten Simulationsblock als Prozeß ansprechen zu können, wird eine Klasse *MAIN PROGRAM* definiert, die als Prozeß behandelt werden kann, deren einzige Aktivität es aber ist, bei jeder Aktivierung ein *DETACH* auszuführen. In *SIMULATION* wird genau ein Prozeß dieser Klasse (*MAIN*) erzeugt, der für den gesamten Simulationsblock steht und diesen in die Prozeßverwaltung mit einbezieht.

A1.2.2 Zugriffsprozeduren und Simulationsanweisungen der Klasse *SIMULATION*

`REF ( PROCESS ) PROCEDURE CURRENT`

liefert einen Verweis auf den gerade aktiven Prozeß (den ersten in der Ereignisliste).

`REAL PROCEDURE TIME`

liefert die Systemzeit (die Ereigniszeit der ersten Ereignisnotiz in der Ereignisliste).

`PROCEDURE HOLD ( X ) ; REAL X`

suspendiert den gerade aktiven Prozeß und reiht ihn zum Zeitpunkt *TIME + X* in die Ereignisliste ein.

`PROCEDURE PASSIVATE`

überführt den aktiven Prozeß in den passiven Zustand (*IDLE* = *true*) und aktiviert den nun in der Ereignisliste vorne vermerkten Prozeß.

```
PROCEDURE WAIT ( H ) ; REF ( HEAD ) H
```

wie *PASSIVATE*; der passivierte Prozeß wird jedoch zusätzlich in die Liste *H* aufgenommen (am Ende eingefügt).

```
PROCEDURE CANCEL ( P ) ; REF ( PROCESS ) P
```

überführt den Prozeß *P* in den passiven Zustand, sofern *P* noch nicht terminiert ist.

```
PROCEDURE ACTIVATE X ; REF ( PROCESS ) X
```

Falls *X* passiv war, wird er aktiviert, d.h. vorne an die Ereignisliste angefügt. Die Ereigniszeit wird dabei vom vorher aktiven Prozeß übernommen.

```
PROCEDURE REACTIVATE X ; REF ( PROCESS ) X
```

aktiviert X, wenn sich *X* im Zustand aktiv, passiv oder suspendiert befindet.

Die Anweisungen *ACTIVATE X* und *REACTIVATE X* (Standardprozeduren, Makros, keine Parameterklammern) können mit Suffixen versehen werden, die den Zeitpunkt der Aktivierung bestimmen:

AT T bewirkt die Aktivierung zum Zeitpunkt *T*, *DELAY T* die Aktivierung zum Zeitpunkt *TIME* + *T*. Gibt es zum so ermittelten Zeitpunkt bereits ein Ereignis, so kann durch den Zusatz *PRIOR* erzwungen werden, daß der zu aktivierende Prozeß vor dem schon feststehenden Ereignis eingeordnet wird.

Anstelle der expliziten Festlegung des Zeitpunktes der Aktivierung kann auch Bezug auf ein anderes Ereignis genommen werden. Ist *Y* ein Prozeß, für den eine Ereignisnotiz existiert, so bewirkt die Anweisung *(RE)ACTIVATE X BEFORE Y* eine Einreihung des Prozesses *X* vor *Y*, wobei die Ereigniszeit gleich der des Prozesses *Y* wird. Analog kann durch den Zusatz *AFTER Y* eine Einreihung des entsprechenden Ereignisses hinter das von Prozeß *Y* erfolgen.

A1.2.4 Zusammenfassung der Simulation in Simula-67

Zum Schluß sollen einige wichtige Punkte des Simulationssystems noch einmal zusammengefaßt werden:

1) Das **Simulationsmodell** besteht aus einer Menge von Prozessen (Koroutinenobjekten), denen Ereignisse zugeordnet sein können. Es ist stets nur ein Prozeß aktiv, die übrigen sind suspendiert, passiv oder terminiert. Mit Ablauf der Simulationszeit werden Aktivitäten der Prozesse nacheinander ausgeführt, wobei die Steuerung und Synchronisation durch die Simulationsdirektiven

ACTIVATE, *PASSIVATE*, *HOLD*, *WAIT* und *CANCEL* über die Verwaltung der Ereignisliste erfolgt.

2) Analog zur Vorgehensweise in *SIMSET* werden in *SIMULATION* **Prozesse als polymorphe Datenstruktur** eingeführt, deren konstanter Teil die Klasse *PROCESS* ist. Sie repräsentieren aktive Simulationseinheiten.

3) Es wird ein einfaches und überschaubares Simulationssystem realisiert, das sich sehr eng an einer **abstrakten Sichtweise von diskreter Simulation** orientiert. Das System
   - ist prozeßorientiert, wodurch die Beschreibung der aktiven Komponenten sich auf die Beschreibung der lokalen Aktivitäten der einzelnen Objekte beschränken läßt;
   - ist insgesamt auf die übrigen Sprachkonzepte abgestimmt;
   - unterstützt eine sinnvolle Strukturierung des zu simulierenden Systems.

Der oben beschriebene ereignisgesteuerte prozeßorientierte Simulator von Simula-67 stellt eine sehr allgemeine Lösung zur Implementierung diskreter Simulationsmodelle dar. Eine anwendungsorientierte Spezialisierung der Klassen von Simulationsmodellen ist durch die flexible Erweiterbarkeit der Sprache gegeben. Damit können Simulatoren realisiert werden, die zwar nur speziellere Problemlösungen erlauben, dem Anwender aber ein höheres und ausdrucksstärkeres Sprachniveau zur Verfügung stellen.

A2 Ein Simulator in Modula-2

Wir wiederholen an dieser Stelle die Spezifikation eines niederen Simulators in Modula-2, den wir in naher Anlehnung an den oben beschriebenen Simulator in Simula-67 entwickelt haben. Die Konzeption wurde bereits im Kapitel 6.2 vorgestellt. Ausführliche Angaben zur Repräsentation und Implementierung von Datenstrukturen und Algorithmen sind in <Frauenstein/Wagner89> zu finden.

A2.1 Systemgliederung (Modularisierung)

Für Simulationsprozesse wurde der abstrakte Typ *SIMPROCESS* eingeführt, außerdem der Typ *PROCESSQUEUE* für eine Datenstruktur, die den Doppelcharakter von Listen und Schlangen hat und der einfachen Verwaltung von Prozeßobjekten dient (insbesondere geeignet für Warteschlangen). Prozeßobjekte repräsentieren aktive Simulationseinheiten. Sie werden trotz unterschiedlicher Funktionen im Simulationssystem nicht weiter in verschiedene Typen unterschieden. Der Übersichtlichkeit halber ist noch ein Typ *SIMTIME* als *REAL* definiert.

Die **Implementierung des Simulators und der Simulationsunterstützung** zerfällt in mehrere Module. Im Modul *Simulation* werden die *SIMPROCESS*es und im Modul *ProcessQueues* die *PROCESSQUEUE*s nebst den zugehörigen Operationen realisiert, *SimIO* stellt einfache Ein-Ausgabe-Prozeduren für Zeiten (*SIMTIME*) zur Verfügung. *Random* enthält Generatoren für Pseudo-Zufallszahlenfolgen, die verschiedenen Verteilungen (Gleichverteilung, Normalverteilung, Exponentialverteilung, Poissonverteilung) genügen. *StorageManager* realisiert eine dynamische Speicherverwaltung, bei der auch eine einfache Form von Kompaktifizierung der Halde vorgesehen ist. (Dieser Modul sollte von allen anderen Modulen an Stelle des Moduls *Storage* benutzt werden, sofern sie dynamisch Objekte erzeugen und wieder freigeben.)

A2.2 Modul *Simulation*

Der **Modul** *Simulation* enthält die Realisierung von **Simulationsprozessen.** Ein Simulationsprozeß ist ein Objekt des abstrakten Typs *SIMPROCESS*. Simulationsprozesse müssen durch eine entsprechende Operation generiert werden, die hier *NewProcess* heißt. Als verbindliche Konvention ist außerdem vorgegeben, daß jeder Prozeß, der seine Aktivitäten beendet hat, die Operation *Terminate()* ausführt. Damit wird der Speicher des Modula-Prozesses, der dem Simulationsprozeß zugeordnet ist, für andere Verwendungen wieder freigegeben. Die zu einem Simulationsprozeß gehörenden Verwaltungsinformationen werden erst durch die Operation *RemoveProcess* entfernt, die aber nur einen terminierten oder passiven Prozeß akzeptiert. Die dynamische Speicherverwaltung wird vom Modul *StorageManager* übernommen.

Ein Simulationsprozeß wird durch eine **Koroutine** der Sprache Modula-2 und einige zusätzliche Verwaltungsinformationen realisiert. Koroutinen sind in Modula-2 eigenständig ablaufende Programmteile, deren Aktivitäten durch eine parameterlose Prozedur beschrieben werden. Jeder Koroutine ist ein Speicher fester Größe zugeordnet, in dem der systembezogene *ProcessControlBlock*, der Keller und die Halde der Koroutine enthalten sind. Die lokale Halde der Koroutinen wird vom Modul *StorageManager* nicht benutzt (wohl aber vom Modul *Storage*), so daß die insgesamt für einen Simulationsprozeß anzusetzende Größe nur von der maximalen Größe des Kellers bestimmt wird, die wiederum im wesentlichen von der Schachtelungstiefe der Prozeduraufrufe und der Anzahl der lokal deklarierten Variablen abhängt.

Damit der Benutzer sich nicht mit so systemnahen Einschränkungen auseinandersetzen muß, sind einige Standardgrößen für Prozesse definiert, die jeweils bei der Portierung auf ein anderes System angepaßt werden sollten. Die gängigen Größen für Prozesse sind, je nach Aufruftiefe, *MIN*, *SMALL*, *USUAL* und *ORDINARY*. Verwendet ein Prozeß rekursive Prozeduren, wird ihm jedoch im Regelfall ein größerer Speicher (*MEDIUM*, *BIG*, *LARGE*, *VERYLARGE* oder *MAX*) zugeordnet werden müssen. Die Gesamtzahl der Prozesse, die gleichzeitig in einem System vorhandenen sein können, hängt natürlich stark von deren Größe und dem insgesamt verfügbaren dynamischen Speicher (Halde) ab. Die feste Größe eines Prozesses ist eine der ärgerlichsten Einschränkungen der Sprache Modula, sie läßt sich jedoch nicht umgehen.

A2.2.1 Definitionen des Moduls *Simulation*

`SIMTIME` ist eine reelle Zahl (*REAL*).

`PRIOR = ( Prior, NotPrior )`

dient der Festlegung von Prioritäten bei gleichzeitigen Ereignissen.

`SIMPROCESS`

ist der abstrakte Typ der Simulationsprozesse. Ein Prozeß kann sich in einem der Zustände aktiv, passiv, suspendiert oder terminiert befinden. Ist er aktiv oder suspendiert, ist ihm ein Ereignis zugeordnet, der Prozeß ist in der Ereignisliste eingereiht. In einem Simulationsprozeß läuft eine parameterlose Prozedur ab. Jeder Prozeß hat eine feste Größe, die bei der Generierung angegeben werden muß. Prozesse werden zur Identifizierung mit einer Nummer versehen, die bei jeder Generierung um eins erhöht wird. *MAIN* ist der Prozeß Nummer 1. Die Zustände der Simulationsprozesse sowie die Ausführungsreihenfolge können durch die Simulationsdirektiven (*Hold*, *Activate*, *Passivate*, ...) verändert werden.

`MAIN`

ist der zentrale Prozeß (Hauptprozeß) des Simulationssystems.

`NoProcess`

steht für einen undefinierten Prozeß.

`MIN, SMALL, USUAL, ORDINARY, MEDIUM, BIG, LARGE, VERYLARGE` und `MAX`
sind systemabhängige Konstanten für Prozeßgrößen. Ein einfacher Simulationsprozeß ohne Ein-/Ausgabe und rekursive Prozeduren sollte mit der Größe *MIN* auskommen, ein Prozeß, der Ein-/Ausgabe benutzt, muß mindetens mit *SMALL* deklariert werden. *USUAL* ist die vom Systemhersteller empfohlene Prozeßgröße, *ORDINARY* sollte auch für etwas kompliziertere Prozesse genügen. Die übrigen Konstanten sind für Spezialfälle vorgesehen. Es empfiehlt sich in jedem Fall, einen Prozeß zunächst mit *USUAL* zu deklarieren. Terminiert das System mit einem Kellerüberlauf, sollte schrittweise eine größere Konstante probiert werden.

Globale Zugriffsprozeduren des Moduls *Simulation*

`PROCEDURE Time() : SIMTIME`
liefert die aktuelle Simulationszeit, das ist die Ereigniszeit des aktiven Prozesses.

`PROCEDURE EventTime ( p : SIMPROCESS ) : SIMTIME`
liefert die dem Prozeß *p* zugeordnete Ereigniszeit. Ist *p* terminiert oder passiv, wird -1.0 geliefert.

`PROCEDURE Current() : SIMPROCESS`
liefert den aktiven Prozeß.

`PROCEDURE NextEvent ( p : SIMPROCESS ) : SIMPROCESS`
liefert den Prozeß, der hinter *p* in der Ereignisliste eingereiht ist. Ist *p* passiv, terminiert oder der letzte Prozeß in der Liste, wird *NoProcess* geliefert.

Prozeßsteuerungsprozeduren

`PROCEDURE NewProcess ( p : PROC ; Size : CARDINAL ) : SIMPROCESS`
erzeugt einen neuen Simulationprozeß der Größe *Size*. Die Aktivitäten des Prozesses sind durch die parameterlose Prozedur *p* beschrieben.

`PROCEDURE RemoveProcess ( p : SIMPROCESS )`
entfernt den Prozeß *p* vollständig aus dem System. *p* muß passiv oder terminiert sein. Ist *p* terminiert, wird nur die Verwaltungsinformation gelöscht; ist *p* passiv, wird auch der vom Modula-Prozeß beanspruchte Speicher freigegeben. Ist *p* aktiv oder suspendiert, erfolgt eine Fehlermeldung.

`PROCEDURE Idle ( p : SIMPROCESS ) : BOOLEAN`
ist wahr, falls *p* passiv ist.

`PROCEDURE Terminated ( p : SIMPROCESS ) : BOOLEAN`
ist wahr, falls *p* terminiert ist (*p* hat die Prozedur *Terminate()* aufgerufen).

`PROCEDURE Hold ( t : SIMTIME )`

suspendiert den aktiven Prozeß für die Zeit *t*. Der aktive Prozeß wird in die Ereignisliste zum Zeitpunkt *Time()* + *t* eingeordnet.

`PROCEDURE Cancel ( p : SIMPROCESS )`

Ist *p* aktiv oder supendiert, wird er in den passiven Zustand überführt (aus der Ereignisliste entfernt). Ist *p* terminiert, erfolgt eine Fehlermeldung.

`PROCEDURE Terminate ()`

überführt den aktiven Prozeß in den Zustand terminiert. Der Speicher der zugeordneten Modula-Koroutine wird freigegeben. Jeder Versuch einer Reaktivierung dieses Prozesses führt zu einer Fehlermeldung.

`PROCEDURE Passivate ()`

überführt den aktiven Prozeß in den passiven Zustand. Der Nachfolger dieses Prozesses in der Ereginisliste wird der nächste aktive Prozeß.

`PROCEDURE Activate ( p : SIMPROCESS )`

Ist *p* passiv, wird der aktive Prozeß suspendiert und *p* aktiviert. Ist *p* suspendiert, passiert nichts. Ist *p* terminiert, erfolgt eine Fehlermeldung.

`PROCEDURE Reactivate ( p : SIMPROCESS )`

p wird aktiviert, sofern er noch nicht terminiert ist, andernfalls erfolgt eine Fehlermeldung.

`PROCEDURE ActivateAt ( p : SIMPROCESS ; t : SIMTIME ; pr : PRIOR )`

Ist *p* passiv, wird er zum Zeitpunkt *t* in die Ereignisliste eingereiht (sofern *t* > *Time()* ist). Existiert zu diesem Zeitpunkt bereit ein Ereignis, wird *p* für den Fall *pr* = *Prior* vor und für *pr* = *NotPrior* nach diesem Ereignis eingeordnet.

`PROCEDURE ReactivateAt ( p : SIMPROCESS ; t : SIMTIME ; pr : PRIOR )`

analog zu *ActivateAt*. *p* muß aber nicht passiv sein, sondern kann sich auch im Zustand aktiv oder suspendiert befinden.

`PROCEDURE ActivateDelay ( p : SIMPROCESS ; t : SIMTIME ; pr : PRIOR )`

ist äquivalent zu *ActivateAt (p, Time() + t, pr)*.

`PROCEDURE ReactivateDelay ( p : SIMPROCESS ; t : SIMTIME ; pr : PRIOR )`

ist äquivalent zu *ReactivateAt (p, Time() + t, pr)*.

`PROCEDURE ActivateBefore ( p , q : SIMPROCESS )`

Ist *q* suspendiert und *p* passiv, wird *p* vor *q* in die Ereignisliste eingereiht.

`PROCEDURE ReactivateBefore ( p , q : SIMPROCESS )`

Ist *q* suspendiert und *p* passiv, aktiv oder suspendiert, wird *p* vor *q* in die Ereignisliste eingereiht.

PROCEDURE `ActivateAfter ( p , q : SIMPROCESS )`

Ist q suspendiert und p passiv, wird p nach q in die Ereignisliste eingereiht.

PROCEDURE `ReactivateAfter ( p , q : SIMPROCESS )`

Ist q suspendiert und p passiv, aktiv oder suspendiert, wird p nach q in die Ereignisliste eingereiht.

Traceprozeduren

PROCEDURE `WriteEventList ( VAR f : File )`

schreibt die Ereignisliste in die Datei f. Nützlich bei der Fehlersuche.

PROCEDURE `WriteWaitingList ( VAR f : File )`

schreibt die Liste der passiven Prozesse in die Datei f.

A2.3 Modul *ProcessQueues*

Der Modul *ProcessQueues* enthält die Realisierung von **Prozeßschlangen**, die vorwiegend der Verwaltung von Warteschlangen dienen, aber auch für Listen und Mengen von Simulationsobjekten benutzt werden können. Jede Prozeßschlange ist vom Typ *PROCESSQUEUE*.

A2.3.1 Definitionen des Moduls *ProcessQueue*

PROCESSQUEUE

ist der abstrakte Typ einer Liste oder Schlange von Simulationsprozessen. Eine *PROCESSQUEUE* besitzt einen Zustand, der nicht nur von den enthaltenen Elementen bestimmt wird. Es kann ein aktuelles Element definiert sein, auf das sich eine Reihe von Operationen beziehen. Eine Anzahl von Operationen sind nur definiert, falls ein aktuelles Element definiert ist. Das aktuelle Element wird explizit durch die Operationen *PQSetFirst*, *PQSetLast*, *PQSetSucc* und *PQSetPred* verändert, implizit auch durch alle Löschoperationen.

Prozeduren zur Verwaltung von Prozeßlisten

PROCEDURE `NewProcessQueue () : PROCESSQUEUE`

liefert eine neue, leere Prozeßschlange.

PROCEDURE `DisposeProcessQueue ( VAR q : PROCESSQUEUE )`

gibt alle von der Schlange q belegten Resourcen wieder frei. Nach Ausführung ist q undefiniert.

```
PROCEDURE PQSetFirst ( q : PROCESSQUEUE )
```

macht das erste Element der Schlange *q* zum aktuellen Element. Ist die Schlange leer, passiert nichts.

```
PROCEDURE PQSetLast ( q : PROCESSQUEUE )
```

macht das letzte Element der Schlange *q* zum aktuellen Element. Ist die Schlange leer, passiert nichts.

```
PROCEDURE PQSetSucc ( q : PROCESSQUEUE )
```

macht den Nachfolger des aktuellen Elementes von *q* zum neuen aktuellen Element. Gibt es kein aktuelles Element, ist die Operation undefiniert. Gibt es keinen Nachfolger, trifft nach der Ausführung das Prädikat *PQIsNil (q)* zu.

```
PROCEDURE PQSetPred ( q : PROCESSQUEUE )
```

macht den Vorgänger des aktuellen Elementes aus *q* zum neuen aktuellen Element. Gibt es kein aktuelles Element in *q*, ist die Operation undefiniert. Hat das aktuelle Element keinen Vorgänger, trifft nach der Ausführung das Prädikat *PQIsNil (q)* zu.

```
PROCEDURE PQFollow ( q : PROCESSQUEUE ; p : SIMPROCESS )
```

Ist in *q* ein aktuelles Element definiert, wird *p* hinter diesem eingefügt. Ist *q* leer, wird *p* das erste Element von q. Ist *q Nil* aber nicht leer, wird eine Fehlermeldung ausgegeben.

```
PROCEDURE PQPrecede ( q : PROCESSQUEUE ; p : SIMPROCESS )
```

Ist in *q* ein aktuelles Element definiert, wird *p* vor diesem eingefügt. Ist *q* leer, wird *p* das erste Element von q. Ist *q Nil* aber nicht leer, wird eine Fehlermeldung ausgegeben.

```
PROCEDURE PQDelete ( q : PROCESSQUEUE )
```

Das aktuelle Element wird aus *q* entfernt. Ist kein aktuelles Element definiert, erfolgt eine Fehlermeldung. Das neue aktuelle Element ist der Nachfolger des gelöschten Elementes.

```
PROCEDURE PQOut ( q : PROCESSQUEUE ; p : SIMPROCESS )
```

Ist *p* in *q* enthalten, wird *p* aus *q* entfernt, sonst passiert nichts.

```
PROCEDURE PQClear ( q : PROCESSQUEUE )
```

Alle Elemente werden aus *q* entfernt. Nach Ausführung treffen die Prädikate *PQEmpty* und *PQIsNil* auf *q* zu.

```
PROCEDURE PQEnqueue ( q : PROCESSQUEUE ; p : SIMPROCESS )
```

Unabhängig vom Zustand von *q* wird *p* an das Ende von *q* angefügt.

PROCEDURE `PQDequeue ( q : PROCESSQUEUE )`

Das erste Element von *q* wird entfernt. Gibt es kein erstes Element, erfolgt eine Fehlermeldung.

PROCEDURE `PQFirst ( q : PROCESSQUEUE ) : SIMPROCESS`

liefert das erste Element aus *q*. Ist Operation ist nur für nicht leere Schlangen definiert.

PROCEDURE `PQLast ( q : PROCESSQUEUE ) : SIMPROCESS`

liefert das letzte Element aus *q*. Die Operation ist nur für nicht leere Schlangen definiert.

PROCEDURE `PQAct ( q : PROCESSQUEUE ) : SIMPROCESS`

liefert das aktuelle Element aus *q*. Die Operation ist nur definiert, falls *q* ein aktuelles Element hat.

PROCEDURE `PQEmpty ( q : PROCESSQUEUE ) :` **BOOLEAN**

ist wahr, falls *q* leer ist.

PROCEDURE `PQIsNil ( q : PROCESSQUEUE ) :` **BOOLEAN**

ist wahr, falls in *q* kein aktuelles Element definiert ist.

PROCEDURE `PQIsFirst ( q : PROCESSQUEUE ) :` **BOOLEAN**

ist wahr, falls das erste Element in *q* das aktuelle ist.

PROCEDURE `PQIsLast ( q : PROCESSQUEUE ) :` **BOOLEAN**

ist wahr, falls das letzte Element in *q* das aktuelle ist.

PROCEDURE `PQLen ( q : PROCESSQUEUE ) :` **CARDINAL**

liefert die Anzahl der Elemente in *q*.

A2.4 Modul *StorageManager*

Da in vielen Modula-2-Implementierungen keine **Freispeicherverwaltung** implementiert ist, die nicht mehr verwendeten dynamisch allozüerten Speicherplatz tatsächlich für neue Verwendungen zur Verfügung stellt, muß entweder der Benutzer in jedem Einzelfall seine eigene lokale Speicherverwaltung schreiben, oder es muß eine allgemeine Lösung realisiert werden, die für alle Spezialfälle benutzt werden kann. In dem von uns verwendeten System ist zwar eine Freispeicherverwaltung durch das Modul *Storage* vorgesehen, diese genügte den Anforderungen für diskrete Simulation jedoch nicht, insbesondere deshalb, weil er prozeßlokale Halden einrichtete.

Der Modul *StorageManager* stellt eine (einfache) Implementierung einer solchen allgemeinen Lösung dar. Der Modul ist ein Objektmodul, der der Verwaltung einer **systemglobalen Halde (heap)** dient. Der durch diese Halde verwaltete Speicher kann zur Laufzeit des Systems vergrößert werden, sofern das Laufzeitsystem bzw. das Betriebssystem noch Speicher zur Verfügung stellt. Der auf der Halde angesammelte Speicherbereich kann durch Aufrufe entsprechender Prozeduren dynamisch angefordert und wieder freigegeben werden.

Eine echte **garbage collection**, bei der alle freien Speicherbereiche zu einem großen Stück zusammengefaßt werden, **ist aufbauend auf Modula-2 nicht realisierbar**, da dies eine Relozierung (eine tatsächliche Verschiebung von Objekten im physischen Speicher) erfordern würde, wodurch sich die Adressen dieser Objekte naturgemäß ändern. Zur Realisierung einer solchen Speicherverwaltung bedarf es einer vom Compiler unterstützten virtuellen Adressierung, bei der zwischen virtuellen und realen Adressen von Objekten unterschieden wird und jedem Speicherzugriff eine Adreßtransformation vorausgeht.

Möglich ist aber eine eingeschränkte Form der **Kompaktifizierung der Halde**, bei der Objekte nicht verschoben, wohl aber kleine hintereinanderliegende Speicherstücke wieder zu einem großen zusammengefaßt werden können. Eine solche Kompaktifizierung ist im *StorageManager* realisiert. Sie findet statt, wenn bei einer Speicheranforderung kein ausreichend großer zusammenhängender Bereich auf der Halde gefunden wird. Damit wird zwar nicht die Mächtigkeit eines echten 'garbage collectors' erreicht, einer zu starken Fragmentierung der Halde kann aber zumindest teilweise entgegengewirkt werden.

A2.4.1 Definitionen des Moduls *StorageManager*

Der **Modul** *StorageManager* exportiert ausschließlich Algorithmen zur Verwaltung eines globalen Objektes, der Halde.

```
PROCEDURE ALLOCATE ( VAR addr : ADDRESS ; size : CARDINAL )
```

alloziiert eines Speicherbereich von *size* Bytes. Nach erfolgreicher Ausführung weist *addr* auf den Anfang dieses Speicherstückes. Wird auf der Halde kein genügend großes Stück gefunden, wird eine Kompaktifizierung versucht, bei der kleine, hintereinander liegende Speicherstücke wieder vereinigt werden. Ist dann immer noch kein ausreichendes Stück vorhanden, wird in *addr NIL* zurückgeliefert.

```
PROCEDURE DEALLOCATE ( VAR addr : ADDRESS; size : CARDINAL )
```

dient der Rückgabe eines nicht mehr benötigten Speicherbereichs der Größe *size* an der Stelle *addr*. Der Speicherbereich wird auf der Halde abgelegt und steht für weitere Benutzung (*ALLOCATE*) zur Verfügung. Der Benutzer hat sicherzustellen, daß keine weiteren Referenzen auf diesen Speicherbereich mehr im System existieren bzw. benutzt werden.

```
PROCEDURE MemAvailable ( size : CARDINAL ) : BOOLEAN
```

liefert *TRUE*, falls von der Halde ein Speicherstück der Größe *size* angefordert werden kann. Auch hier wird gegebenenfalls eine Kompaktifizierung durchgeführt, um zu einer gültigen Aussage gelangen zu können. Liefert *MemAvailable TRUE*, wird ein nachfolgendes *ALLOCATE* mit der gleichen Größe in jedem Fall erfolgreich abgeschlossen werden.

```
PROCEDURE Free() : REAL
```

liefert die Anzahl der insgesamt auf der Halde verfügbaren Bytes, das ist die Größe der Halde abzüglich der Größe aller alloziierten Speicherbereiche. Liefert *Free* die Zahl *m*, so ist damit nicht garantiert, daß ein Bereich der Größe *m* alloziiert werden kann. *Free* kann vom Anwender zusammen mit *MemAvailable* dazu benutzt werden, um Aussagen über die Fragmentierung der Halde zu machen.

```
PROCEDURE HeapSize() : REAL
```

liefert die Gesamtgröße der Halde, das ist die Summe aller alloziierten und noch freien Speicherstücke, die dynamisch verwaltet werden. Diese Zahl kann durch einen Aufruf von *GrowHeap* vergrößert werden (sofern überhaupt möglich).

```
PROCEDURE GrowHeap ( size : REAL )
```

dient der (inkrementellen) Festlegung der Größe der Halde. Bei einem Aufruf von *GrowHeap* wird versucht, *size* Bytes Speicher der Halde hinzuzufügen. Initial ist die Halde leer. Kann vom System nicht mehr genügend Speicher erhalten werden, so wird die Halde soweit möglich vergrößert. Eine Fehlermeldung erfolgt an dieser Stelle nicht. Die aktuelle Größe der Halde kann jederzeit mit der Funktion *HeapSize* ermittelt werden.

A2.5 Modul *Random*

Der **Modul** *Random* stellt eine Anzahl von **Zufallszahlengeneratoren** zur Verfügung, deren Zufallszahlenfolgen bestimmten Verteilungen genügen, die in der Simulation häufig benötigt werden.

A2.5.1 Definition Modul *Random*

Für alle nachfolgend erklärten Prozeduren gilt, daß die Variable *u* mit einem Wert zwischen 1 und 32767 initialisiert und für keine anderen Zwecke benutzt werden sollte.

```
PROCEDURE RandomInt ( a, b : INTEGER ; VAR u : CARDINAL ) : INTEGER ;
```

Für $a <= b$ wird eine ganze Zahl aus dem Bereich *[a..b]* geliefert. Die Wahrscheinlichkeit für alle Werte aus diesem Bereich ist gleich. Für $a > b$ ist die Funktion nicht definiert.

```
PROCEDURE RandomCard ( a, b : CARDINAL ; VAR u : CARDINAL ) : CARDINAL;
```

Für $a <= b$ wird eine natürliche Zahl aus dem Bereich *[a..b]* geliefert. Die Wahrscheinlichkeit für jeden Wert aus diesem Bereich ist gleich. Für $a > b$ ist die Funktion undefiniert.

```
PROCEDURE RandomFraction ( VAR u : CARDINAL ) : REAL ;
```

liefert eine reelle Zahl aus dem Bereich *[0..1[*, wobei die Wahrscheinlichkeit, daß ein Wert in einem bestimmten, ausreichend großen Intervall liegt, für alle ausreichend großen Intervalle gleicher Größe annähernd gleich ist.

```
PROCEDURE NegExp ( a : REAL ; VAR u : CARDINAL ) : REAL ;
```

liefert eine reele Zahl aus einer exponentiell verteilten Zufallszahlenfolge mit Mittelwert *a*. Nur definiert für $a > 0$.

```
PROCEDURE Poisson ( a : REAL ; VAR u : CARDINAL ) : INTEGER ;
```

liefert eine Zahl aus einer Poissonverteilten Zufallszahlenfolge mit Mittelwert *a*. Für $a < 0$ ist die Funktion immer *0*.

```
PROCEDURE Erlang ( a, b : REAL ; VAR u : CARDINAL ) : REAL ;
```

liefert eine reelle Zahl aus einer Zufallszahlenfolge, die einer Erlangverteilung angenähert ist. Der Mittelwert der Erlangverteilung ist $1/a$, die Standardabweichung $1/(a * sqrt(b))$.

```
PROCEDURE Uniform ( a, b : REAL ; VAR u : CARDINAL ) : REAL ;
```

liefert eine reelle Zahl aus einer annähernd gleichverteilten Zufallszahlenfolge im Intervall *[a..b[. Für a* $>= b$ ist die Funktion undefiniert.

```
PROCEDURE Normal ( a, b : REAL ; VAR u : CARDINAL ) : REAL ;
```

liefert eine reelle Zahl aus einer normalverteilten Zufallszahlenfolge mit Mittelwert *a* und Standardabweichung *b*.

A2.6 Module *Errors* und *SimIO*

Der **Modul** *Errors* enthält **Fehlerbehandlungsprozeduren**, die beim Auftreten von internen Fehlern verwendet werden. Der **Modul** *SimIO* dient der Zusammenfassung von **simulationsspezifischen Ein-/Ausgabeoperationen.** Derzeit sind nur die Prozeduren *ReadTime* und *WriteTime* realisiert, die wiederum auf Prozeduren des Moduls *PCIO* abgebildet werden. Für ein universell verwendbares Simulationssystem müßte dieser Modul stark erweitert werden.

A2.7 Zusammenfassung der Abweichungen des Simulationskonzeptes gegenüber Simula-67

Da der beschriebene Simulator eine Umsetzung der Konzeption des Simulators aus Simula-67 ist, sollen hier zusammenfassend noch einmal die Unterschiede zwischen beiden Realisierungen und ihre Begründungen aufgezählt werden. Einschränkungen gegenüber Simula-67 bzw. Abweichungen von der in Simula-67 üblichen Vorgehensweise ergeben sich insbesondere aus folgenden Gründen:

1) **Modula-2 enthält kein Klassenkonzept**; die Art der Datenstrukturierung weicht daher erheblich von der in Simula-67 ab. Eine allgemeine objektorientierte Abstraktion ist nicht möglich. Insbesondere sehen wir keine wirklich benutzerfreundliche und ausreichend sichere Möglichkeiten, dem Benutzer polymorphe Datenstrukturen zur Verfügung zu stellen, die er für Simulationszwecke universell verwenden kann.

2) In Modula-2 liegt die **Speicherverwaltung im Aufgabenbereich des Benutzers**; jedes zu erschaffende Objekt muß explizit durch eine entsprechende Prozedur 'angemeldet' und damit Speicherplatz alloziiert werden, sowie, falls es nicht mehr benötigt wird, 'abgemeldet' und damit der Speicherplatz wieder freigegeben werden. Eine besondere Schwierigkeit ergibt sich bei Prozeßobjekten. Die Standardspeicherverwaltung unseres Modula-Systems im Modul *Storage* realisiert für jeden Prozeß eine eigene, getrennte Halde, was für Simulationszwecke völlig ungeeignet ist. Hier ist eine globale Halde erwünscht, in der alle Objekte des Simulationssystems alloziiert werden. Daher ist es notwendig, eine eigene Speicherverwaltung für Simulationszwecke zu implementieren, die natürlich immer systemabhängig ist. Auch erweist es sich als unmöglich, eine 'garbage collection' zu implementieren, da mangels eines virtuellen Speichermodells die notwendige Modifizierung von Zeigern auf Speicherbereiche nicht vorgenommen werden kann.

3) Jeder **Prozeß hat in Modula-2 eine feste Größe**, die vom Benutzer vorgegeben werden muß und zur Laufzeit des Prozesses nicht mehr verändert werden kann. Da vom Implementeur eines Simulationsmodells aber nicht erwartet werden kann, daß er genaue Vorstellungen und Kenntnisse davon hat, wieviel Speicherplatz seine Prozeßobjekte tatsächlich benötigen werden, haben wir Konstante für einige feste Prozeßgrößen implementiert. Dies bedeutet, daß der Benutzer zunächst eine möglichst kleine Prozeßgröße vorgibt und bei Kellerüberlauf diese Schritt für Schritt vergrößert. Diese Vorgehensweise, den Benutzer ausprobieren zu lassen, ist natürlich nicht schön, erschien uns aber noch als die sinnvollste Lösung.

4) Anders als in Simula-67 steht dem Benutzer jedoch ein sehr mächtiges Mittel zur Strukturierung großer Programmsysteme zur Verfügung: das **Modulkonzept.** Es bildet die Grundlage für getrennte Übersetzbarkeit und hat aus softwaretechnischer Sicht entscheidende Vorteile gegenüber dem in Simula-67 verwirklichten Konzept von externen Prozeduren bzw. Klassen.

A3 Ein Simulator in Smalltalk-80

Insgesamt werden wir uns auch bei der Beschreibung der Smalltalk-80-Simulationsunterstützung relativ kurz fassen, da sie im wesentlichen einer Gegenüberstellung und Einordnung der verschiedenen Simulatoren und nicht einer detaillierten Einführung dient. Wie bereits in Kapitel 6.4 erwähnt, wird der Kern der Simulationsunterstützung, d.h. der Simulator, durch die beiden Klassen *SimulationObject* und *Simulation* realisiert (siehe <Goldberg/Robson83a>). Nach einer Darstellung dieser Klassen folgt eine kurze Beschreibung der sonstigen Simulationsunterstützung.

A3.1 Die Klasse *SimulationObject*

Die Klasse *SimulationObject* beschreibt die allgemeine Struktur von Prozeßobjekten (aktive Simulationseinheiten). Sie stellt eine Abstraktion (Verallgemeinerung im Sinne einer abstrakten Oberklasse) aller aktiven Simulationseinheiten dar. Betrachten wir hier z.B. wieder die Simulation einer Autowaschanlage (eine konkrete Implementierung ist im Anhang B zu finden), so können wir zwischen drei verschiedenen Arten von aktiven Komponenten innerhalb des Simulationssystems unterscheiden: Kunde, Arbeiter und Waschanlage. Jede dieser Klassen von Objekten ist z.B. ähnlich im dem Sinne, daß sie Objekte beschreiben, die eine Task auszuführen haben: Der Kunde erwartet gewisse Dienstleistungen, der Arbeiter erfüllt diese Dienstleistungen, und die Waschanlage stellt begrenzte Ressourcen zur Verfügung.

Diese Ähnlichkeiten werden durch die **abstrakte Begriffsschablone** *SimulationObject* modelliert und implementiert, indem Instanzen dieser Klasse bestimmte Tasks zugeordnet werden können, sowie ein Nachrichtenprotokoll zur Verfügung gestellt wird, das die Beschreibung dieser Tasks ermöglicht.

Die Beschreibung dieser Klasse wird mit einer Darstellung ihres Protokolls, d.h. der definierten Nachrichten fortgeführt. Hierbei ist zu beachten, daß manche der Methoden dieser Nachrichten nicht in der Klasse *SimulationObject* implementiert, sondern leer sind. Erst bei der Implementierung eines konkreten Simulationsobjektes (als Unterklasse der Klasse *SimulationObject*) werden diese Methoden tatsächlich realisiert (ein Beispiel sei eine Methode *initialize* zum Initialisieren eines bestimmten Simulationsobjekts). Dies geschieht durch den Überdeckungsmechanismus (siehe 5.4.7), indem durch die Deklaration neuer Methoden mit gleichem Nachrichtenmuster innerhalb der Klasse des konkreten Simulationsobjektes die eigentliche Funktionalität erst zur Verfügung gestellt wird (Spezialisierung). Solche Nachrichten werden wir im folgenden immer mit *UnspecializedMessage* kennzeichnen als Hinweis für den Programmierer, daß eine solche Nachricht zwar existiert und ausgführt werden kann, aber nichts bewirkt, da es seine Aufgabe ist, die Funktionalität der beschriebenen Nachricht in der Unterklasse sicherzustellen. Diese UnspecializedMessages stellen also einen Rahmen zur Verfügung, der von den Unterklassen ausgefüllt werden soll. Eine Unterklasse als Beschreibung eines konkreten Simulationobjekts wird geschaffen, indem diese Nachrichten überdeckt werden, um simulationsspezifisches Verhalten hinzuzufügen.

Folgende Nachrichten können an diese Simulations-Objekte gesandt werden:

initialisation

Die folgenden vier Nachrichten dienen als Operationen zur abstrakten Handhabung von Simulationsobjekten.

- `initialize`

Initialisiert die Instanzvariablen des Simulationsobjekts (UnspecializedMessage).

simulation control

- `startUp`

Initialisiert die Instanzvariablen; informiert die Simulation, das der Empfänger das System betritt; aktiviert die Tasks des Empfängers.

- `tasks`

Definiert die Folge der Aktivitäten, die der Empfänger ausführen muß, d.h. die Task des Simulationsobjekts (Empfänger) (UnspecializedMessage).

- `finishUp`

Beendet die Tasks des Empfängers; informiert die Simulation.

task language

Es gibt mehrere Nachrichten, die jedes *SimulationObject* benutzen kann, um seine Task in der Koordination mit den Tasks anderer Simulationsobjekte zu beschreiben. Eine solche Nachricht ist z.B. *holdFor: aTimeDelay*, wobei das Nachrichtenargument *aTimeDelay* eine Anzahl von Zeiteinheiten der simulierten Uhr bezeichnet, während derer die weiteren Aktionen der Task nichtausgeführt werden sollen - die Idee dieser Ausführungsunterbrechung einer Task ist, eine Zeitperiode zu schaffen, während derer das Objekt vermutlich irgendeine simulierte Aktivität ausführt. Daneben gibt es eine ganze Reihe von Nachrichten, mittels derer der wechselseitige Gebrauch der Ressourcen durch die verschiedenen Tasks des Systems ausgedrückt werden kann.

Diese Kategorie von Nachrichten wird **task-language** genannt, um hervorzuheben, daß es sich hierbei um Nachrichten an ein *SimulationObject* als Teil der Implementierung der Nachricht *Tasks* (eine *UnspecializedMessage*) handelt. Sie dienen alle der Synchronisation zwischen den verschiedenen Tasks des Systems.

- `holdFor: aTimeDelay`

Die nächste Aktion der Task des Empfängers wird erst nach *aTimeDelay* der simulierten Zeit ausgeführt.

- **acquire: amount ofResource: resourceName**

  Bittet die Simulation, eine einfache Ressource bezeichnet durch den String *resourceName* zu Verfügung zu stellen. Falls eine solche existiert, werden dem Empfänger *amount* viele gegeben. Ansonsten wird ein Laufzeitfehler generiert.

- **acquire: amount ofResource: resourceName withPriority: priorityNumber**

  Bittet die Simulation, eine einfache Ressource bezeichnet durch den String *resourceName* zu Verfügung zu stellen. Falls eine solche existiert, werden dem Empfänger *amount* viele gegeben unter Berücksichtigung, daß die Priorität zum Verwenden der Ressource mit *priorityNumber* verträglich ist. Ansonsten wird ein Laufzeitfehler generiert.

- **produce: amount ofResource: resourceName**

  Bittet die Simulation, eine einfache Ressource zu generieren, deren Name *resourceName* ist. Falls eine solche Ressource schon existiert, so wird sie um *amount* viele erweitert.

- **release: aStaticResource**

  Freigabe einer statischen Ressource (entspricht einem Signal über Simulationsobjekten, d.h. der Unlock- oder V- Operation).

- **inquireFor: amount ofResource: resourceName**

  Antwortet, ob der Simulation *amount* viele der Ressourcen *resourceName* zur Verfügung stehen.

- **resourceAvailable: resourceName**

  Anwortet, ob die Simulation eine Ressource *resourceName* kennt.

- **acquireResource: resourceName**

  Bittet die Simulation, ein Ressource-Simulationsobjekt bezeichnet durch den String *resourceName* zur Verfügung zu stellen. Existiert keine solche Ressource, so wird ein Laufzeitfehler generiert (koordinierte Ressource).

- **produceResource: resourceName**

  Der Empfänger wird als Ressource unter dem Namen *resourceName* bekannt gemacht (koordinierte Ressource).

- **resume: coordinatedResource**

  Der Empfänger hat seinen Dienst an die Ressource coordinatedResource abgeschlossen. Die Ressource (ebenfalls ein *SimulationObject*) kann ihre Tasks weiterausführen.

- `numberOfProvidersOfResource: resourceName`

  Liefert die Anzahl der Simulationsobjekte, die darauf warten, ihre Tasks als die Ressource *resourceName* zu koordinieren.

- `numberOfRequestersOfResource: resourceName`

  Liefert die Anzahl der Simulations-objekte, die darauf warten, ihre Tasks zu koordinieren, indem sie die Ressource *resourceName* konsumieren.

- `stopSimulation`

  Beendet die Simulation, in der sich der Empfänger befindet.

A3.2 Die Klasse *Simulation*

Die Klasse *Simulation* stellt einen Rahmen zur Verfügung, innerhalb dessen Simulationsobjekte über koordinierte Resourcen und die Ereignisliste des allgemeinen prozeßorientierten Simulationssystems verwaltet werden. Unterklassen dieser Klasse implementieren spezielle Simulationen (z.B. Autowaschanlage) im wesentlichen durch Verwendung der durch diese Klasse exportierten Nachrichten.

Eine Instanz der Klasse *Simulation* realisiert die simulierte Uhr durch Führen der Ereignisliste. Hier erfolgt die Spezifikation der Ankunft der neuen Objekte in das Simulationssystem (Objekte wie z.B. Kunden in einer Banksimulation) und die Spezifikation von koordinierten Ressourcen (Objekte wie z.B. Bankangestellte).

Folgende Nachrichten können an Instanzen der Klasse Simulation gesandt werden:

initialisation

- `initialize`

  Initialisiert die Instanzvariablen des Empfängers, d.h. alle globalen Größen einer bestimmten Simulation (*UnspecializedMessage*).

modeler's initialisation language

- `defineArrivalSchedule`

  Initialisiert den Scheduler der Simulation, der durch *Scheduler*-Unterklassen implementiert wird. Bei dieser Initialisierung des Schedulers wird eine Sequenz von Nachrichten der Form *schedule.....* erwartet. Diese Nachrichten beschreiben das Eintreten von Simulationsobjekten in das System (über Wahrscheinlichkeitsverteilungen oder expliziete Zeitpunkte), das durch den Scheduler verwaltet werden soll (*UnspecializedMessage*).

- `defineResources`

  Initialisiert den Ressourcenverwalter der Simulation, der durch *Resource-Coordinator*-Unterklassen implementiert wird. Der *RessourceManager* verwaltet alle koordinierten Ressourcen des Simulationssystems. Bei dieser Initialisierung wird eine Sequenz von Nachrichten der Form *produce: amount of: resourceName* und *coordinate: resourceName* erwartet. Diese Nachrichten definieren koordinierte Resourcen, die initial in dem System vorhanden sind (*UnspecializedMessage*).

modeler's tasks language

Definiert eine Menge von Nachrichten, die an eine Simulation (Instanz der Klasse *Simulation*) gesandt werden, um entweder das Eintreten neuer Simulationsobjekte in die Simulation (*Schedule...*-Nachrichten) oder das Generieren neuer koordinierter Ressourcen der Simulation (*produce*- und *coordinate*-Nachricht) zu veranlassen. Sie stehen meist in der Methode der beiden Nachrichten der obigen *modeler's initialisation language*, sind also Nachrichten an *self* und dienen der eigentlichen Implementierung der UnspecializedMessages, können aber natürlich auch von beliebigen anderen (Simulations-) Objekten gesandt werden.

- **`produce: amount of: resourceName`**
  Der Empfänger erhält *amount* viele Einheiten der Ressource *resourceName.* Falls die Ressource noch nicht existiert, wird sie hinzugefügt.

- **`coordinate: resourceName`**
  Der Gebrauch der Ressource *resourceName* wird durch den Empfänger koordiniert.

- **`schedule: actionBlock after: timeDelayInteger`**
  Das Programm *actionBlock* wird ausgewertet nach *timeDelayInteger* Einheiten der simulierten Zeit.

- **`schedule: actionBlock at: timeInteger`**
  Das Programm *actionBlock* wird zum Zeitpunkt *timeInteger* der simulierten Zeit ausgewertet.

- **`scheduleArrivalOf:aSimulationObject at: timeInteger`**
  Das Simulationsobjekt *aSimulationObjekt* betritt die Simulation zum Zeitpunkt *timeInteger* der simulierten Zeit.

- **`scheduleArrivalOf: aSimulationObjectClass accordingTo: aProbabilityDistribution`**
  Verwaltet Simulationsobjekte, die Instanzen der Klasse *aSimulationClass* sind, dergestalt, daß sie die Simulation in bestimmten Zeitabständen (basierend auf der Wahrscheinlichkeitsverteilung *aProbabilityDistribution*) betreten. Die erste Instanz wird sofort generiert.

- **scheduleArrivalOf: aSimulationObjectClass**
  accordingTo: aProbabilityDistribution
  startingAt: timeInteger

  Verwaltet Simulationsobjekte, die Instanzen der Klasse *aSimulationClass* sind, dergestalt, daß sie die Simulation in bestimmten Zeitabständen (basierend auf der Wahrscheinlichkeitsverteilung *aProbabilityDistribution*) betreten. Die erste Instanz wird zum Zeitpunkt *timeInteger* generiert.

accessing

Die folgenden Nachrichten werden sinnvollerweise von Simulationsobjekten an die Simulation gesandt, um Statusinformationen zu erhalten.

- **includesResourceFor: resourceName**

  Antwortet, ob der Empfänger über eine Ressource mit Namen *resourceName* verfügt.

- **provideResourceFor: resourceName**

  Liefert eine Ressource mit den Namen *resourceName*.

- **time**

  Liefert die aktuelle Simulationszeit des Empfängers.

simulation control

Der Aufbau der Kontrollnachrichten an die Simulation ist ähnlich dem der Simulationsobjekte. Die Initialisierung wird über das Kreieren einer neuen Simulation und dem anschließenden Senden der Nachricht *StartUp* an diese Simulation gehandhabt. Daraufhin erzeugt die Initialisierung des Schedulers und des Ressourcenverwalters Prozesse, die in die Ereignisliste gehängt werden. Die Simulation ist solange aktiv, wie sich Prozesse in dieser Liste befinden. Zum Führen von Statistiken und Veranlassen anwendungsspezifischer Aktionen wird Empfohlen, diese wichtigen Kontrollnachrichten durch gleichnamige Nachrichten in der Unterklasse zu erweitern.

- **startUp**

  Spezifiziert die initialen Simulationsobjekte und die Ankunftsverwaltung neuer Objekte.

- **proceed**

  Übergang zum nächsten Ereignis.

- **finishUp**

  Freigabe aller Simulationsobjekte.

- **enter: anObject**

  Das Argument, *anObject*, informiert den Empfänger, daß es das System betritt (*UnspecializedMessage*).

- **exit: anObject**

  Das Argument, *anObject*, informiert den Emfänger, daß es das System verläßt (*UnspecializedMessage*).

Zum besseren Verständnis dieser beiden Klassen möge man sich die Beispielimplementierung einer Autowasch-Simulation im Anhang B3 ansehen.

A3.3 Weitere Simulationsunterstützung

In die engste Simulationsumgebung gehören die bereits vorgestellten Klassen, die einerseits Prozesse und anderseits Ressourcen implementieren. Weitere Oberklassen der Klassen *Simulation* und *SimulationObject* realisieren die für die Simulation immer notwendigen **Zufallszahlengeneratoren.** Innerhalb des Smalltalk-80-Systems gibt es eine ganze Reihe von Zufallszahlengeneratoren, die alle wichtigen Wahrscheinlichkeitsverteilungen berücksichtigen. Ein allgemeiner Rahmen für die Verwendung solcher Zufallszahlengeneratoren ist durch die Klasse *ProbabilityDistribution* gegeben. Sie hat im wesentlichen zwei Unterklassen: *DiscreteProbability* mit Zufallszahlengeneratoren über Bernoulli-, Binomial-, geometrischer und Possionverteilung und die Klasse *ContinuousProbability* mit Zufallszahlengeneratoren über Einheits-, Exponential-, Gamma- und Normalverteilung.

Ein weiterer wesentlicher Aspekt der Simulation ist das **Protokollieren des Systemverhaltens** und das Führen von **Statistiken.** Sie dokumentieren das Ein-/Ausgabeverhalten und ermöglichen so die Rückschlüsse von dem Simulationsmodell auf das Verhalten der simulierten Welt (System als Ausschnitt der Wirklichkeit), die die ganze Simulation erst sinnvoll machen. Protokolle und Statistiken ermöglichen einerseits erst die Validierung des Simulationsmodells und stellen andererseits die wesentlichen Daten zur Verfügung, die man für die Aufgaben der Prognostizierung, Optimierung von Systemverhalten, Überprüfung von Theorien usw. benötigt. Statistiken und Protokolle lassen sich sehr komfortabel über Unterklassen der Klasse *Simulation* bzw. *SimulationObject* realisieren. Mittels dieses Ansatzes können die Objekte leicht um Variablen und Datenstrukturen erweitert werden, die durch überdeckte (erweiterte) Methoden dieser beiden Oberklassen verwaltet werden. Z.B. kann man durch Überdecken der von der Klasse *SimulationObject* definierten Nachrichten zur Ressourcenbenutzung schnell eine ausführliche Ereignisprotokollierung (event-monitor) oder durch Überdecken der Nachrichten *exit* und *enter* Statistiken zur Lebensdauer von Objekten (duration statistics) implementieren.

Zur semi-graphischen Ausgabe von Protokolldaten steht eine Klasse *Histogram* zur Verfügung, deren Objekte die Verwaltung von Daten und die graphische Repräsentation dieser Daten mittels Histogrammen unterstützen. Im weiteren Sinne kann man natürlich die große, offen zugängliche Objektwelt des Smalltalk-80-Systems als Simulationsumgebung ansehen. Dazu gehören u.a. Klassen für höhere (polymorphe) Datenstrukturen, gut entwickelte Graphik-Tools, Betriebssystemfunktionen.

Anhang B

Beispielimplementierungen einer Autowaschanlage

Die Simulation einer Autowaschanlage ist ein Beispiel, das in der Literatur zur diskreten prozeßorientierten Simulation immer wieder auftaucht. Das Beispiel hat den Vorteil, daß es einerseits knapp darzustellen und einfach zu implementieren ist und andererseits wichtige Aspekte der Simulation eines dynamischen Systems enthält. Zur Demonstration des Einsatzes der im Anhang A beschriebenen Simulatoren geben wir deshalb Programmbeispiele für eine Lösung dieser Simulationsaufgabe an. Man darf natürlich von einem so kleinen Beispiel keine Erkenntnisse über alle generell für die diskrete Simulation wichtigen Aspekte erwarten. Insbesondere Probleme, die im Zusammenhang mit dem Umfang und der Komplexität von Simulationsmodellen auftauchen oder an Bedeutung zunehmen, können hier nicht berücksichtigt werden. Wir möchten jedoch noch einmal darauf hinweisen, daß die Komplexität der für die praktische Anwendung von prozeßorientierter Simulation relevanten Systeme in der Regel um einige Größenordnungen höher einzustufen ist.

Da die Simulation einer Autowaschanlage ein ausreichend bekanntes Beispiel ist, sei zur Problemstellung, zur Problemlösung und zum Simulationsmodell auf <Birtwistle75> bzw. <Pape86> verwiesen.

B1 Simulation einer Autowaschanlage in Simula-67

Die Implementierung ist <Birtwistle73> entnommen. In diesem Buch ist auch eine ausführliche Dokumentation zu finden, so daß wir hier auf weitere Erläuterungen verzichten wollen. Darüberhinaus sollte das Verständnis dieser Implementierung keine größeren Schwierigkeiten bereiten, zumal die in den beiden folgenden Kapiteln aufgeführten Implementierungen in Modula-2 und Smalltalk-80 detaillierter beschrieben werden.

B1.1 Die Implementierung: die Klasse *WashingCars*

```
COMMENT -----------------------------------------------------*)
SIMULATION CLASS WashingCars (p,n);
   INTEGER n;
   REAL    p;
BEGIN
   COMMENT --------------------------------------------------*)
   PROCESS CLASS Car;
   BEGIN
      REAL    EntryTime,
              ElapsedTime;
      INTEGER QLength;

      EntryTime := Time;
      QLength := WaitingLine.Cardinal;
      IF  MaxLength < QLength  THEN
         MaxLength := QLength;

      IF  NOT TeaRoom.Empty  THEN
         ACTIVATE TeaRoom.First;
      PASSIVATE;
      ElapsedTime := Time - EntryTime;
      NoOfCustomers := NoOfCustomers + 1;
      ThroughTime := ThroughTime + ElapsedTime;
   END ***Car***;
   COMMENT --------------------------------------------------*)
   PROCESS CLASS CarWasher;
   BEGIN
      REF (Car) Served;

      WHILE  TRUE  DO
      BEGIN
         Served :- WaitingLine.First;
         Served.Out;
         HOLD (10);
         ACTIVATE Served;
      END ***WHILE***;

      WAIT (TeaRoom);
   END ***CarWasher***;

   COMMENT --------------------------------------------------*)
   PROCESS CLASS CarGen;
   BEGIN
      WHILE  Time < SimPeriod  DO
      BEGIN
         ACTIVATE NEW Car;
         HOLD (NegExp(p, u));
      END
   END ***CarGen***;
```

```
   COMMENT  ----------------------------------------------------*)
   PROCEDURE  Report;
   BEGIN
      OutInt (n, 2);
      OutText (" Car Washer Simulation");
      OutImage;
      OutText ("No.of cars through the system=");
      OutInt (NoOfCustomers, 6);
      OutImage;
      OutText ("Av.elapsed time=");
      OutFix (ThroughTime/NoOfCustomers, 2, 9);
      OutImage;
      OutText ("maximum queue length=");
      OutInt (MaxLength, 4);
      OutImage;

   END ***Report***;

COMMENT ---------------------------------------------------------*)

REF (Head) TeaRoom,
           WaitingLine;
REAL       ThroughTime,
           SimPeriod;
INTEGER    NoOfCustomers,
           MaxLength,
           u, i;

p := 1/p;        COMMENT  saves repeated division;
TeaRoom :- NEW head;
WaitingLine :- NEW head;
SimPeriod := InReal;
u := InInt;

FOR i := 1  STEP 1  UNTIL n  DO
   NEW CarWasher.Into (TeaRoom);

END ***WashingCars***
```

B2 Simulation einer Autowaschanlage in Modula-2

Das Modell der Autowaschanlage geht von einer **Warteschlange** aus, in die sich ankommende Kunden einreihen, bis sie abgefertigt werden. Es gibt eine Anzahl von Autowäschern, die - solange nichts zu tun ist - im Teeraum warten und sich die Zeit vertreiben. Sowohl Autos als auch Autowäscher sind aktive Objekte. Autos werden von einem Prozeß, dem Autogenerator, entsprechend einer bestimmten Wahrscheinlichkeitsverteilung erzeugt.

In unserer Implementierung sind die Anzahl der Autowäscher, Start- und Endzeit der Simulation und das durchschnittliche Ankunftsintervall **Simulationsparameter.** Die Zeit für eine Autowäsche wurde auf 10 Minuten festgelegt. Die durchschnittliche Wartezeit, die Anzahl der Kunden sowie die maximale Länge der Schlange werden ermittelt und zusammen mit den Eingangsparametern in einer Datei protokolliert.

Die **aktiven Objekte des Systems** werden durch die Koroutinen *car*, *CarWasher* und *CarGenerator* beschrieben. Der Teeraum und die Warteschlange sind als Prozeßschlangen realisiert. Die Prozedur *GetParameters* dient dem Einlesen der Parameter, *WriteStatistics* der formatierten Ausgabe der Parameter und Ergebnisse in eine Datei.

B2.1 Dokumentation der Implementierung

B2.1.1 Globale Variablen und Prozeduren

Tearoom und *WaitingQueue* sind Warteschlangen. In *Tearoom* werden Koroutinen der Klasse *CarWasher*, in *WaitingQueue* solche der Klasse *car* eingereiht.

StartTime und *EndTime* enthalten die Anfangs- bzw. Endzeit der Simulation, *GenTime* ist der Zeitpunkt, bis zu dem Autos generiert werden (danach gibt es noch einen Nachlauf, in dem die Warteschlange abgebaut wird, falls vorhanden). *WaitingTime* ist die akkumulierte Wartezeit der Autos und *p* die durchschnittliche Ankunftszeit.

MaxQueueLength enthält zu jedem Zeitpunkt die maximale Länge der Warteschlange, in *NoOfCustomers* wird die Anzahl der Kunden gezählt und *CarWashers* bestimmt die Zahl der Autowäscher. *Washer* wird nur zum Erzeugen der Koroutinen vom Typ *CarWasher* benötigt, *CarGen* ist die einzige Instanz des Autogenerators (*CarGenerator*).

u ist die Arbeitsvariable des Zufallszahlengenerators, *i* wird nur an einer Stelle zum Zählen benötigt und *prot* ist der interne Name der Ausgabedatei.

Die Prozedur *WriteStatistics* berechnet einige Durchschnittswerte und schreibt die Parameter des Simulationslaufes zusammen mit den Ergebniswerten in eine Datei.

Die Prozedur *GetParameters* liest alle für den Simulationslauf benötigten Parameter (*StartTime*, *GenTime*, *CarWashers*, *p*, *u*) von der Konsole ein.

B2.1.2 Koroutinen als aktive Simulationseinheiten

Die Koroutine *car*: Koroutinen der Klasse *car* simulieren die Aktivitäten von Autos. Sie enthalten drei Datenobjekte: In EntryTime wird die Eintrittszeit ins System vermerkt, in ElapsedTime die verstrichene Zeit bis zum Verlassen des Systems berechnet, und QueueLength enthält die Länge der Warteschlange beim Systemeintritt.

Aktionsschema: Jedes Auto reiht sich zunächst in die Warteschlange ein und ermittelt *EntryTime* und *QueueLength*. Danach wird *MaxQueueLength* aktualisiert. Falls ein Autowäscher frei ist, wird dieser sofort aktiviert, sonst bzw. danach legt sich das Auto für unbestimmte Zeit 'schlafen'. Aktiviert wird es wieder von dem Autowäscher, wenn der mit seiner Arbeit fertig ist. Danach wird die verstrichene Zeit berechnet (*ElapsedTime*), *NoOfCustomers*, *WaitingTime* und *EndTime* aktualisert. Nach diesem Beitrag zu statistischen Erhebungen terminiert jedes Auto freiwillig.

Die Koroutine *CarWasher*: Koroutinen der Klasse *CarWasher* simulieren die Aktivitäten eines Autowäschers. Jedem *CarWasher* kann in der Variablen MyCar ein Auto zugeordnet sein, das er gerade wäscht. Prozesse vom Typ *CarWasher* werden nach der Erzeugung in die Schlange *Tearoom* eingereiht und verlassen das Simulationssystem nicht. Die Aktivitäten eines *CarWashers* werden demzufolge endlos wiederholt.

Aktionsschema: Wird ein *CarWasher* aktiviert, so weiß er, daß ein Auto darauf wartet, gewaschen zu werden. Als erstes verläßt er daher den Teeraum. Solange die Schlange der wartenden Autos nicht leer ist, werden dann Autos gewaschen. Für jeden Waschvorgang nimmt der *CarWasher* das erste Auto aus der *WaitingQueue* heraus und ordnet es sich zu (in *MyCar*). Danach läßt er die Zeit, die für die Autowäsche benötigt wird, verstreichen und aktiviert das Auto wieder. Kommt die Kontrolle an den Autowäscher zurück, weiß dieser, daß das Auto das Simulationssystem verlassen hat; deshalb kann der zugehörige Prozeß aus dem Speicher entfernt werden. Ist die Schlange der wartenden Autos leer, wartet der *CarWasher* wieder im Teeraum auf neue Kundschaft.

Die Koroutine *CarGenerator*: Der *CarGenerator* erzeugt im Zeitraum von *StartTime* bis *EndTime* neue Simulationsprozesse vom Typ car. Die Wahrscheinlichkeitsverteilung der ankommenden Autos wird durch eine negative Exponentialverteilung mit dem Erwartungswert $1/p$ bestimmt. p ist das durchschnittliche Ankunftsintervall. Es wird jeweils ein Auto erzeugt und aktiviert, danach legt sich der *CarGenerator* für die Zeit *NegExp(p,u)* schlafen. Überschreitet die Simulationszeit den Wert *GenTime*, wo terminiert der Autogenerator.

B2.1.3 Der Hauptprozeß

Der Hauptprozeß des Simulationssystems wird durch den Anweisungsteil des Moduls *CarWash* gebildet. *CarWash* importiert alle für die Simulation notwendigen Größen aus den Modulen *Simulation*, *StorageManager*, *SimIO* und *Random*, Standardprozeduren für Ein-Ausgabe aus dem Modul *PCIO*.

Aktionsschema: Zunächst wird die globale Halde, auf der Simulationsprozesse abgelegt werden, auf eine für die Simulation sinnvolle Größe (ca. 300k) ausgedehnt. Einige globale Variablen werden initialisiert und die Parameter des Simulationslaufes eingelesen. Nach diesen Initialisierungen werden Autowäscher-Prozesse vom Typ *CarWasher* erzeugt und in den Teeraum gesetzt. Der Autogenerator wird erzeugt und die Zeit bis zum Beginn der Simulation abgewartet.

Dann wird der Autogenerator aktiviert. Das Simulationssystem läuft nun selbständig weiter, der Hauptprozeß kann sich für eine sehr lange Zeit (*GenTime + 1000000.0*) ausruhen. Nach Ablauf dieser Zeitspanne wird angenommen, daß auch das letzte Auto das System verlassen hat, so daß die ermittelten Werte auf der Konsole ausgegeben und gleichzeitg in der Datei *CARWASH.CPT* protokolliert werden können.

B2.2 Die Implementierung: das Programmodul *CarWash*

```
(*-----------------------------------------------------------------*)
MODULE Carwash;

(*
Title   : car wash simulation
Author  : Thomas Frauenstein, Olaf Wagner
System  : LOGITECH MODULA-2/86
*)

(*-----------------------------------------------------------------*)
FROM IO IMPORT
   (* TYPE  *) File, FileName,
   (* VAR   *) Con,
   (* PROC  *) ReadCard, ReadInt, WriteLn,
               WriteCard, WriteString,
               StateOutput, OpenOutput, CloseOutput;

(*-----------------------------------------------------------------*)
FROM StorageManager IMPORT
   (* PROC  *) GrowHeap;

(*-----------------------------------------------------------------*)
FROM Simulation IMPORT
   (* CONST *) USUAL,
   (* TYPE  *) SIMTIME, SIMPROCESS,
   (* PROC  *) Time, Current, NewProcess, RemoveProcess,
               Hold, Terminate, Passivate, Activate;

(*-----------------------------------------------------------------*)
FROM ProcessQueues IMPORT
   (* TYPE  *) PROCESSQUEUE,
   (* PROC  *) NewProcessQueue, PQEnqueue, PQDequeue, PQOut,
               PQFirst, PQEmpty, PQLen;

(*-----------------------------------------------------------------*)
FROM SimIO IMPORT
   (* PROC  *) ReadTime, WriteTime;

(*-----------------------------------------------------------------*)
FROM Random IMPORT
   (* PROC  *) NegExp;
```

```
(*-----------------------------------------------------------------*)
CONST WashingTime = 10.0 * 60.0;

(*-----------------------------------------------------------------*)
VAR
   Tearoom,
   WaitingQueue      : PROCESSQUEUE;
   StartTime,
   EndTime,
   WaitingTime,
   GenTime           : SIMTIME;
   MaxQueueLength,
   NoOfCustomers,
   CarWashers        : CARDINAL;
   Washer,
   CarGen            : SIMPROCESS;

   p                 : SIMTIME;
   u                 : CARDINAL;
   i                 : INTEGER;
   prot              : File;

(*-----------------------------------------------------------------*)
PROCEDURE car ();
   (*
    * simulates the activities of car
    *)
   VAR EntryTime,
       ElapsedTime : SIMTIME;
       QueueLength : CARDINAL;
BEGIN
   EntryTime := Time();
   PQEnqueue (WaitingQueue, Current());
   QueueLength := PQLen (WaitingQueue);

   IF QueueLength > MaxQueueLength THEN
      MaxQueueLength := QueueLength
   END (* if *);

   IF NOT PQEmpty (Tearoom) THEN
      Activate ( PQFirst ( Tearoom ) )
   END (* if *);

   Passivate ();

   ElapsedTime := Time() - EntryTime;
   INC (NoOfCustomers);
   WaitingTime := WaitingTime + ElapsedTime - WashingTime;
   EndTime := Time();

   Terminate ()
END car;
```

```
(*---------------------------------------------------------------*)
PROCEDURE CarWasher () ;
   (*
    * simulates the actions of a car washer
    *)
   VAR MyCar : SIMPROCESS;
BEGIN
   LOOP
      PQOut (Tearoom, Current());

      WHILE NOT PQEmpty (WaitingQueue) DO
         MyCar := PQFirst (WaitingQueue);
         PQDequeue (WaitingQueue);
         Hold (WashingTime);
         Activate (MyCar);
         RemoveProcess (MyCar)
      END (* while *);
      (* Wait (Tearoom) *)
      PQEnqueue (Tearoom);
      Passivate()
   END (* loop *);
   Terminate()
END CarWasher;

(*---------------------------------------------------------------*)
PROCEDURE CarGenerator () ;
   (*
    * generates a stream of cars during the simulation interval
    *)
   VAR NewCar : SIMPROCESS;
BEGIN
   WHILE Time() <= GenTime DO
      NewCar := NewProcess (car, USUAL);
      Activate (NewCar);
      Hold ( NegExp (p,u) )
   END (* while *);

   Terminate()
END CarGenerator;

(*---------------------------------------------------------------*)
PROCEDURE WriteStatistics ( f : File );
   (*
    * writes the accumulated values of the current simulation
    * into file f
    *)
BEGIN
   WriteLn (f);
   WriteString (f, " C A R   W A S H   S I M U L A T I O N");
   WriteLn(f);
   WriteString (f, " ------------------------------------");
   WriteLn(f); WriteLn (f);
   WriteString (f, "begin of simulation:    ");
   WriteTime (f, StartTime); WriteLn (f);
   WriteString (f, "end of car generation: ");
   WriteTime (f, GenTime); WriteLn (f);
   WriteString (f, "end  of  simulation:    ");
   WriteTime (f, EndTime); WriteLn (f);
   WriteLn (f);
   WriteString (f, "mean arrival interval: ");
   WriteTime (f, p); WriteLn (f);
   WriteString (f, "car washing time:       ");
   WriteTime (f, WashingTime); WriteLn (f);
   WriteString (f, "number of car washers: ");
   WriteCard (f, CarWashers, 6); WriteLn (f);
   WriteLn (f);
```

```
   WriteString (f, "number of washed cars: ");
   WriteCard (f, NoOfCustomers, 6); WriteLn (f);
   WriteString (f, "average waiting time:  ");
   WriteTime (f, WaitingTime / FLOAT (NoOfCustomers));
   WriteLn (f);
   WriteString (f, "maximal queue length:  ");
   WriteCard (f, MaxQueueLength, 6); WriteLn (f);
   WriteLn (f);
END WriteStatistics;

(*-----------------------------------------------------------------*)
PROCEDURE GetParameters () ;
   (*
    * reads in all necessary values for simulation
    * purposes
    *)
BEGIN
   WriteLn (Con);
   WriteString (Con, "enter start time:          ");
   ReadTime (Con, StartTime);
   WriteString (Con, "enter duration:            ");
   ReadTime (Con, GenTime);
   GenTime := GenTime + StartTime;
   WriteString (Con, "number of car washers:     ");
   ReadCard (Con, CarWashers);
   WriteString (Con, "expected arrival interval: ");
   ReadTime (Con, p);
   WriteString (Con, "random initialization:     ");
   ReadCard (Con, u);
   WriteLn (Con);
END GetParameters;

(*-----------------------------------------------------------------*)
BEGIN (*     Carwash      *)
   GrowHeap (300000.0);
   NoOfCustomers := 0;
   MaxQueueLength := 0;
   WaitingTime := 0.0;
   Tearoom := NewProcessQueue();
   WaitingQueue := NewProcessQueue();

   GetParameters();

   FOR i := 1 TO CarWashers DO
      Washer := NewProcess (CarWasher, USUAL);
      PQEnqueue (Tearoom, Washer)
   END (* for *);

   CarGen := NewProcess (CarGenerator, USUAL);
   Hold (StartTime);
   Activate (CarGen);
   Hold (GenTime + 1000000.0);

   WriteStatistics (Con);
   IF StateOutput ("CARWASH.CPT") THEN
      OpenOutput (prot, "CARWASH.CPT");
      WriteStatistics (prot);
      CloseOutput (prot)
   END (* if *)
END Carwash.
```

B2.3 Ablaufprotokoll

Da die Modula-2 Simulationsunterstützung sowie die Implementierung des Autowasch-Simulationsmodells die einzigen Programme sind, die wir selbst verfaßt haben, sei hier ein Ablaufprotokoll des Modula-2 Simulationsprogramms angefügt.

```
 C A R   W A S H   S I M U L A T I O N
 -------------------------------------

begin of simulation:      8:00:00
end of car generation:   18:00:00
end  of  simulation:     18:21:01

mean arrival interval:    0:02:20
car washing time:         0:10:00
number of car washers:          4

number of washed cars:        237
average waiting time:     0:13:44
maximal queue length:          17
```

B3 Simulation einer Autowaschanlage in Smalltalk-80

Die Implementierung ist <Goldberg/Robson83a> entnommen. Da jedoch in diesem Buch die Dokumentation nur mangelhaft ist, haben wir hier die Klassendefinitionen ausführlicher erläutert. Für eine umfassende Beschreibung der Smalltalk-80-Simulationsunterstützung und Funktionalität der Nachrichten siehe Kapitel 5.4 sowie Anhang A3.

B3.1 Die Simulationsklasse *CarWash*

Die Simulationsklasse *CarWash* implementiert den Simulationsrahmen des konkreten Simulationsmodells 'Autowaschanlage'. In den Oberklassen, insbesondere in der direkten Oberklasse *Simulation*, ist die Verwaltung der Ereignisliste, des Schedulers und der Ressourcen realisiert, die nun durch die Unterklasse *CarWash* erweitert (spezialisiert) bzw. initialisiert wird. Bei dieser Simulation wird nur der Scheduler und der Ressourcenverwalter durch Überdeckung der 'UnspecializedMessages' *defineArrivalSchedule* und *defineResources* initialisiert.

In der Methode der Nachricht *defineArrivalSchedule* wird die **Ankunft der Simulationsobjekte** bestimmter Klassen dem Scheduler mitgeteilt. Die Schedulernachrichten sind immer Nachrichten an *self*, da sie dem Nachrichtenprotokoll der Klasse *Simulation* entstammen. Im ersten Ausdruck wird dem Scheduler mitgeteilt, daß Objekte der Klasse *Wash* entsprechend der Exponentialverteilung im Mittel alle 20 Zeiteinheiten generiert werden sollen (*(Exponential mean: 20)* definiert einen **Zufallszahlengenerator**). Autos für das Waschen und Wachsen (Instanzen der Klasse *WashAndWax*) betreten das System alle 30 Zeiteinheiten, während der einzige Arbeiter der Waschanlage (Instanz der Klasse *Wash*) gleich zu Beginn der Simulation erscheint.

Die einzige **koordinierte Ressource** des Systems stellen die **Kunden** (Autos) dar. Der Ressourcenverwalter wird für diese Ressource (*CarCustomer*) in der Methode für *defineResources* über die Nachricht *coordinate* initialisiert.

```
class name          CarWash
superclass          Simulation
instance methods
```

initialization

```
  defineArrivalSchedule
    self scheduleArrivalOf: Wash
         accordingTo: (Exponential mean: 20).
    self scheduleArrivalOf: WashAndWax
         accordingTo: (Exponential mean: 30).
    self scheduleArrivalOf: Washer new at: 0.0
```

```
defineResources
    self coordinate 'CarCustomer'
```

B3.2 Die Simulationsklasse *Washer*

Mittels dieser Klasse als Unterklasse der Klasse *SimulationObject* werden unsere ersten aktiven **Simulationsobjekte, die Autowäscher**, implementiert. Dabei werden hier nur durch Überdeckung der *tasks*-Nachricht der Oberklasse (*UnspecializedMessage*) die Aufgaben eines Wäschers als Prozeß diesen Simulationsobjekten zugeordnet.

Ein Wäscher hat zur Aufgabe, immer wieder aufs neue (daher Endlosschleife) die Dienste, die die ankommenden Kunden fordern, zu erfüllen. Die Kunden sind über die **Ressource** *CarCustomer* koordiniert zugreifbar, so daß der erste Ausdruck des Blockarguments der *whileTrue*:-Nachricht eine Referenz auf das nächste Kundenobjekt ist (zwischengespeichert in der lokalen Variable *CarRequest*). Die weitere Aufgabe des Wäschers hängt nun von dem Wunsch des Kunden ab. Gilt es, das Auto zu waschen, so macht dies der Wäscher, indem er sich für einen Zeitraum zufällig zwischen 12 und 26 Zeiteinheiten suspendiert (Dies ist die benötigte Waschzeit). Wenn es danach ebenfalls gilt, das Auto zu wachsen, so suspendiert sich der Wäscher erneut für die Dauer des Wachsvorgangs (zufällig zwischen 8 und 12 Minuten). Hiernach hat der Wäscher seine Aufgabe vorerst beendet und reaktiviert den Kunden über *self resume: CarRequest*.

```
class name          Washer
superclass          SimulationObject
instance methods
```

simulation control

```
  tasks
     | carRequest |

     [true]  whileTrue:
        [
         carRequest <- self acquireResource: 'carCustomer'.
         (carRequest wants: 'wash') ifTrue:
              [self holdFor: (Uniform from: 12.0 to: 26.0) next].
         (carRequest wants: 'wax') ifTrue:
              [self holdFor: (Uniform from: 8.0 to: 12.0) next].
         self resume: carRequest
        ]
```

B3.3 Die Simulationsklasse *Wash*

Diese zweite Klasse der Simulationsobjekte beschreibt die Kunden, d.h. genauer **die Autos, die gewaschen werden sollen.** Zuerst wird eine Instanz-Variable (objektlokale Variable) *service* deklariert, über die sich das Objekt merkt, welchen Dienst es beansprucht. Diese Variable zeigt auf ein Feldobjekt, in dem die Zeichenketten *wash* und *wax* abgelegt werden.

Die Methode der ersten **Nachricht** *wants:* dient dem Zugriff auf diese Feldvariable und liefert über die Feldnachricht *includes:* ein boolisches Objekt, das Auskunft darüber gibt, ob die Zeichenkette referenzierbar über den Parameter *aservice* in *service* abgelegt ist.

Die Methode der zweiten **Nachricht** *initialize* stellt eine Erweiterung der Standardinitialisierungsmethode der Simulationsobjekte dar und wird bei der Generierung des *Wash*-Objekts durch den Scheduler aufgerufen. Da diese Methode ja eine Überdeckung im Sinne einer Erweiterung der gleichnamigen Oberklassenmethode darstellt, wird zuerst die Standardinitialisierungsmethode der Oberklasse über den Ausdruck *super initialize* ausgeführt. Danach wird die *service*-Variable mit dem Feld initialisiert, dessen einzige Komponente auf die Zeichenkette *wash* verweist.

Ein Kundenobjekt selbst ist hier wenig aktiv. Seine einzige Aufgabe besteht darin, sich nach der Generierung als neue Einheit der Ressource *CarCustomer* in die Kundenwarteschlange einzureihen. Dies geschieht in der bekannten Weise durch Überdeckung der **Nachricht** *tasks*, die nach der Nachricht *initialize* bei der Erzeugung eines Simulationsobjekts vom demselben gesendet wird.

```
class name               Wash
superclass               SimulationObjekt
instance variable names  service
instance methods
```

accessing

```
   wants: aService
      ^service includes: aService
```

simulation control

```
   initialize
      super initialize.
      service <- #('wash')

   tasks
      self produceResource: 'CarCustomer'
```

B3.3 Die Simulationsklasse *WashAndWax*

Die anderen Kunden sind solche Autos, die gewaschen **und** gewachst werden sollen. Da sich *WashAndWax*-Kunden von *Wash*-Kunden nur durch die Beanspruchung des zusätzlichen Service *wax* unterscheiden, erscheint die Klasse *WashAndWax* hier als Unterklasse der soeben definierten Simulationsklasse *Wash*. Ihre einzige Methode ist die zur Nachricht *initialize*. Über den ersten Ausdruck wird die Initialisierungsmethode der *Wash*-Klasse ausgeführt, um hiernach die Feldvariable mit den beiden Zeichenketten *wash* und *wax* zu initialisieren.

```
class name                    WashAndWax
superclass                    Wash
instance methods
```

simulation control

```
initialize
    super initialize.
    service <- #('wash''wax')
```

Anhang C

Begriffsklärungen

Die wichtigsten von uns verwendeten Begriffe im Zusammenhang mit unserer Sichtweise der Programmierung und der diskreten Simulation sind ausführlich in der Einführung in Kapitel 2 zu finden. Begriffe, die sich auf Sprachkonzepte und Programmiermethoden beziehen, haben wir abstrakt in Kapitel 3 (Sprachkonzepte) eingeführt. In diesem Anhang schließlich sind Erklärungen wichtiger Begriffe zusammengefaßt, deren Ausführung den Rahmen der o.g. einleitenden Kapitel gesprengt hätten.

C1 Arbeit und Arbeitsprozesse

Unser **Begriff von Arbeit** liegt in der begrifflichen Tradition von Hegel und Marx begründet. **Hegel** führt Arbeit in der 'Phänomenologie des Geistes' als ein Mittel zur Selbstverwirklichung des Menschen ein, worunter er eine *Vergeistigung* versteht, die durch Arbeit vermittelt wird. In dem berühmten Kapitel über Herrschaft und Knechtschaft (siehe <Hegel73,S.152ff>) führt Hegel aus, daß Arbeit (für den Knecht) ein Weg zur Erlangung eines dauernden und wahrhaftem selbständigen Bewußtseins darstellt. Auch für **Marx** ist die Arbeit das Mittel, durch das der Mensch zum Bewußtsein und Selbstbewußtsein seiner Menschlichkeit gelangt. Der Mensch als gegenständliches Wesen muß sich erst im Produkt seiner Arbeit *vergegenständlichen*, ehe er ganz zu sich selbst kommen kann. Während Hegel den Begriff der Arbeit so auslegt, daß er zum Aufzeigen der geistigen Struktur der Natur (der gesamten Wirklichkeit) dient, tritt bei Marx der Aspekt der Aneignung und Vermenschlichung der Natur durch den Menschen in den Vordergrund.

Marx sieht den Menschen als *totalen Menschen*, ein Wesen aus Fleisch und Blut, das nicht nur auf seine geistigen Fähigkeiten reduziert werden darf. Diese stellen nur eine seiner Eigenschaften dar. Der Sinn der *Bearbeitung der Natur* ist deshalb nicht die Vergeistigung des Menschen, sondern die *Aneignung* oder *Vermenschlichung der Natur*, die diesem als fremde Umwelt gegenübertritt. Die ausführlichste Schilderung des Wesens der Arbeit ist im 'Kapital' enthalten (siehe <Marx,S.192ff>). Arbeit wird dort als ausschließlich dem Menschen zugehörig beschrieben. Nur der Mensch ist befähigt ein Bewußtsein vom Sinn und Zweck seiner Arbeit zu erlangen: "Am Ende des Arbeitsprozesses kommt ein Resultat heraus, das beim Beginn desselben schon in der Vorstellung des Arbeiters, also schon ideell vorhanden war. Nicht daß er nur eine Formveränderung des Natürlichen bewirkt; er verwirklicht im Natürlichen zugleich seinen Zweck, den er weiß, der die Art und Weise seines Tuns als Gesetz bestimmt...".

Diese Darstellung der Arbeit aus einer anthropologischen Sicht betont stark die individuellen Aspekte von Arbeit. Der Mensch ist jedoch ein soziales Wesen, das sich gesellschaftlich und politisch organisiert. Jeder Mensch muß sich mit vorgefundenen gesellschaftlichen Strukturen auseinandersetzen (was einen Großteil seiner Tätigkeiten ausmacht). So hat natürlich auch die Arbeit eine **gesellschaftliche Dimension.** Wir beziehen uns dabei wieder auf die obige Definition von Arbeit als ein *Stoffwechselprozeß zwischen Mensch und Natur.* Aus einer gesellschaftlichen Perspektive betrachtet sind dies alles Arbeitsprozesse (menschlich koordinierte oder initiierte Tätigkeiten und Aktivitäten), die der **Reproduktion der Gesellschaft** dienen. Insbesondere fallen darunter alle wirtschaftlich organisierten Prozesse, die der Ernährung der Menschen, der Produktion von Gebrauchs- und Konsumgütern usw., insgesamt gesehen der *Selbsterhaltung* der gesellschaftlichen Organisation und derer Existenzgrundlagen dienen. Weiter zählen dazu die Prozesse, die die Kontrolle und Verteilung von Macht innerhalb der Gesellschaft bestimmen, also die politischen Tätigkeiten der Menschen.

Eine weitere gesellschaftliche Dimension der Arbeit betrifft nicht die Prozesse, die (wie oben) direkt der gesellschaftlichen Reproduktion dienen, sondern solche, die die

Möglichkeiten der Fortdauer bzw. des Sicherstellens der Fortdauer des Reproduktionsprozesses in der Zukunft untersuchen. Diese Gruppe von Arbeitsprozessen könnte man als **'transzendentale Dimension'** der Arbeit auffassen. Konkret verstehen wir darunter z.B. Bereiche von Wissenschaft und Forschung (naturwissenschaftliche Grundlagenforschung, Geschichtsforschung, Philosophie etc). Daß die individuellen und gesellschaftlichen Aspekte der Arbeit nicht zusammenhangslos nebeneinanderstehen, sondern sich gegenseitig bedingen und voraussetzen, können wir an dieser Stelle aus Platzgründen nicht erörtern und nachweisen. Der geneigte Leser findet ausführliche Informationen und Argumentationen dafür in den zahlreichen Schriften von Marx und Engels, in neuerer Zeit z.B. bei Marcuse und Habermas.

Wir wollen zum Abschluß noch einige Anmerkungen zur Definition der Informatik als *Wissenschaft von der Automatisierung menschlicher Arbeitsprozesse* machen. Wesentliche Motivation für die Programmierung ist die damit zu erzielende *ökonomische Rationalisierung*. Diese wird in unterschiedlichen Formen dadurch erzielt, daß Maschinen menschliche Teilfunktionen ersetzen und effizienter, besser, schneller, billiger usw. ausführen. Es sollte aber deutlich geworden sein, daß *Maschinen* gemäß der oben gegebenen Definition von Arbeit *nicht arbeiten können*. Menschliche Arbeit wird also durch Automatisierung nicht durch 'maschinelle Arbeit' substitutiert, sondern *eliminiert*. Durch die Formalisierung und Automatisierung der Arbeit wird sie (prinzipiell) für alle Zeiten an die Maschine deligiert und dem Zusammenhang menschlichen Schaffens entrissen*. Substituiert wird genaugenommen jeweils ein Teilbereich menschlicher *Arbeitskraft*, worunter ein Potential zur Ausführung bestimmter Prozesse verstehen. Von Maschinen übernommen werden kann dabei genau der Teil, der die algorithmisch beschreibbaren Problemlösungen enthält. Wir gehen jedoch davon aus, daß diese immer nur einen kleinen Teil der menschlichen Fähigkeiten ausmachen.

* Hierin liegt auch die Funktion der Normierung von Programmierung begründet.

C2 Abstrakte und konkrete Datentypen

Abstrakte Datentypen entstammen der Philosophie des **Information Hiding** (<Parnas71a, b>). Es wird unterschieden zwischen Benutzer (Anwender) und Implementeur. Dem Benutzer sind nur die Definitionen der Wertemenge, der Operationen, Funktionen und Prädikate bekannt, während der Implementeur auch die konkrete Repräsentation und die Implementierungsdetails kennt. Von Repräsentation und Implementierung wird abstrahiert (daher abstrakter Typ). D.h. in der Definition eines abstrakten Datentyps, in seiner Spezifikation, dürfen keinerlei Annahmen über dessen Repräsentation gemacht werden. Datenstrukturen (im Sinne von 3.1.2.2) verstoßen also gegen dieses Prinzip des Information Hiding.

Wie bereits erwähnt (siehe 3.1.2.1) sind Datentypen nicht nur Wertemengen, sondern eine Zusammenfassung von Daten (-Objekten) mit darauf ausführbaren Operationen. Aus mathematischer Sicht ist ein **(konkreter) Datentyp** daher eine **Algebra**, und ein **abstrakter Datentyp** ist in diesem Sinne eine Algebra, bei der von der Darstellung der Daten (-Objekte) abstrahiert wird. Ein abstrakter Datentyp steht damit für alle Algebren, die sich nur durch die Darstellung ihrer Daten unterscheiden, aber ansonsten das gleiche Operationsverhalten besitzen. Man kann also einen abstrakten Datentyp als eine **Isomorphieklasse von Algebren** ansehen (siehe auch <Olthoff86>).

So können wir zur Erklärung von Datentypen Hilfmittel und Methoden der Algebra verwenden. Im besonderen dient uns die **algebraische Spezifikation** als formale Beschreibung von Datentypen. Eine algebraische Spezifikation besteht aus einer sog. **Signatur**, die die Menge der Terme (ihre Syntax und statische Semantik), d.h. die Namen der Datenbereiche (Sorten) und der Operationen (Funktionen und Prädikate), sowie deren Werte- und Definitionsbereiche festlegt, und aus einer Menge von **Sätzen**, die das Verhalten der Operationen beschreiben.

Die **Sätze**, die die Semantik der Operationen angeben, können z.B. Gleichungen und prädikatenlogische Formeln (Gleichungslogik) sein. Diesen **deklarativen oder axiomatischen Spezifikationen** stehen die sog. **algorithmischen Spezifikationen** gegenüber, in denen das Operationsverhalten durch Angabe einer Berechnungsvorschrift (algorithmische Sätze) beschrieben wird. Die Semantik deklarativer Spezifikationen wird nicht operational fundiert, sondern als Klasse von Modellen (Klasse aller Algebren zur Spezifikation) verstanden. Algorithmische Spezifikationstechniken sind auf einer niedrigeren Abstraktionsebene angesiedelt als axiomatische, da sie den Vorteil haben, daß sie mit Hilfe eines Interpreters direkt ausführbar sind.

Um es abschließend zu wiederholen: Ein **konkreter Datentyp** (wie z.B. auch die Basistypen in den meisten Programmiersprachen) ist eine Algebra, bei der die Repräsentation der Daten (-Objekte) und somit auch die Implementierung der Operationen festgelegt ist. Diese Algebren können häufig nur mit größerem Aufwand konstruktiv definiert werden, da die Spezifikation konkreter Datentypen im allgemeinen eher informeller Natur ist (Prosa oder halb-formal - siehe z.B. Pascal-Report <Jensen/Wirth75>). Ein **abstrakter Datentyp** ist die Isomorphie-Klasse der initialen Algebra zu einer gegebenen Spezifikation und ist als solcher von einer Angabe der Darstellung seiner Werte völlig unabhängig.

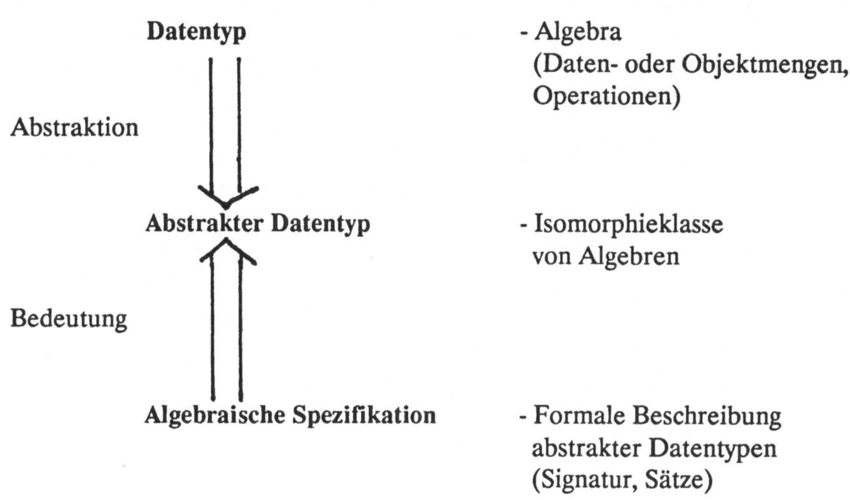

C3 Polymorphe und monomorphe Datentypen

Grundlage des Konzepts der **monomorphen Datentypen**, das den Entwurf klassisch imperativer Programmiersprachen (z.B. Algol-60, Pascal) wesentlich geprägt hat, ist die Vorstellung, daß alle Typen paarweise disjunkte Mengen von Werten zusammen mit über ihnen eindeutig definierten Operationen darstellen. In diesem Sinne kann in solchen Programmiersprachen eine Variable oder ein Wert nur zu einem und genau einem Typ zugehörig interpretiert werden.

Demgegenüber steht das in jüngster Zeit viel diskutierte Konzept der **polymorphen Datentypen**: Hier können einige (ausgezeichnete) Werte und Variablen mehr als einen Typ haben. Dementsprechend haben die auf ihnen auszuführenden Operationen wechselnde, aber im Anwendungskontext eindeutige Werte- bzw. Definitionsbereiche. Allgemein mag man unter Polymorphismus einen Begriff verstehen, der für die Möglichkeit steht, daß Programmgrößen (Operationen, Variable, Parameter, Konstanten) mehr als genau eine Menge bestimmter Eigenschaften annehmen dürfen, d.h. ihnen mehr als nur ein bestimmtes Verhalten zugeordnet werden kann.

Bei der **Realisierung von Polymorphie** in konkreten Programmiersprachen unterscheidet man (im besonderen <Cardelli/Wegner87>) informell zwischen **zwei Hauptarten von Polymorphie**:

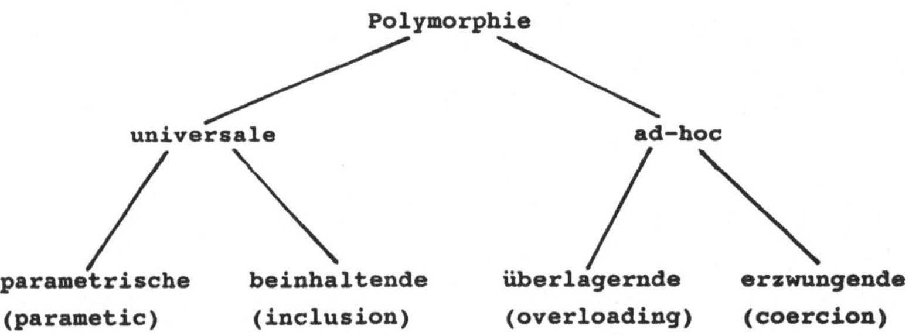

Universale Polymorphie wird erreicht, wenn eine Operation einheitlich über einer Reihe von Typen arbeitet (diesen Typen liegt normalerweise eine gemeinsame Struktur zugrunde). **Ad-hoc Polymorphie** wird erreicht, wenn eine Operation über mehreren verschiedenen Typen (scheinbar) arbeitet, sich aber für jeden Typ ganz anders verhalten darf (diese Typen brauchen keine gemeinsame Struktur zu haben). Eine universale polymorphe Funktion wird normalerweise über einer **unendlichen Anzahl von Typen** (alle Typen mit gleicher Struktur) arbeiten, während ad-hoc polymorphe Funktionen nur über einer **endlichen Menge von verschiedenen** und **potentiell strukturungleichen Typen** arbeitet. Um in Begriffen der Implementierung von polymorphen Konzepten zu sprechen: Eine universale polymorphe Operation wird denselben Kode für jeden Typ ausführen, während eine ad-hoc polymorphe Operation für jeden Typ seiner Argumente unterschiedlichen Kode verwenden wird. Ad-hoc Polymorphismus kann man in diesem

Sinne als eine Menge mehrerer monomorpher Operationen mit gleichem Bezeichner ansehen - tatsächlich sind ad-hoc polymorphe Operationen Verstöße gegen die Monomorphie in existierenden Programmiersprachen (näheres folgt).

Es gibt wiederum **zwei Arten universaler Polymorphie**, in anderen Worten zwei Möglichkeiten einen Wert verschiedenen Typen zuzuordnen:

In der **parametrischen Polymorphie** (parametric polymorhism) hat eine Operation einen (impliziten oder expliziten) Typparameter, der den Typ der Argumente für jede Anwendung der Operation bestimmt. Diese Operationen als Ausdrucksmittel der parametrischen Polymorphie in konkreten Programmiersprachen werden gewöhnlicherweise **generische Funktionen** genannt (daher die häufige, aber eigentlich falsche synonyme Verwendung der Begriffe 'generische Datentypen und Algorithmen' und 'polymorphe Datentypen und Algorithmen'). Die parametrische Polymorphie ist u.a. in der Programmiersprache **ML** beispielhaft und in etwas eingeschränkterer Form auch in **Ada** (<Ada80>) realisiert. Ein Beispiel für eine generische Funktion ist eine Längenfunktion, die die Länge von Listen über beliebigen Listentypen liefert.

In der **beinhaltenden Polymorphie** (inclusion polymorphism) können Objekte mehreren verschiedenen Klassen (Typen), die nicht disjunkt sein müssen, angehören. Dieses Konzept ermöglicht es, Objekte zu definieren (Instanzen einer Unterklasse) als Erweiterungen (extensions, generalizations) oder Einschränkungen (restrictions, specializations) anderer, vorher definierter Objekte (Instanzen einer Oberklasse). Diese Form der universalen Polymorphie wird in Programmiersprachen mittels des Sprachkonzepts der **Vererbung** realisiert (siehe hierzu 3.1.6.3, 5.1.4.2, 5.4.7 und 5.5.7). Die erste Programmiersprache, deren Design durch dieses Konzept wesentlich beeinflußt wurde, ist **Simula-67**. Simula-67-Objekte und Prozeduren sind polymorph, weil ein Objekt einer beliebigen Unterklasse immer dort erscheinen kann, wo ein Objekt einer seiner Oberklassen verwendet wird. In **Smalltalk-80** wurde die Vererbung in etwas abgewandelter Form ebenfalls dem Sprachentwurf zugrundegelegt. Auch neuere Lisp-Entwicklungen haben u.a. diesen Stil des Polymorphismus aufgegriffen und erweitert, indem sie die Definition von Klassen als Unterklasse von mehreren direkten Oberklassen erlauben (einfache vs. mehrfache Vererbung). Mehrfache Vererbung als Konzept einer objektorientierten Begriffsbildung wurde jedoch schon früher in der Programmiersprache Flavors (<Cannon83>) erstmalig realisiert.

Auch beim **ad-hoc Polymorphismus** unterscheiden wir wieder zwischen **zwei Arten**:

In dem **überlagernden Polymorphismus** (overloading polymorphism) kann derselbe Name benutzt werden, um verschiedene Funktionen zu bezeichnen. Dabei entscheidet der Anwendungskontext (Art, Anzahl und Typ der Parameter), welche Funktion im besonderen beim Auftreten des Namens tatsächlich gemeint ist. Man kann sich vorstellen, daß ein Preprozessor beim Parsieren eines Programms solche Mehrdeutigkeiten (Überlagerungen) eleminiert, indem die verschiedenen Funktionen auch durch verschiedene Namen benannt werden. In diesem Sinne handelt es sich bei der überlagernden Polymorphie im Grunde nur um eine syntaktische Abkürzung entsprechend einer festen Konvention. Beispiele sind *Integer*-Konstanten, die sowohl zum Typ *Integer* als auch zum Typ *Real* zugehörig interpretiert werden und Operatoren wie '+' u.a., die auf *Integer*- und *Real*-Argumente angewandt werden können (siehe z.B. Pascal).

Unter **erzwungenden Polymorphismus** (coercion polymorphism) verstehen wir die Verwendung semantischer Operationen, die zur Anpassung von Argumenten an den erwarteten Typ (Typkonvertierung und -konversion) einer Funktion benötigt werden, um einen Typfehler (Typkonflikt) zu vermeiden. Erzwungender Polymorphismus kann ebenfalls statisch (durch automatisches Einfügen der semantischen Operationen zwischen den Argumenten und der Funktion zur Kompilierungszeit) oder dynamisch (durch Laufzeitüberprüfungen der Argumente) realisiert werden. Ein **Beispiel** sei die Benutzung von Integer-Werten, wo eigentlich Real-Werte erwartet werden bzw. umgekehrt (siehe z.B. wieder Pascal).

Beide Formen des ad-hoc Polymorphismus sind einer monomorph ausgelegten Programmiersprache aufgesetzte Konzepte, die einer sehr **beschränkten Aufhebung der ansonsten eindeutigen Typzugehörigkeit von Programmgrößen** (Konstanten, Variablen, Operationen, Parameter) dienen. Ad-hoc Polymorphismus stellt also einen Widerspruch zum eigentlich monomorphen Typkonzept der entsprechenden Sprachen dar, der durch Einführung neuer Begriffe wie z.B. Typkompabilität und Zuweisungskompabilität (siehe 5.2.9) nur scheinbar aufgehoben wird. Daß dennoch ad-hoc Polymorphie in den einzelnen Programmiersprachen realisiert ist, dient einerseits der besseren Handhabbarkeit der Sprachen durch den Benutzer (Programmierer) und weist andererseits auf einige Unzulänglichkeiten eines nur monomorphen Typkonzeptes hin.

Zu den **Vorteilen des Polymorphismus**: Wie wir eben gezeigt haben, stößt ein nur monomorphes Typkonzept schnell an enge Grenzen. Es erlaubt nicht, die **Strukturgleichheit von Daten verschiedener Mengen** (Typen) und der auf ihnen arbeitenden Operationen adäquat auszudrücken. Polymorphismus hingegen erlaubt eine solche Datenstrukturierung auf einer höheren, abstrakten Ebene. Er ermöglicht, die Kompabilität von verschiedenen Software-Komponenten (Programmgrößen, Daten) zu beschreiben und Typen unter allgemeineren, typübergreifenden Gesichtspunkten zu gliedern und benutzen. Polymorphismus erlaubt eine hierarchische Begriffsbildung unter Verwendung der Abstraktionsfunktion der Spezialisierung bzw. Generalisierung (siehe auch 2.2.1 und 3.1.6.3). Programmierung kann auf einem **höheren Abstraktionsniveau problemadäquater** betrieben werden. Unnötige Einschränkungen sind aufgehoben. Es können **Programmschemata** realisiert werden. Die dadurch insgesamt ermöglichte Software-Entwicklung ist so neben dem geringeren konzeptionellen Abstand nicht nur **flexibler** (Wiederverwendbarkeit, Erweiterbarkeit von allgemeineren bzw. spezielleren Datentypen und Programmschemata), sondern auch **sicherer** (oft verwendete Programmschemata brauchen nur einmalig implementiert und verifiziert zu werden).

Zu den **Nachteilen des Polymorphismus**: Der wesentliche Nachteil bei der Realisierung einer allgemeinen Form der universalen Polymorphie ist, daß die Typkonsistenz (z.B. bei inhomogenen polymorphen Typen) auch durch eine **dynamische Typüberprüfung** sichergestellt werden muß. D.h. die Gültigkeit von Wertzuweisungen (Der Wert des

Ausdrucks muß Element des Typs des Zielobjekts sein), von (Objekt-) Zugriffen (Der Typ des Objekts muß die angegebene Struktur aufweisen) sowie von Operationen (Die Operation muß über den Typ seiner Argumente definiert sein) kann im allgemeinen Fall nur begrenzt zur Kompilierungszeit (statisch) überprüft werden, sondern muß unter Umständen zur Laufzeit unter Berücksichtigung des jeweiligen Anwendungskontext geschehen. Allerdings lassen sich einige etwas eingeschränktere Formen von Polymorphismus der Konzeption einer Sprache zugrundelegen, die dennoch beachtlich ausdrucksstark sind und im wesentlichen alle Abstraktionen im Programmierungsprozeß auszudrücken erlauben.

Die Konsequenzen einer dynamischen Typüberprüfung sind einerseits, daß die Sprachimplementierung durch die Realisierung von komplizierten Typüberprüfungsalgorithmen (über einem ebenso komplizierteren Typmodell der Sprache) innerhalb des Laufzeitsystems komplexer wird, und daß durch dieses mächtigere Laufzeitsystem die Ausführungszeit von Programmen sich verlängert. Andererseits, aus der Sicht des Programmieres, wird ein Teil der Fehlererkennung und Fehlersuche in die Testphase der Programmentwicklung verlegt, da die genaue Definition einiger allgemeinerer (polymorpher) Programmgrößen erst zur Ausführungszeit über den entsprechenden Anwendungskontext gegeben ist. Unserer Ansicht nach erscheint dieser Nachteil der Polymorphie jedoch im Verhältnis zur gewonnenen Mächtigkeit und Ausdrucksfähigkeit der Sprache im Hinblick auf die Programmierung nicht so schwerwiegend. Darüberhinaus lassen sich, wie das Beispiel Beta zeigt, restriktivere aber im wesentlichen ausreichend ausdrucksstarke Polymorphismen auch ohne dynamische Typüberprüfung bei voller Wahrung der Typkonsistenz realisieren.

C4 Innere Festigkeit von Moduln

Der Begriff der inneren Festigkeit von Moduln ist die Grundlage für eine Klassifikation von Modularten entsprechend ihrer Verwendung (siehe 3.3.1.2). Die innere Festigkeit ist ein Maß für die Stärke der Bindungen zwischen den Elementen eines Moduls. Die beim Entwurfsprozeß angestrebte Unabhängigkeit und funktionale Geschlossenheit der Module wird wesentlich durch starke innere Bindungen bei gleichzeitig schwachen Bindungen nach außen (Modulinterdependenzen) erreicht. Wir (siehe auch <Kurbel83>) unterscheiden die folgenden absteigenden Abstufungen der inneren Festigkeit von Moduln:

1) **Funktionale Festigkeit** liegt vor, wenn ein Modul genau eine einzige spezifizierte Funktion realisiert.

2) Bei **informativer Festigkeit** faßt das Modul eine Typdefinition und eine Menge von Operationen über diesen Typ zusammen, wobei die konkrete Repräsentation möglichst versteckt sein sollte.

3) Verwaltet das Modul eine bestimmte, feste Menge lokaler Datenobjekteüber einer Reihe exportierter Zugriffsoperationen, so sprechen wir von **kommunikativer Festigkeit**.

4) In einem Modul mit **prozeduraler Festigkeit** finden sich eine Menge von Teilfunktionen, denen gleiche oder sehr ähnliche Programmschemata (algorithmische Strukturen) zugrunde liegen.

5) Werden Teilfunktionen stets in Folge ausgeführt, stehen sie also in einem ablaufbedingten Zusammenhang (durch sequentielles Lösen von Teilproblemen entsteht eine Problemlösung höherer Abstraktion), so hat ein sie umfassendes Modul **klassische Festigkeit**.

6) **Logische Festigkeit** ergibt sich bei einem Modul als Klammerung einer Menge von logisch verwanden oder zusammengehörigen Operationen (z.B. Bibliothek mathematischer Funktionen).

Literaturverzeichnis

<Ada80>:
'Ada Reference Manual';
Proposed Standard Dokument; U.S. DoD; July '80

<Algol60>: P. Naur (Ed.):
'Revised Report on The Algorithmic Language ALGOL-60';
Regnecentralen; Copenhagen '62

<Algol68>: A.v. Wijngaarden, B.J. Mailloux, J.E.C. Peck, C.H.A. Koster, H. Sintzhoff, C.H. Lindsey, C.G.C.T. Meertens, F.G. Fischer:
'Revised Report on the Algorithmic Language ALGOL-68';
Acta Informatica 5, 1-3, '75

<Agha/Hewitt87>: G. Agha, C. Hewitt:
'Actors: A Conceptual Foundation for Object-Oriented Programming';
in <Shriver/Wegner87>

<Allan78>: J. Allan:
'Anatomy of LISP';
McGraw Hill Book Company 1978

<Bachus78>: J. Bachus:
'Can Programming Be Liberated from the Von Neuman Style?';
CACM 21,8 Aug.'78

<Balzert78>: H. Balzert:
'Vergleichende Betrachtung modularer Sprachkonzepte';
Programmiersprachen, 5. Fachtagung der GI, Braunschweig '78;
Informatik Fachberichte 12, Springer Verlag '78

<Berry86>: O. Berry:
'Software Engineering using SIMULA-67';
Simula-NewsLetter, Vol.14, No.1, Feb.'86

<Beta83a>: B.B. Kristensen, O.L. Madsen, B. Moller-Pedersen, K. Nygaard:
'Syntax Directed Program Modularization';
in 'Interactive Computing Systems';
Hrsg. P. Degano, E. Sandewall; North-Holland 1983

<Beta83b>: B.B. Kristensen, O.L. Madsen, B. Moller-Pedersen, K. Nygaard:
'Abstraction Mechanisms in the Beta Programming Languange';
Proc. Tenth ACM Symposium on Principles of
Programming Languages; Januar 1983, Austin, Texas

<Beta83c>: O.L. Madsen, B. Moller-Pedersen, K. Nygaard:
'From SIMULA-67 to Beta';
in SIMULA Information, Proc. Tenth SIMULA Users' Conference, Paris, Sept. '83

<Beta85>: B.B. Kristensen, O.L. Madsen, B. Moller-Pedersen, K. Nygaard:
'Multi-sequential execution in the Beta programming language';
SIGPLAN-Notices April 1985

<Beta87a>: B.B. Kristensen, O.L. Madsen, B. Moller-Pedersen, K. Nygaard:
'Classification of Actions or Inheritance also for Methods';
Proc. Second European Conference on Object Oriented Programming,
Paris, Juni 1987

<**Beta87b**>: B.B. Kristensen, O.L. Madsen, B. Moller-Pedersen, K. Nygaard:
'The Beta Programming Language';
in 'Research Directions in Object-Oriented Programming';
Hrsg. B.Shriver, P. Wegner; MIT Press, Cambridge, Mass., 1987

<**Birtwistle73**>: G.M. Birtwistle, O.-J. Dahl, B. Myhrhang, K. Nygaard:
'Simula Begin';
Auerbach Publishers Inc., Philadelphia, Pa., USA 1973

<**Birtwistle75**>: G. Birtwistle, O.-J. Dahl, B. Myhrhang, K.Nygaard:
'Simula Begin';
Petrocelli/Charter 1975

<**Borrow/Stefik81**>: D. Borrow, M. Stefik:
'The LOOPS Manual';
Techn. Rep. KB-VLSI-81-13;
Knowledge Systems Area, Xerox PARC '81

<**Brinch-Hansen75**>: P. Brinch-Hansen:
'The Programming Language Concurrent Pascal';
IEEE Transactions on SE-1:2; Juni '75

<**Campbell/Kolstad80a**>: R.H. Campbell, R.R. Kolstad:
'An Overview of Path Pascal's Design';
SIGPLAN-Notices Vol.15 No.9, Sept. 1980

<**Campbell/Kolstad80b**>: R.H. Campbell, R.R. Kolstad:
'Path Pascal User Manual';
SIGPLAN-Notices Vol.15 No.9, Sept. 1980

<**Cannon83**>: H. Cannon:
'Flavors, A Non-Hierarchical Approach to Object-Oriented Programming';
Draft '82

<**Cardelli84**>: L. Cardelli:
'A Semantics of Multiple Inheritance';
Lecture Notes in Computer Science Vol.73, 1984

<**Cardelli/Wegner87**>: L. Cardelli, P. Wegner:
'On Understanding Types, Data Abstraction and Polymorphism';
Computing Surveys '87

<**Christy/Watson83**>: D.P. Christy, H.J. Watson;
'The Application of Simulation: A Survey of Industry Practice';
Interfaces, Vol. 5, October 1983

<**Clark/Koehler82**>: R. Clark, S. Koehler:
'The UCSD-Pascal Handbook';
Prentice Hall 1982

<**Coleman78**>: D. Coleman:
'A Structured Programming Approach to Data';
The MacMillian Press Ltd., London and Basingstoke 1978

<**ConcurrentPascal**>:
siehe <Brinch-Hansen75>

<**ConcurrentSmalltalk87**>: Y. Yokote, N. Tokoro:
'Concurrent Programming in Concurrent Smalltalk';
in <Tokoro/Yonezawa87>

<**Czyzowicz/Iglewski85**>: J. Czyzowicz, M. Iglewski:
'Implementing Generic Types In Modula-II';
SIGPLAN Not. Vol. 20 Bd. 12; '85

<Dahl72>: O.-J. Dahl:
'Hierarchical Program Structures';
veröffentlicht in 'Programming Languages'; Academic Press; '68

<Delta81>: P. Haandlykken, K.Nygaard:
'The DELTA System Description Language; Motivation, Main Concepts and Experience from Use';
in <Hunke81>

<Denert/Franck77>: E. Denert, R. Franck:
'Datenstrukturen';
Reihe Informatik, Bd. 22, BI Wissenschaftsverlag '77

<DeRemer/Kron76>: F. DeRemer, H. Kron:
'Programming-in-the-large vs. Programming-in-the-small';
IEEE Transactions on Software Engineering SE-2,2; Juni '76

<Dijkstra68a>: E.W. Dijkstra:
'Co-operating Sequential Processes';
veröffentlicht in 'Programming Languages'; Academic Press; '68

<Dijkstra68b>: E.W. Dijkstra:
'GOTO Statement Considered Harmful';
in CACM, Vol.11; Nov.'68

<Dijkstra72>: E.W. Dijkstra:
'Notes on Structured Programming';
veröffentlicht in 'Structured Programming'; Academic Press London and New York 1972

<Dijkstra75>: E.W. Dijkstra:
'Guarded Commands, Nondeterminacy, and Formal Verification of Programs';
CACM 18, 8; Aug.'75

<ECOOP88>: S. Gjessing, K. Nygaard (Hrs.):
European Conference of Objekt-Oriented Programming;
Lecture Notes in Comuputer-Science, No. 322; Springer Verlag '88

<Eggers/Zimmermann82>: B. Eggers, B. Zimmermann:
'Zur Didaktik und Methodik der Programmierung höherer Datenstrukturen';
Informatik Fachbericht 82-10 der TUB, Sept. '82

<Eggers/Zimmermann84>: B. Eggers, B. Zimmermann:
'Zur didaktischen Systemanalyse des wissenschaftlichen Programmierunterrichts';
International Journal of Applied Engineering Ed. Vol.1 No.3 pp.229-238; G.B. '85

<Eggers/Zimmermann87>: B. Eggers, B. Zimmerman:
'Skript zur Vorlesung Algorithmen I-III';
TUB WS '86, SS '86, WS '87

<Elan78>: G. Hommel, S. Jaehnichen, K. Kleine, W. Koch:
'Beschreibung der Programmiersprache ELAN Version 2.3';
Informatik-Fachbericht 78-26 der TUB, Aug.'78

<Frauenstein/Wagner89>: T. Frauenstein, O. Wagner;
'Implementierung einer Modula-2 Umgebung für die diskrete Simulation';
unveröffentlichte Studienarbeit an der TUB in der FG AEDV, WS 88/89

<Frege86>: G. Frege, Hrsg. G. Patzig:
'Funktion, Begriff, Bedeutung: fünf logische Studien';
Vandenhoeck und Ruprecht 1986

<Floyd/Keil-Slawik86>: C. Floyd, R. Keil-Slawik:
'Skript zur LV Einführung in Software-Engineering';
TUB WS '86

<Franta77>: W.R. Franta:
'The Process View of Simulation';
North-Holland, New York 1977

<Goldberg81a>: A. Goldberg:
'Introducing the Smalltalk-80 System';
BYTE Aug.'81

<Goldberg81b>: A. Goldberg:
'The Smalltalk-80 System'; BYTE Aug.'81

<Goldberg/Robson83a>: A. Goldberg, D. Robson:
'Smalltalk-80: The Language and its Implementation';
Addison Wesley '83

<Goldberg/Robson83b>: A. Goldberg, D. Robson, D.H.H. Ingalls:
'Smalltalk-80: The Interactive Programming Environment';
Addison Wesley '83

<Goos/Kastens78>: G. Goos, K. Kastens:
'Programming Languages and the Design of Modular Programs';
in <Hibbard,Schuman78>

<Gordon72>: G. Gordon:
'Systemsimulation';
R. Oldenbourg Verlag, München, Wien, 1972

<Gordon75>: G. Gordon:
'The Application of GPSS V to Discrete System Simulation';
Prentice-Hall, Englewood Cliffs NJ 1975

<Grayhead/Pooch80>: W.J. Grayhead, U.W. Pooch:
'Simulation: Principles and Methods';
Winthrop Publisher Inc., Cambridge, Mass. 1980

<Hahn79>: R. Hahn:
'Höhere Programmiersprachen';
Arbeitsbereicht der Universität Bielefeld Okt.'79

<Harper/Milner/MacQueen86>: R. Harper, R. Milner, D. Mac Queen:
'Standard ML';
Unvi. of Edinburgh '86

<Hegel>: G.W.F. Hegel:
'Phänomenologie des Geistes';
zitiert nach Suhrkamp Taschenbücher Wissenschaft,
Suhrkamp, Frankfurt 1973

<Henriksen85>: J.O. Henriksen:
'The Development of GPSS-85';
Annual Simulation Symposium '85

<Henriksen/Crain83>: J.O. Henriksen, R.C. Crain;
'GPSS/H User's Manual';
Wolverine Software Corporation, 7630 Little River Turnpike, Suite 208, Annandale, VA 22003-2653, 1983

<Hibbard/Schuman78>: P.G. Hibbard, S.A. Schuman (Ed.):
'Constructing Quality Sofware';
North Holland Publishing Company, Amsterdam; '78

<Hoare72>: C.A.R. Hoare:
'Notes on Data Structuring';
veröffentlicht in 'Structured Programming', Academic Press London and New York 1972

<Hoare74>: C.A.R. Hoare:
'Monitors: An Operating System Structuring Concept';
CACM Vol.17 No.10, 1974

<Hoare78>: C.A.R. Hoare:
'Communicating sequential processes';
CACM Vol.17 No.8, 1978

<Hoare/Wirth73>: C.A.R. Hoare, N. Wirth:
'An Axiomatic Definition of the Programming Language Pascal';
Acta Informatica, 2, 335-355, 1973

<Hunke81>: H. Hunke (Ed.):
'Software Engineering Environments';
GMD, North-Holland; 1981

<Ingalls78>: D.H.H. Ingalls:
'The Smalltalk-76 Programming System';
POPL Jan.'78

<IBM70>: International Business Maschines:
'GPSS /V User's Manual';
SH20-0851, IBM Inc., Armonk NY '70

<Jensen/Wirth75>:
siehe <Pascal75>

<Knuth74>: D.E. Knuth:
'Structured Programming with go to Statements';
Computing Surveys, Vol.6 No.4, Dec. 1974

<Krasner83>: G. Krasner:
'Smalltalk-80: Bits of History, Words of Advice';
Addison-Wesley, Mass. '83

<Kurbel83>: K. Kurbel:
'Software-Engineering im Produktionsbereich';
Gabler Verlag, Wiesbaden '83

<LaLonde/Pugh85>: W.R. LaLonde, J.R. Pugh:
'Specialisation, Generalization and Inheritance:
Teaching Objectives Beyond Data Structure and Data Types';
SIGPLAN Not. Vol. 20; Aug. '85

<LaPalme/Malenfant/Vaucher88>: G. LaPalme, J. Malenfant, J. Vaucher:
'SCOOP - Structured Objekt-Oriented Prolog';
aus <ECOOP88>

<Lindskov88>:
'Name Collision in Multiple Classification Hierarchies';
Proc. of European Conference on Object-Oriented
Programming; Bigre and Globule, No. 54, June 1987

<MacLennan82>: B.J. MacLennan:
'Values And Objects In Programming Languages';
SIGPLAN Not. Vol. 17; Dec. '82

<Madsen/Moller-Pedersen88>: O.L. Madsen, B. Moller-Pedersen:
'What object-oriented programming may be - and what it does not have to be';
in <ECOOP88>

<Marx>: K. Marx:
'Das Kapital', Band 1;
in Marx-Engels-Werke Band 23

<Mattern/Mehl89>: F. Mattern, H. Mehl:
'Diskrete Simulation - Prinzipien und Probleme der Effizienzsteigerung durch Parallelisierung';
Informatik-Spektrum Bd. 12, Heft 4, August 1989

<Meyer86>: B. Meyer:
'Generecity versus Inheritance';
ACM OOPSLA Proceedings; Sept. '86

<Meyer88>: B. Meyer:
'Object-Oriented Software Construction';
Prentice Hall 1988

<Mills71>: H. Mills:
'Top Down Programming in large Systems';
veröffentlicht in <Rustin71>

<ModPascal>:
siehe <Olthoff86>

<Moon/Weinreb81>: D. Moon, D. Weinreb:
'Lisp Maschine Manual';
Symbolics Inc. '81

<Naylor69>: T.H. Naylor:
'The Design of Computer Simulation Experiments';
Duke University Press, Durham, N.C. 1969

<Newsletter86>:
'Simula Newsletter'; Vol.14, No.1. Feb. 1986

<Nygaard86>: K. Nygaard:
'Basic Concepts in Object-Oriented Programming';
SIGPLAN-Notices, Vol. 21, No 10, Okt. 1986

<OCCAM87>: D. Pountain, D. May:
'A Tutorial Introduction to OCCAM Programming';
INMOS BSP Professional Books; London 1987

<Ohlin88>: M. Ohlin:
'Environments - a suitable modularization mechanism?';
Simula-Newsletter, Vol.16, No.1, Feb.'88

<Olthoff86>: W.G. Olthoff:
'Augmentation of Objekt-Oriented Programming by Concepts of Abstract Data Type Theorie: ModPascal';
SIGPLAN - Notices Sept.'86

<Page88>: B.Page, R.Bölckow, A.Heymann, R.Kadler, H.Liebert:
'Simulation und moderne Programmiersprachen';
Fachberichte Simulation Bd. 8; Springer Verlag '88

<Pape86>: U. Pape:
'Simulation I';
Skript zur gleichnamigen LV an der TUB WS '86

<Parnas72,1>: D.L. Parnas:
'A Technique for Software Module Spezification with Examples';
CACM 15,5; Mai '72

<Parnas72,2>: D.L. Parnas:
'On the Criteria To Be Used in Decomposing Systems into Modules';
CACM 15,12; Dez. '72

<Parnas/Shore/Kluss76>: D.L. Parnas, J.E. Shore, D. Kluss:
'Abstract Types Defined as Classes of Variables';
SIGPLAN Notices 8.2, Aug.'76

<Pascal71>: N. Wirth:
'The Programming Language Pascal';
Acta Informatica, 1, 35-63, 1971

<Pascal74>: K. Jensen, N. Wirth:
'Pascal - User Manual and Report';
Lecture Notes in Computer Science 18; Springer Verlag 1974

<Reisin/Schmidt89>: F.-M. Reisin, G. Schmidt:
'Einordnung der objektorientierten Programmierung';
unveröffentlichtes Papier an der FG SWT der TUB WS '89

<Rentsch86>: T. Rentsch:
'Object-Oriented Programming';
SIGPLAN - Notices Sept.'86

<Robson81>: D. Robson:
'Object-Oriented Software Systems';
BYTE Aug.'81

<Rustin71>: R. Rustin (Ed.):
'Top Down Programming in Large Systems';
Prentice Hall Englewood Cliffs; N.Y. '71

<Schmidt85a>: B. Schmidt:
'Systemanalyse und Modellaufbau';
Fachberichte Simulation Bd. 1; Springer Verlag '85

<Schmidt85b>: B. Schmidt:
'Der Simulator GPSS-Fortran Version 3';
Fachberichte Simulation Bd. 2; Springer Verlag '85

<Schmidt85c>: B. Schmidt:
'Modellbildung mit GPSS-Fortran Version 3';
Fachberichte Simulation Bd. 3; Springer Verlag '85

<Schulz86>: A. Schulz (Hrs.):
'Die Zukunft der Informationssysteme - Lehren der 80er Jahre';
Springer Verlag, '86

<Shannon75>: R.E. Shannon:
'Systems Simulation - the Art and Science';
Prentice Hall 1975

<Shock78>: J.F. Shock:
'An Overview of the Programming Language Smalltalk-72';
SIGPLAN - Notices '78

<Shriver/Wegner87>: B. Shriver, P.Wegner:
'Research Directions in Object-Oriented Programming';
MIT Press, Cambridge Mass. 1987

<Simula67>: O.-J. Dahl, B. Myhrhaug, K. Nygaard:
'SIMULA-67 Common Base Language';
Norwegian Computing Center, Oslo, '82

<Snyder87>: A. Snyder:
'Inheritance and the Development of Encapsulated Software Components';
in <Shriver/Wegner87>

<Stoustrup86a>: B. Stoustrup:
'The C++ Programming Language';
Addison-Wesley, Mass. '86

<Stoustrup86b>: B. Stoustrup:
'An Overview of C++';
Sigplan Not., Vol. 21, No. 10; Okt.'86

<Stoyan86>: H. Stoyan:
'Programmierstile und ihre Unterstützung durch Expertensysteme';
in <Schulz86>

<Sylla86>: H. Sylla:
'Vergleich von SIMULA-67 und Smalltalk-80';
unveröffentlichtes Papier der FG PC an der TUB 86

<Tesler81>: L. Tesler:
'The Smalltalk-80 Environment';
BYTE Aug.'81

<Tokoro/Yonezawa87>: M. Tokoro, A. Yonezawa (Hrsg.):
'Object-Oriented Concurrent Programming';
MIT Press, Cambridge Mass. 1987

<Wegner73>: P. Wegner:
'Tree-Structured Programs'; CACM 16; '73

<Wegner87>: P. Wegner:
'The object-oriented classification paradigm';
in <Shriver/Wegner87>

<Weizenbaum76>: J. Weizenbaum:
'Die Macht der Computer und die Ohnmacht der Vernunft';
deutsche Ausg. 1986 bei Suhrkamp, stw 274

<Winograd/Flores>: T. Winograd, F. Flores:
'Understanding Computers and Cognition';
Addison-Wesley 1986

<Wiener/Sincovec85>: R.S. Wiener, R.F. Sincovec:
'Two Approaches To Implementing Generic Data Structures In Modula-II';
SIGPLAN Not. Vol. 20 Bd. 6; '85

<Wirth71>: N. Wirth:
'Program Development by Stepwise Refinement';
CACM 14,4; April '71

<Wirth74>: N. Wirth:
'On the Design of Programming Languages';
Information Processing '74;
North Holland Publishing Company '74

<Wirth75>: N. Wirth:
'Algorithmen und Datenstrukturen';
Teuber Studienbücher Informatik, '75

<Wirth82>: N. Wirth:
'Programming in Modula-2';
Second Edition, Springer Verlag, Berlin 1982

<Wirth85>: N. Wirth:
'Programming in Modula-2';
Third Edition, Springer Verlag, Berlin 1985

<Wirth88a>: N.Wirth:
'Type Extensions';
ACM TOPLAS Vol.10 No.2 April 1988

<Wirth88b>: N.Wirth:
'From Modula to Oberon';
Software Practice and Experience, Vol.18(7), Juli 1988

<Wirth88c>: N.Wirth:
'The Programming Language Oberon';
Software Practice and Experience, Vol.18(7), Juli 1988

<Wolczko86>: M. Wolczko:
'Semantics of Smalltalk-80';
Dept. of Computer Science, The University,
Manchester M13 9PL, U.K.

<Zeigler76>: B.P. Zeigler:
'Theory of Modelling and Simulation';
Wiley & Sons Inc., New York 1976

Indexverzeichnis

Fachberichte Simulation

Herausgeber: D. Möller, B. Schmidt

Band 1

B. Schmidt

Systemanalyse und Modellbildung

Grundlagen der Simulationstechnik

1985. VIII, 248 S. 93 Abb. Brosch. DM 74,– ISBN 3-540-13784-X

Band 2

B. Schmidt

Der Simulator GPSS-FORTRAN Version 3

1984. VIII, 336 S. 48 Abb. Brosch. DM 84,– ISBN 3-540-13782-3

Band 3

B. Schmidt

Modellbildung mit GPSS-FORTRAN Version 3

1984. IX, 307 S. Brosch. DM 78,–. ISBN 3-540-13783-1

Band 4

H. Bossel, W. Metzler, H. Schäfer (Hrsg.)

Dynamik des Waldsterbens

Mathematisches Modell und Computersimulation

1985. VII, 265 S. 94 Abb. Brosch. DM 68,– ISBN 3-540-15475-2

Band 5

E.-H. Horneber

Simulation elektrischer Schaltungen auf dem Rechner

1985. XII, 401 S. Brosch. DM 98,– ISBN 3-540-15735-2

Band 6

J. Biethahn, B. Schmidt (Hrsg.)

Simulation als betriebliche Entscheidungshilfe

Methoden, Werkzeuge, Anwendungen

1987. XI, 282 S. 82 Abb. Brosch. DM 78,– ISBN 3-540-17353-6

Band 7

B. Schmidt

Transportmodelle

1987. X, 294 S. Brosch. DM 78,– ISBN 3-540-18186-5

Band 8

B. Page, R. Bölckow, A. Heymann, R. Kadler, H. Liebert

Simulation und moderne Programmiersprachen

Modula-2, C, Ada

1988. XI, 275 S. 26 Abb. Brosch. DM 68,– ISBN 3-540-18982-3

Band 9

A. Laschet

Simulation von Antriebssystemen

Modellbildung der Schwingungssysteme und Beispiele aus der Antriebstechnik

1988. XIX, 440 S. 268 Abb. Brosch. DM 78,– ISBN 3-540-19464-9

Band 10

K. Feldmann, B. Schmidt (Hrsg.)

Simulation in der Fertigungstechnik

Unter Mitarbeit von R. Rimane

1988. IX, 450 S. 197 Abb. Brosch. DM 74,– ISBN 3-540-50250-5

Band 11

H.B. Keller

Echtzeitsimulation zur Prozeßführung komplexer Systeme

Entwurf und Realisierung eines Systems zur interaktiven graphischen Modellierung und zur modularen/verteilten Echtzeitsimulation verkoppelter dynamischer Systeme

1988. XIV, 286 S. 112 Abb. Brosch. DM 68,– ISBN 3-540-50256-4

Band 12

K.H. Fasol, K. Diekmann (Hrsg.)

Simulation in der Regelungstechnik

1990. XII, 495 S. Brosch. DM 88,– ISBN 3-540-52942-X

Band 14

B. Hornung

Simulation paralleler Roboterprozesse

Ein System zur rechnergestützten Programmierung komplexer Roboterstationen

1990. Etwa 160 S. Brosch. DM 54,– ISBN 3-540-53046-0

Band 15

J. Biethahn, W. Hummeltenberg, B.Schmidt

Simulation als Entscheidungshilfe in der Betriebswirtschaft

1990. Etwa 270 S. Brosch. in Vorb. ISBN 3-540-53289-7